高等学校理工科专业
大学数学新形态教材

数值分析

基于MATLAB

周金明 吴小太 杨迎娟 白晓 / 编著

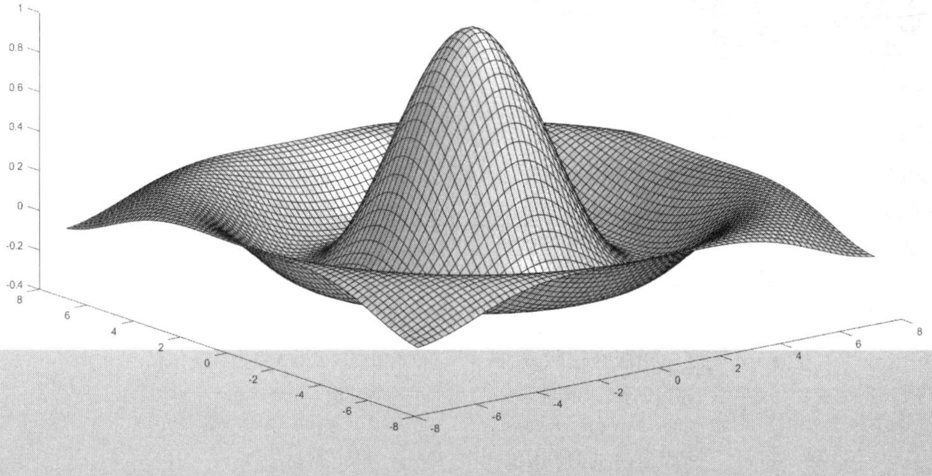

人民邮电出版社
北京

图书在版编目（CIP）数据

数值分析 : 基于MATLAB / 周金明等编著. -- 北京 : 人民邮电出版社, 2024.9
高等学校理工科专业大学数学新形态教材
ISBN 978-7-115-64515-9

Ⅰ. ①数… Ⅱ. ①周… Ⅲ. ①数值分析－Matlab软件－高等学校－教材 Ⅳ. ①O241-39

中国国家版本馆CIP数据核字(2024)第105493号

内 容 提 要

本书以 MATLAB 为平台，全面介绍数值分析的理论和应用。本书共 7 章，包括：绪论、函数插值与曲线拟合、线性方程组的数值解法、常微分方程数值解法、数值积分与数值微分、非线性方程的数值方法、矩阵的特征值及特征向量的计算。本书的理论知识结合 MATLAB 编程进行讲解，帮助学生运用工具解决问题。

本书可作为电气工程、机械工程、计算机等专业数值分析类课程的教材，也可作为从事计算数学、机械工程、电气工程等方向人员的参考书。

◆ 编　著　周金明　吴小太　杨迎娟　白　晓
责任编辑　孙　澍
责任印制　陈　犇

◆ 人民邮电出版社出版发行　北京市丰台区成寿寺路 11 号
邮编　100164　电子邮件　315@ptpress.com.cn
网址　https://www.ptpress.com.cn
大厂回族自治县聚鑫印刷有限责任公司印刷

◆ 开本：787×1092　1/16
印张：13　　2024 年 9 月第 1 版
字数：326 千字　　2024 年 9 月河北第 1 次印刷

定价：49.80 元

读者服务热线：(010)81055256　印装质量热线：(010)81055316
反盗版热线：(010)81055315
广告经营许可证：京东市监广登字 20170147 号

前　言

随着科学技术的迅猛发展，数值分析的原理与方法在工程科学等领域中的应用越来越广泛，高校中开设数值分析课程的专业也越来越多。通过学习该课程，学生可以系统地掌握数值计算的基本原理，学会如何使用计算方法解决实际应用问题，为后续学习人工智能与大数据技术、算法优化及解决实际工程问题等奠定坚实的基础。

本书编者自 2009 年以来给不同专业、不同层次的学生讲授过“数值分析”和“计算方法”课程，使用了不同版本的教材并进行了综合分析后，着手编写了本书。本书系统地阐述了数值分析的基本概念、理论和方法，并结合 MATLAB 软件的应用进行实践，每章都提供了一些习题，并配有详细解答。

与现有同类教材相比，本书结构合理，概念引入自然，例题选择恰当有层次，配备的习题有针对性且难易程度适中，着重介绍数值计算方法的基本思想原理、基本理论和基本算法，特别是 MATLAB 编程可以帮助学生更好地将所学知识应用到实践中。本书内容简明扼要，便于自学，是一本简单易懂的数值分析教材。

本书共 7 章，其中第 1 章“绪论”、第 3 章“线性方程组的数值解法”与第 7 章“矩阵的特征值及特征向量的计算”由周金明编写，第 2 章“函数插值与曲线拟合”与第 6 章“非线性方程的数值解法”由白晓编写，第 4 章“常微分方程数值解法”与第 5 章“数值积分与数值微分”由杨迎娟编写。全书由吴小太负责组织编写和统稿，周金明、杨迎娟和白晓负责排版和校对。

本书是安徽省新时代育人质量工程“省级研究生规划教材”（No.2022ghjc071），得到了安徽省教育厅高校优秀拔尖人才培育计划与安徽工程大学中青年拔尖人才培养计划的资助。在此感谢安徽工程大学研究生部、教务处、数理与金融学院与数值分析课程教学团队对本书的关心和支持。同时，由衷感谢人民邮电出版社孙澍老师及其团队对本书提出的宝贵意见和建议。

限于编者的水平和时间，本书难免存在不足之处，请各位专家和读者提出批评与修改意见。

编　者

2024 年 3 月

目　录

第 1 章　绪论

1.1　数值分析方法的内容

解决一个具体的科学或工程问题大致包括 3 个环节. 首先，科学研究人员或工程研究人员对具体的问题建立物理模型. 然后，基础研究人员把物理模型归结成数学模型. 经过基础研究人员的艰苦努力，或许能证明数学模型的解存在唯一性，但要找出解的解析表达式的概率却微乎其微. 因此，最后还需要数值分析专家对数学模型建立数值求解方法，直至在计算机上得以实现. 数值分析正是研究和讨论各类数学问题，进行数值求解的学科. 随着科学的发展，特别是计算机的巨大发展，以及一些边缘学科的兴起，现在已经很难对以上讲述的 3 个环节给出明确的划分. 在许多领域，一个优秀的科学工作者，他也必须是优秀的数值分析专家. 即使是普通的工程技术人员，他也必须掌握一些基本的数值分析方法以及在计算机上实现这些方法的技能. 数值分析方法，或者说计算方法，其内容大致可分 3 个部分，即数值逼近、数值代数、微分方程的数值求解.

（1）数值逼近方法主要用于解决分析中的数值求解问题. 自从牛顿（Newton）创立微积分后，他就提出了一些基本的数值逼近方法. 求区间 $[a,b]$ 上函数 $f(x)$ 的积分 $\int_a^b f(x)\mathrm{d}x$，从理论上讲，只要求出 $f(x)$ 的原函数 $F(x)$，就有

$$\int_a^b f(x)\mathrm{d}x = F(b) - F(a).$$

然而，作为求导的逆运算，求 $f(x)$ 的原函数通常是十分困难的事. 可以这样说，实际问题中的函数积分问题，通过求原函数方法是无法实现的. 最早实现数值积分的方法是梯形公式，即用 $f(x)$ 在两个端点的函数值 $f(a), f(b)$ 之和乘以区间长度的一半作为积分的近似，亦即

$$\frac{b-a}{2}\left[f(a)+f(b)\right] \approx \int_a^b f(x)\mathrm{d}x.$$

后来出现了辛普森（Simpson）公式、龙贝格（Romberg）积分等数值逼近方法. 除了数值积分，数值逼近还包括函数在不同意义下的各类逼近方法、曲线的拟合等内容.

（2）对于 n 阶线性方程组

$$\boldsymbol{Ax} = \boldsymbol{b},$$

由克拉默（Cramer）法则知，解存在唯一的充分必要条件为系数矩阵 $\boldsymbol{A}$ 的行列式 $D=\det\boldsymbol{A}\neq 0$，且有

$$x_i = \frac{D_i}{D}, i = 1, 2, \cdots, n.$$

其中，D_i 为 D 中第 i 列元素用常数项 $\boldsymbol{b}$ 代替后的行列式. 从代数学的观点看，克拉默法则

已是一个十分完美的定理. 但是，需要计算 $n+1$ 个 n 阶行列式才能得到解，这是件不现实的事. 而数值代数为我们提供了有效且省时的求解方法. 对于不同类型的系数矩阵，有不同的数值求解方法. 同样地，数值代数还为我们提供了矩阵求逆及矩阵特征值、特征向量等方面的数值计算方法.

（3）微分方程的求解问题在理论上也有许多结果，例如，常微分方程初值问题

$$\begin{cases} \dfrac{\mathrm{d}y}{\mathrm{d}x} = f(x,y), \\ y(a) = y_0 \end{cases} (a \leqslant x \leqslant b).$$

在理论上，对解的存在唯一性条件及解的稳定性都有一些经典的结论，而且提供了针对一些不同类型的右端项 $f(x,y)$ 的解析求解方法. 然而，实际问题中提出的常微分方程往往不属于这些典型的类型. 即便 $f(x,y)$ 在形式上十分简单，我们也无法得到解析解. 通过数值方法，我们就能得到解 $y(x)$ 在离散点上的近似值，类似地，通过数值方法，我们也可得到常微分方程边值问题题在离散点上的近似值. 数值分析方法是门有相当长历史的学科，但是，由于受到计算工具的限制，许多今天看来是个很好的数值方法，以前却难于应用，因此，在计算机问世前，这门学科发展缓慢，计算机的出现，特别是近 20 年来高速巨型计算机的出现，为数值分析方法的发展提供了极好的机会. 例如，运算量较大却十分有效的有限元法，快速傅里叶（Fourier）分析等方法，都是近 20 年来得以发展的. 另一方面，现代科学的发展，迫使数值分析专家提出一些具有高精度的大运算量的数值方法，而这也促使了计算机科学的进一步发展.

1.2 误差

1.2.1 误差的来源

（1）模型误差. 数学模型与实际问题之间的误差称为模型误差. 一般来说，生产和科研中遇到的实际问题是比较复杂的，要用数学模型来描述，需要进行必要的简化，忽略一些次要的因素，这样建立起来的数学模型与实际问题之间一定有误差. 它们之间的误差就是模型误差.

（2）观测误差. 实验或观测得到的数据与实际数据之间的误差称为观测误差或数据误差. 数学模型中通常包含一些由观测（实验）得到的数据，如用 $s(t)=\dfrac{1}{2}gt^2$ 来描述初始速度为 0 的自由落体下落时距离和时间的关系，其中重力加速度 $g=9.8\mathrm{m}/\mathrm{s}^2$ 是由实验得到的，它和实际重力加速度之间是有出入的，其间的误差就是观测误差.

（3）截断误差. 数学模型的精确解与用数值方法得到的数值解之间的误差称为方法误差或截断误差.

（4）舍入误差. 对数据进行四舍五入后产生的误差称为舍入误差.

本书所涉及的误差，一般指截断误差和舍入误差.

1.2.2　误差的基本概念

定义 1.1　设 x^* 为准确值，x 是 x^* 的近似值，称

$$E = x^* - x \tag{1.1}$$

为近似值 x 的绝对误差，简称误差.

显然，误差 E 既可为正，也可为负．一般来说，准确值 x^* 是不知道的，因此误差 E 的准确值无法求出．不过在实际工作中，可根据相关领域的知识、经验及测量工具的精度，事先估计出误差绝对值不超过某个正数 ε，即

$$|E| = |x^* - x| \leqslant \varepsilon , \tag{1.2}$$

称 ε 为近似值 x 的绝对误差限，简称误差限或精度.

由式（1.2）得

$$x - \varepsilon \leqslant x^* \leqslant x + \varepsilon \cdot$$

这表示准确值 x^* 在区间 $[x-\varepsilon, x+\varepsilon]$ 内，有时将准确值 x^* 写成

$$x^* = x \pm \varepsilon \cdot$$

例如，用卡尺测得一圆杆的直径为 $x = 350\,\text{mm}$，它是圆杆直径的近似值，由卡尺的精度知道这个近似值的误差不会超过 0.5mm，则有

$$|x^* - x| = |350 - x| \leqslant 0.5 \ (\text{mm}).$$

于是该圆杆的直径为

$$x^* = 350 \pm 0.5 \ (\text{mm}).$$

用 $x^* = x \pm \varepsilon$ 表示准确值可以反映它的准确程度，但不能说明近似值的好坏．例如，测量一根 10cm 长的圆钢时发生了 0.5cm 的误差，测量一根 10m 长的圆钢时发生了 0.5cm 的误差，二者的绝对误差都是 0.5cm，但是，后者的测量结果显然比前者要准确得多．这说明判断一个量的近似值的好坏，除了要考虑绝对误差的大小，还要考虑准确值本身的大小，这就需要引入相对误差的概念.

定义 1.2　设 x^* 为准确值，x 是 x^* 的近似值，称

$$E_r = \frac{E}{x^*} = \frac{x^* - x}{x^*} \tag{1.3}$$

为近似值 x 的相对误差.

在实际计算中，由于准确值 x^* 总是未知的，因此也把

$$E_r = \frac{E}{x} = \frac{x^* - x}{x} \tag{1.4}$$

称为近似值 x 的相对误差.

在上面的例子中，前者的相对误差是 $0.5/10 = 0.05$，而后者的相对误差是 $0.5/1\,000 = 0.000\,5$．一般来说，相对误差越小，表明近似程度越好．与绝对误差一样，近似值 x 的相对误差的准确值也无法求出．仿照绝对误差限，称相对误差绝对值的上界 ε_r 为近似值 x 的相对误差限，即

$$|E_r| = \left|\frac{x^* - x}{x}\right| \leqslant \varepsilon_r . \tag{1.5}$$

注： 绝对误差和绝对误差限有量纲，而相对误差和相对误差限没有量纲，通常用百分数来表示.

1.2.3 有效数字及其与相对误差限的关系

用 $x \pm \varepsilon$ 表示一个近似值，这在实际计算中很不方便．当在实际运算中遇到的数的位数很多时，如 π ,e 等，常常采用四舍五入的原则得到近似值，为此引进有效数字的概念.

定义 1.3 设 x 是 x^* 的近似值，如果 x 的误差限是它的某一位的半个单位，那么称 x 准确到这一位，并且从这一位起直到左边第一个非零数字为止的所有数字称为 x 的有效数字．具体来说，就是先将 x 写成规范化形式

$$x = \pm 0.a_1 a_2 \cdots a_n \times 10^m , \tag{1.6}$$

其中 $a_1, a_2, \cdots, a_n$ 是 0～9 之间的自然数，$a_1 \neq 0$，m 为整数．如果 x 的误差限

$$|x^* - x| \leqslant \frac{1}{2} \times 10^{m-l}, 1 \leqslant l \leqslant n , \tag{1.7}$$

那么称近似值 x 具有 l 位有效数字.

例 1.1 设 x^*=3.200 169，它的近似值 $x_1 = 3.200\,1$, $x_2 = 3.200\,2$, $x_3 = 3.200$, $x_4 = 3.2$ 分别具有几位有效数字？

解 因为 $x_1 = 0.320\,01 \times 10^1 , m = 1$,

$$|x^* - x_1| = 0.069 \times 10^{-3} < 0.5 \times 10^{-3} ,$$

即 x_1 的误差限 0.000 069 不超过 $x_1 = 3.200\,1$ 的小数点后第 3 位的半个单位（即 0.000 5），所以 $m - l = -3$ ，得 $l = 4$ ．故 $x_1 = 3.200\,1$ 具有 4 位有效数字，即从 $x_1 = 3.200\,1$ 的小数点后第 3 位数 0 起直到左边第一个非零数字 3 为止的 4 个数字都是有效数字，而最后一位数字 1 不是有效数字.

因为 $x_2 = 0.320\,02 \times 10^1$ ， $m = 1$,

$$|x^* - x_2| = 0.31 \times 10^{-4} < 0.5 \times 10^{-4} ,$$

即 x_2 的误差限 0.000 031 不超过 $x_2 = 3.200\,2$ 的小数点后第 4 位的半个单位（即 0.000 05），所以 $m - l = -4$ ，得 $l = 5$ ．故 $x_2 = 3.200\,2$ 具有 5 位有效数字，即从 $x_2 = 3.200\,2$ 的小数点后第 4 位数 2 起直到左边第一个非零数字 3 为止的 5 个数字都是有效数字.

因为 $x_3 = 0.320\,0 \times 10^1 , m = 1$,

$$|x^* - x_3| = 0.169 \times 10^{-3} < 0.5 \times 10^{-3} ,$$

即 x_3 的误差限 0.000 169 不超过 $x_3 = 3.200$ 的小数点后第 3 位的半个单位（即 0.000 5），所以 $m - l = -3$ ，得 $l = 4$ ．故 $x_3 = 3.200$ 具有 4 位有效数字，即从 $x_3 = 3.200$ 的小数点后第 3 位数 0 起直到左边第一个非零数字 3 为止的 4 个数字都是有效数字.

因为 $x_4 = 0.32 \times 10^1 , m = 1$,

$$|x^* - x_4| = 0.001\,69 \times 10^{-1} < 0.5 \times 10^{-1} ,$$

即 x_4 的误差限 0.000 169 不超过 $x_4=3.2$ 最后一位数字 2 的半个单位（即 0.05），所以 $m-l=-1$，得 $l=2$．故 $x_4=3.2$ 具有 2 位有效数字，即 $x_4=3.2$ 的所有数字都是有效数字.

特别要指出的是，在例 1.1 中，$x_3=3.200$ 有 4 位有效数字，而 $x_4=3.2$ 只有 2 位有效数字.

从上面的讨论可以看出，有效数字位数越多，绝对误差限就越小. 同样地，有效数字位数越多，相对误差限也越小. 下面阐述有效数字与相对误差限的联系.

定理 1.1　设 x 是 x^* 的近似值，且

$$x=\pm 0.a_1a_2\cdots a_n\times 10^m,$$

其中 $a_1,a_2,\cdots,a_n$ 是 0～9 之间的自然数，$a_1\neq 0$，m 为整数.

（1）如果 x 具有 l（$1\leqslant l\leqslant n$）位有效数字，那么 x 的相对误差限为 $\dfrac{1}{2a_1}\times 10^{-l+1}$.

（2）如果 x 的相对误差限为 $\dfrac{1}{2(a_1+1)}\times 10^{-l+1}$，那么 x 至少具有 l 位有效数字.

证明　（1）因为 x 具有 l 位有效数字，所以由定义 1.3 知

$$|x^*-x|\leqslant\frac{1}{2}\times 10^{m-l}.$$

又因为 $|x|\geqslant a_1\times 10^{m-1}$，所以

$$\frac{|x^*-x|}{|x|}\leqslant\frac{\frac{1}{2}\times 10^{m-l}}{a_1\times 10^{m-1}}=\frac{1}{2a_1}\times 10^{-l+1}.$$

（2）因为 $|x|\leqslant(a_1+1)\times 10^{m-1}$，所以

$$\begin{aligned}|x^*-x|&=\frac{|x^*-x|}{|x|}\cdot|x|\leqslant\frac{1}{2(a_1+1)}\times 10^{-l+1}\times(a_1+1)\times 10^{m-1}\\&=\frac{1}{2}\times 10^{m-l}.\end{aligned}$$

故由定义 1.3 知，x 至少具有 l 位有效数字. 证毕！

例 1.2　设 $\sqrt{5}$ 的近似值 x 的相对误差不超过 0.1%，则 x 至少具有几位有效数字？

解　设 x 至少具有 l 位有效数字，因为 $\sqrt{5}$ 的第一个非零数字是 2，即 x 的第一位有效数字 $a_1=2$，根据题意及定理 1.1 知，

$$\frac{|\sqrt{5}-x|}{|x|}\leqslant\frac{1}{2a_1}\times 10^{-l+1}=\frac{1}{2\times 2}\times 10^{-l+1}\leqslant 10^{-3},$$

得 $l\geqslant 3.398$，故取 $l=4$，即 x 至少具有 4 位有效数字，也即 x=2.236，其相对误差不超过 0.1%.

习题 1.2

1. 设 $x>0$，x 的相对误差为 δ，求 $\ln x$ 的误差.

2. 下列各数都是经过四舍五入得到的近似数，即误差不超过最后一位的半个单位，试指出它们有几位有效数字.

$$x_1^* = 1.102\,1\,,\ x_2^* = 0.031\,,\ x_3^* = 385.6\,,\ x_4^* = 56.430\,,\ x_5^* = 7\times 1.0\,.$$

3. 当 N 充分大时，怎样求 $\int_N^{N+1} \frac{1}{1+x^2}\mathrm{d}x$ ？

4. 设 $s=\frac{1}{2}gt^2$ ，假定 g 是准确的，而对 t 的测量有 $\pm 0.1\,\mathrm{s}$ 的误差，证明：当 t 增加时，s 的绝对误差增加，而相对误差减少.

1.3 避免误差危害的若干原则

在用计算机实现算法时，我们输入计算机的数据一般是有误差的（如观测误差等），计算机运算过程中的每一步又会产生舍入误差，由十进制转化为机器数也会产生舍入误差，这些误差在迭代过程中还会逐步传播和积累，因此，我们必须研究这些误差对计算结果的影响. 但一个实际问题往往需要亿万次以上的计算，且每一步都可能产生误差，因此，我们不可能对每一步的误差进行分析和研究，只能根据具体问题的特点进行研究，提出相应的误差估计. 特别地，如果我们在构造算法的过程中注意了以下一些原则，那么将有效地减少和避免误差的危害，控制误差的传播和积累.

1.3.1 要避免两个相近的数相减

在数值计算中两个相近的数相减会造成有效数字的严重损失，从而导致误差增大，影响计算结果的精度.

例 1.3 当 $x = 10\,003$ 时，计算 $\sqrt{x+1}-\sqrt{x}$ 的近似值.

解 若使用 6 位十进制浮点运算，运算时取 6 位有效数字，结果为

$$\sqrt{x+1}-\sqrt{x} = 100.020 - 100.015 = 0.005\,,$$

只有一位有效数字，损失了 5 位有效数字，这使绝对误差和相对误差都变得很大，影响计算结果的精度. 若改用

$$\sqrt{x+1}-\sqrt{x} = \frac{1}{\sqrt{x+1}+\sqrt{x}} = \frac{1}{100.020+100.015} = 0.004\,999\,13\,,$$

则结果有 6 位有效数字，与准确值 0.004 999 125 231 179 84…非常接近.

再如，$x_1 = 1.999\,99\,,\ x_2 = 1.999\,98$ ，求 $\lg x_1 - \lg x_2$. 若使用 6 位十进制浮点运算，运算时取 6 位有效数字，则 $\lg x_1 - \lg x_2 \approx 0.30\,1028 - 0.301\,026 = 0.000\,002$ ，只有一位有效数字，损失了 5 位有效数字.

若改用 $\lg x_1 - \lg x_2 = \lg\frac{x_1}{x_2} \approx 2.171\,49\times 10^{-6}$ ，则结果有 6 位有效数字，与准确值 $2.171\,488\,695\,634\cdots\times 10^{-6}$ 非常接近.

1.3.2 要防止重要的小数被大数“吃掉”

在数值计算中，参加运算的数的数量级有时相差很大，而计算机的字长又是有限的，因此，如果不注意运算次序，那么就可能出现小数被大数“吃掉”的现象. 这种现象在有些情况下是允许的，但在有些情况下，这些小数很重要，若它们被“吃掉”，就会造成计算结果的失真，影响计算结果的可靠性.

例 1.4 计算：

$$0.368\,467\,6+10^7\times0.632\,754\,4+0.496\,200\,1+0.480\,010\,0=10^7\times0.632\,754\,4.$$

在上式计算中，大数$10^7\times0.632\,754\,4$将其他的小数吃掉了，即在和式中小数没有起作用. 如果在连加中将小数放在前面，即先加小数，然后由小到大逐次相加，则能对和的精度做适当改善.

$$0.368\,467\,6+0.496\,200\,1+0.480\,010\,0+10^7\times0.632\,754\,4=10^7\times0.632\,754\,5.$$

1.3.3 要避免出现除数的绝对值远远小于被除数绝对值的情形

在用计算机实现算法的过程中，如果用绝对值很小的数作除数，则往往会使舍入误差增大. 即在计算$\dfrac{y}{x}$时，若$0<|x|\ll|y|$，则可能产生较大的舍入误差，对计算结果带来严重影响，应尽量避免这种情况发生.

例 1.5 在 4 位十进制浮点数下，用消去法解线性方程组

$$\begin{cases}0.000\,03x_1-3x_2=0.6,\\ x_1+2x_2=1.\end{cases}$$

解 仿计算机实际计算，将上述方程组写成

$$\begin{cases}0.300\,0\times10^{-4}x_1-0.300\,0\times10^1x_2=0.600\,0\times10^0, & (1)\\ 0.100\,0\times10^1x_1+0.200\,0\times10^1x_2=0.100\,0\times10^1, & (2)\end{cases}$$

$(1)\div\left(0.300\,0\times10^{-4}\right)-(2)$（注意：在第一步运算中出现了用很小的数作除数的情形，相应地，在第二步运算中出现了大数“吃掉”小数的情形），得

$$\begin{cases}0.300\,0\times10^{-4}x_1-0.300\,0\times10^1x_2=0.600\,0\times10^0,\\ -0.100\,0\times10^6x_2=0.200\,0\times10^5,\end{cases}$$

解得

$$x_1=0\,,x_2=-0.2\,.$$

而原方程组的准确解为$x_1=1.399\,972\cdots,x_2=-0.199\,986\cdots$. 显然，上述结果严重失真.

如果反过来用第二个方程消去第一个方程中含x_1的项，那么就可以避免很小的数作除数的情形. 即$(2)\times\left(0.300\,0\times10^{-4}\right)-(1)$，得

$$\begin{cases}-0.300\,0\times10^1x_2=0.600\,0\times10^0,\\ 0.100\,0\times10^1x_1+0.200\,0\times10^1x_2=0.100\,0\times10^1,\end{cases}$$

解得

$$x_1 = 1.4,\ x_2 = -0.2.$$

这是一组相当好的近似解.

1.3.4 简化计算步骤

同样一个问题，如果能减少运算次数，那么不但可以节省计算机的计算复杂性，而且能减少舍入误差. 因此，在构造算法时，合理地简化计算公式是一个非常重要的原则.

例 1.6 已知 x，计算多项式 $p_n(x) = a_0 + a_1 x + \cdots + a_{n-1}x^{n-1} + a_n x^n$ 的值.

解 若直接计算，即先计算 $a_k x^k, k = 1,2,\cdots,n$，然后逐项相加，则一共需要做

$$1 + 2 + \cdots + (n-1) + n = \frac{n(n+1)}{2}$$

次乘法和 n 次加法.

若对 $p_n(x)$ 采用秦九韶算法

$$\begin{cases} s_n = a_n, \\ s_k = a_k + x \cdot s_{k+1}, \quad k = n-1, n-2, \cdots, 2, 1, 0, \\ p_n(x) = s_0, \end{cases} \tag{1.8}$$

则只要做 n 次乘法和 n 次加法，就可得到 $p_n(x)$ 的值. 而且秦九韶算法计算过程简单、规律性强、适于编程，所占内存也比前一种方法要小. 此外，由于减少了计算步骤，相应地也减少了舍入误差及其积累传播. 此例说明合理地简化计算公式在数值计算中是非常重要的.

1.3.5 注意算法的数值稳定性

为了避免误差在运算过程中的累积增大，我们在构造算法时，还要考虑算法的稳定性. 下面先介绍数值稳定性的概念.

定义 1.4 一个算法如果输入数据有误差，而在计算过程中舍入误差不增长，那么称此算法是数值稳定的；否则称此算法为数值不稳定的.

下面的例子说明了算法稳定性的重要性.

例 1.7 当 $n = 0,1,2,\cdots,11$ 时，计算积分 $I_n = \int_0^1 \frac{x^n}{x+9}\mathrm{d}x$ 的近似值.

解 由

$$I_n + 9I_{n-1} = \int_0^1 \frac{x^n + 9x^{n-1}}{x+9}\mathrm{d}x = \int_0^1 x^{n-1}\mathrm{d}x = \frac{1}{n},$$

得递推关系

$$I_n = \frac{1}{n} - 9I_{n-1}. \tag{1.9}$$

因为 $I_0 = \int_0^1 \frac{1}{x+9}\mathrm{d}x = \ln 10 - \ln 9 \approx 0.105\ 361 = \overline{I_0}$，利用递推关系式（1.9）得

$$\begin{cases}\overline{I_0}=0.105\ 361,\\ \overline{I_n}=\dfrac{1}{n}-9\overline{I_{n-1}}, \quad n=1,2,\cdots,11.\end{cases} \tag{1.10}$$

由式（1.10）得$\overline{I_1}=0.051\ 751,\overline{I_2}=0.034\ 241,\overline{I_3}=0.025\ 164,\overline{I_4}=0.023\ 521,\overline{I_5}=-0.011\ 689,\cdots$，由 I_n 的表达式知，对所有正整数 n，$I_n>0$，而得出的 $\overline{I_5}=-0.011\ 689<0$ 显然是错误的．下面分析产生错误的原因．设初始误差为 E_0，则 $E_0=I_0-\overline{I_0}=-4.843\ 42\times10^{-7}$．这时

$$E_1=I_1-\overline{I_1}=\left(\frac{1}{2}-9I_0\right)-\left(\frac{1}{2}-9\overline{I_0}\right)=-9E_0=4.359\ 08\times10^{-6},$$

$$E_2=I_2-\overline{I_2}=\left(\frac{1}{2}-9I_1\right)-\left(\frac{1}{2}-9\overline{I_1}\right)=-9E_1=(-1)^2\times9^2E_0^2-3.923\ 17\times10^{-5},$$

$$E_3=I_3-\overline{I_3}=\left(\frac{1}{2}-9I_2\right)-\left(\frac{1}{2}-9\overline{I_2}\right)=-9E_2=(-1)^3\times9^3E_0^3=3.530\ 85\times10^{-4},$$

$$E_4=I_4-\overline{I_4}=\left(\frac{1}{2}-9I_3\right)-\left(\frac{1}{2}-9\overline{I_3}\right)=-9E_3=(-1)^4\times9^4E_0^4=-3.177\ 77\times10^{-3},$$

$$E_5=I_5-\overline{I_5}=\left(\frac{1}{2}-9I_4\right)-\left(\frac{1}{2}-9\overline{I_4}\right)=-9E_4=(-1)^5\times9^5E_0^5=0.028\ 600,$$

而 I_5 的准确值是 0.016 910 921 01…，显然误差的传播和积累淹没了问题的真解．我们看到，虽然初始误差 E_0 很小，但是上述算法中误差的传播是逐步扩大的，也就是说它是不稳定的，因此计算结果不可靠．

我们换一种算法，由式（1.10）得

$$I_{n-1}=\frac{1}{9}\left(\frac{1}{n}-I_n\right). \tag{1.11}$$

我们首先估计初始值 I_{12} 的近似值．因为

$$\frac{1}{10(n+1)}=\frac{1}{10}\int_0^1x^n\mathrm{d}x\leqslant I_n\leqslant\frac{1}{9}\int_0^1x^n\mathrm{d}x=\frac{1}{9(n+1)},$$

所以 $\dfrac{1}{130}\leqslant I_{12}\leqslant\dfrac{1}{117}$．因为 $\dfrac{1}{2}\left(\dfrac{1}{130}+\dfrac{1}{117}\right)\approx0.008\ 120$，所以可取 $\overline{I_{12}}=0.008\ 120$．建立递推关系

$$\begin{cases}\overline{I_{12}}=0.008\ 120,\\ \overline{I_{n-1}}=\dfrac{1}{9}\left(\dfrac{1}{n}-\overline{I_n}\right), \quad n=12,11,\cdots,2,1,\end{cases} \tag{1.12}$$

计算结果如表 1.1 所示．

从表 1.1 中的数据可以看出，用第二种算法得出的结果精度很高．这是因为，虽然初始数据 $\overline{I_{12}}=0.008\ 120$ 有误差，但是这种误差在计算过程中的每一步都是逐步缩小的，即此算法是稳定的．这个例子告诉我们，用数值方法解决实际问题时一定要选择数值稳定的算法．

表 1.1

n	I_n（准确值）	$\overline{I_n}$	n	I_n（准确值）	$\overline{I_n}$
0	0.105 361	0.105 361	6	0.014 468	0.014 468
1	0.051 755	0.051 755	7	0.012 642	0.012 642
2	0.034 202	0.034 202	8	0.011 224	0.011 224
3	0.025 517	0.025 517	9	0.010 093	0.010 092
4	0.020 343	0.020 343	10	0.009 168	0.009 172
5	0.016 911	0.016 911	11	0.008 401	0.008 357

习题 1.3

1. 序列$\{y_n\}$满足递推关系 $y_n = 10y_{n-1}(n=1,2,\cdots)$，若 $y_0=\sqrt{2}\approx 1.41$（3 位有效数字），则计算到 y_{10} 时误差有多大？这个计算过程稳定吗？

2. 计算 $f=(\sqrt{2}-1)^6$，取$\sqrt{2}\approx 1.4$，利用下列公式计算，哪一个得到的结果最好？

$$\frac{1}{(\sqrt{2}+1)^6},(3-2\sqrt{2})^3,\frac{1}{(3+2\sqrt{2})^3},99-70\sqrt{2}.$$

本章参考答案

第 2 章　函数插值与曲线拟合

2.1　引言

函数插值与曲线拟合均属于函数逼近的内容. 插值是一种古老而重要的数据处理方法. 早在 6 世纪，我国古人就提出了等距节点插值方法，并成功地应用于天文计算. 17 世纪，牛顿和格雷戈里（Gregory）建立了等距节点上的插值公式. 18 世纪，拉格朗日（Lagrange）给出了更一般的非等距节点上的插值公式. 在近代，插值方法是数据处理、函数近似表示和计算机几何造型等方面常用的工具，又是导出其他许多数值方法（如数值积分、非线性方程求根、求微分方程数值解等）的依据.

在生产和科学实验中，获得的往往是一些离散的数据，如果还需要使用刻画这些数据的函数关系，那么我们就可以考虑使用插值方法. 此外，对于一些非常复杂的函数形式，我们也可以考虑通过插值方法给出对这些函数的近似.

2.2　插值函数的概念

定义 2.1　给定一些离散的数据点 $(x_i, y_i)(i=0,1,2,\cdots,n)$，使用一个简单的函数 $\varphi(x)$ 来刻画这些数据点，要求在点 x_i 处 $\varphi(x_i)=y_i$，则称 $\varphi(x)$ 是数据点的一个插值函数，$x_i\ (i=0,1,2,\cdots,n)$ 称为插值节点，$(x_i, y_i)(i=0,1,2,\cdots,n)$ 称为插值点. 如果数据点是某函数 $f(x)$ 上的一些数据点，则称 $f(x)$ 为被插值函数.

由于多项式函数性质简单、容易计算，且由微积分的知识可知，多项式函数可以任意近似一个足够光滑的函数，所以其成为插值函数的首选. 使用多项式函数作为插值函数，需要考虑几个问题：插值函数是否存在？是否唯一？如何计算插值函数？

关于前两个问题，我们有如下的定理来回答.

定理 2.1　过给定的 n+1 个不同数据点 $(x_i, y_i)(i=0,1,2,\cdots,n)$ 的次数不超过 n 的插值多项式 $p_n(x)$ 是存在的，且是唯一的.

证明　设 $p_n(x)=a_0+a_1x+a_2x^2+\cdots+a_nx^n$，系数 $a_i\ (i=0,1,2,\cdots,n)$ 是待定的. 如果插值多项式 $p_n(x)$ 过数据点，则其满足方程组

$$\begin{cases} a_0+a_1x_0+a_2x_0^2+\cdots+a_nx_0^n=y_0, \\ a_0+a_1x_1+a_2x_1^2+\cdots+a_nx_1^n=y_1, \\ \cdots\cdots \\ a_0+a_1x_n+a_2x_n^2+\cdots+a_nx_n^n=y_n, \end{cases}$$

即

$$\begin{pmatrix} 1 & x_0 & \cdots & x_0^n \\ 1 & x_1 & \cdots & x_1^n \\ \vdots & \vdots & & \vdots \\ 1 & x_n & \cdots & x_n^n \end{pmatrix}\begin{pmatrix} a_0 \\ a_1 \\ \vdots \\ a_n \end{pmatrix}=\begin{pmatrix} y_1 \\ y_2 \\ \vdots \\ y_n \end{pmatrix}.$$

由于方程组的系数矩阵的行列式是范德蒙德行列式，所以方程组有唯一解．即存在唯一的一组系数 $a_i(i=0,1,2,\cdots,n)$，使多项式 $p_n(x)$ 过数据点．

对于第三个问题，上述定理给出了计算插值多项式的一个方法，但是这种方法涉及解方程组，实现上不够方便．接下来介绍两个经典的插值方法：拉格朗日插值法和牛顿插值法．

2.3 拉格朗日插值多项式

2.3.1 插值多项式构造

首先考虑过两个数据点 (x_0,y_0) 和 (x_1,y_1) 的插值多项式．过这两个数据点可以确定一条直线，其方程为

$$y-y_0=\frac{y_1-y_0}{x_1-x_0}(x-x_0),$$

对其变形处理可得到

$$y=y_0\frac{x-x_1}{x_0-x_1}+y_1\frac{x-x_0}{x_1-x_0}, \tag{2.1}$$

通过对公式（2.1）做观察，可以发现其是由两个一次函数所构成，如果令

$$l_0(x)=\frac{x-x_1}{x_0-x_1}, l_1(x)=\frac{x-x_0}{x_1-x_0},$$

我们可以发现，$l_0(x), l_1(x)$ 有很好的性质，即

$$\begin{cases} l_0(x_0)=1, l_0(x_1)=0, \\ l_1(x_0)=0, l_1(x_1)=1. \end{cases}$$

$l_0(x)$ 在插值节点 x_0 取值为 1，在插值节点 x_1 取值为 0；$l_1(x)$ 在插值节点 x_0 取值为 0，在插值节点 x_1 取值为 1．这里的 $l_0(x)$ 称为插值节点 x_0 处的插值基函数，$l_1(x)$ 称为插值节点 x_1 处的插值基函数．这两个插值基函数的特点为：在自身插值节点处的取值为 1，在其余插值节点处的取值为 0．这一性质如果推广到一般的拉格朗日插值多项式基函数，那么可以构造通过 n+1 个插值节点的拉格朗日插值多项式

$$L_n(x)=\sum_{i=0}^{n} y_i l_i(x),$$

其中 y_i 为插值节点 x_i 处的函数值，$l_i(x)$ 为插值节点 x_i 处的插值基函数，且

$$l_i(x)=\frac{(x-x_0)(x-x_1)\cdots(x-x_{i-1})(x-x_{i+1})\cdots(x-x_n)}{(x_i-x_0)(x_i-x_1)\cdots(x_i-x_{i-1})(x_i-x_{i+1})\cdots(x_i-x_n)}.$$

可以验证，插值基函数 $l_i(x)$ 有以下特点：

$$l_i(x_j)=\begin{cases}0, i\neq j,\\ 1, i=j.\end{cases}$$

如果记 $\omega(x)=\prod_{i=0}^{n}(x-x_i)$，则

$$l_i(x)=\frac{\omega(x)}{(x-x_i)\omega'(x_i)}, i=0,1,\cdots,n .$$

基于 MATLAB 环境，可编写如下的拉格朗日插值程序.

```
function [a] = Lagrange_interp (X, Y)
%拉格朗日插值多项式
%X, Y 是离散点数据坐标, a 是插值多项式的系数, 由低到高
if  length (X) ~= length (Y)
    disp ('x and y is not consistent, that is error. ');
    return;
end
n=length (X);
disp (n);
syms t;
f=0;
for k=1:n
      l=Y (k);
      for j=1:n
            if j==k
                  continue;
            else
                  l=l* ((t-X (j)) / (X (k) -X (j)));
            end
      end
      f=f+l;
end
disp ('f is');
f=simplify (f);   %简化多项式
disp (f);
a (1) = subs (f, 't', 0.0);
for k=1:n-1
      q (t) = diff (f, k);   %使用求导函数计算系数
      a (k+1) = subs (q, 't', 0.0);
      a (k+1) = a (k+1) / factorial (k);
end
End
```

例 2.1　利用表 2.1 所示数据，构造拉格朗日插值多项式，并计算其在 x=0.5 处的值，并基于 MATLAB 程序绘制拉格朗日插值曲线.

表 2.1

i	0	1	2	3
x_i	−1	0	1	2
y_i	−3	1	4	6

解 首先使用插值基函数公式 $l_i(x)=\dfrac{(x-x_0)(x-x_1)\cdots(x-x_{i-1})(x-x_{i+1})\cdots(x-x_n)}{(x_i-x_0)(x_i-x_1)\cdots(x_i-x_{i-1})(x_i-x_{i+1})\cdots(x_i-x_n)}$，计算每一个插值节点处的基函数.

$$l_0(x)=\frac{(x-x_1)(x-x_2)(x-x_3)}{(x_0-x_1)(x_0-x_2)(x_0-x_3)}=\frac{(x-0)(x-1)(x-2)}{(-1-0)(-1-1)(-1-2)}=-\frac{1}{6}x(x-1)(x-2),$$

$$l_1(x)=\frac{(x-x_0)(x-x_2)(x-x_3)}{(x_1-x_0)(x_1-x_2)(x_1-x_3)}=\frac{(x+1)(x-1)(x-2)}{(0+1)(0-1)(0-2)}=\frac{1}{2}(x+1)(x-1)(x-2),$$

$$l_2(x)=\frac{(x-x_0)(x-x_1)(x-x_3)}{(x_2-x_0)(x_2-x_1)(x_2-x_3)}=\frac{(x+1)(x-0)(x-2)}{(1+1)(1-0)(1-2)}=-\frac{1}{2}x(x+1)(x-2),$$

$$l_3(x)=\frac{(x-x_0)(x-x_1)(x-x_2)}{(x_3-x_0)(x_3-x_1)(x_3-x_2)}=\frac{(x+1)(x-0)(x-1)}{(2+1)(2-0)(2-1)}=\frac{1}{6}x(x+1)(x-1),$$

因此，拉格朗日插值多项式为 $L_3(x)=y_0l_0(x)+y_1l_1(x)+y_2l_2(x)+y_3l_3(x)$，即 $L_3(x)=\frac{1}{2}x(x-1)(x-2)+\frac{1}{2}(x+1)(x-1)(x-2)-2x(x+1)(x-2)+x(x+1)(x-1)$. 其在 x=0.5 处的值为 $L_3(0.5)=\dfrac{21}{8}$.

编写此问题的 MATLAB 程序如下，可视化结果如图 2.1 所示.

```
%%%%%%%%%%%%%%%%%%%%%%%%%%%%%%%%%%%%
clc; clear;
x1= [ -1,  0,  1,  2]; y1= [-3. 0,  1,  4,  6];
plot(x1, y1, '*');
a=Lagrange_interp(x1, y1); m=length(x1);
hold on
for i=1:1001
     x(i) = -2.0 + (i-1)/200.0;
     z(i) = 0;
     for j = 1:m
          z(i) =z(i) +a(j)*x(i)^(j-1);
     end
end
plot( x, z, 'k')
```

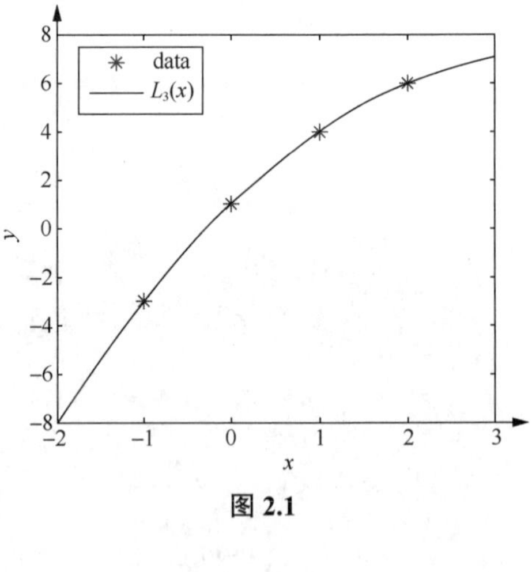

图 2.1

2.3.2 插值余项和误差

对函数 $f(x)$ 在数据点 $(x_i,y_i)(i=0,1,2,\cdots,n)$ 做朗格朗日插值，插值多项式 $L_n(x)$ 与被插函数 $f(x)$ 不一定相同，因此，用插值多项式表示 $f(x)$ 是有误差的. 一般地，用

$R_n(x)=f(x)-L_n(x)$表示插值误差，且有如下的误差估计.

定理 2.2　通过区间$[a,b]$上$n+1$阶可导函数$f(x)$的$n+1$个不同数据点$(x_i,y_i),i=0,1,2,\cdots,n$做$n$次多项式插值，插值多项式$L_n(x)$的误差项$R_n(x)$满足

$$R_n(x)=\frac{f^{(n+1)}(\xi)}{(n+1)!}\omega(x),\xi\in(a,b).$$

证明　由于$R_n(x)=f(x)-L_n(x)$，所以在插值节点处$R_n(x_i)=f(x_i)-L_n(x_i)=0$，从而插值节点$x_i,i=0,1,2,\cdots,n$为$R_n(x)=0$的根. 所以可设$R_n(x)=g(x)\omega(x)$，接下来对$g(x)$做估计，为此构造一个关于变量$t$的函数$\varphi(t)$，令

$$\varphi(t)=f(t)-L_n(t)-g(x)\omega(t),$$

显然$\varphi(x)=0$，此外在插值节点处$\varphi(x_i)=0$. 因此，$\varphi(t)$在至少$n+2$个不同点处取值为 0. 反复使用罗尔（Roll）定理可得，存在$\xi\in(a,b)$，使

$$0=\varphi^{(n+1)}(\xi)=f^{(n+1)}(\xi)-g(x)(n+1)!,\xi\in(a,b),$$

即$g(x)=\dfrac{f^{(n+1)}(\xi)}{(n+1)!}$，所以

$$R_n(x)=\frac{f^{(n+1)}(\xi)}{(n+1)!},\xi\in(a,b).$$

$R_n(x)$刻画了插值多项式$L_n(x)$对函数$f(x)$的近似过程所产生的截断误差，也称其为插值余项. 若函数$f(x)$的$n+1$阶导数有界，即$\left|f^{(n+1)}(x)\right|\leqslant M$，$M$为常数，则有余项估计

$$\left|R_n(x)\right|\leqslant\frac{M}{(n+1)!}\prod_{i=0}^{n}\left|x-x_i\right|,x\in(a,b).$$

由定理 2.2 可以看出，如果被插函数$f(x)$本身是一个次数不超过n的多项式，则余项为 0，即$L_n(x)=f(x)$. 所以当$f(x)\equiv1$时，可得到

$$\sum_{i=0}^{n}l_i(x)\equiv1;$$

当$f(x)=x^k,k=1,2,\cdots,n$时，可得到，

$$\sum_{i=0}^{n}x^kl_i(x)\equiv x^k,k=1,2,\cdots,n,$$

并且$\sum_{i=0}^{n}(x_i-x)^kl_i(x)\equiv0,k=1,2,\cdots,n$.

例 2.2　构造过曲线$y=f(x)=\mathrm{e}^x-1$上 3 个点$(-1,\mathrm{e}^{-1}-1),(0,0),(1,\mathrm{e}-1)$的二次拉格朗日插值多项式，并以此计算$x=0.5$处的近似值，并估计误差范围. 此外，通过绘制拉格朗日插值曲线比较结果.

解　首先令$x_0=-1,x_1=0,x_2=1$，使用基函数公式计算每一个节点处的基函数，得

$$l_0(x)=\frac{(x-x_1)(x-x_2)}{(x_0-x_1)(x_0-x_2)}=\frac{(x-0)(x-1)}{(-1-0)(-1-1)}=\frac{1}{2}x(x-1),$$

$$l_1(x)=\frac{(x-x_0)(x-x_2)}{(x_1-x_0)(x_1-x_2)}=\frac{(x+1)(x-1)}{(0+1)(0-1)}=-(x+1)(x-1),$$

$$l_2(x)=\frac{(x-x_0)(x-x_1)}{(x_2-x_0)(x_2-x_1)}=\frac{(x+1)(x-0)}{(1+1)(1-0)}=\frac{1}{2}x(x+1),$$

因此，拉格朗日插值多项式为 $L_n(x)=y_0l_0(x)+y_1l_1(x)+y_2l_2(x)$，即

$$L_2(x)=\frac{e^{-1}-1}{2}x(x-1)+\frac{e-1}{2}x(x+1)=\frac{e+e^{-1}-2}{2}x^2+\frac{e-e^{-1}}{2}x.$$

其在 x=0.5 处的值为 $L_2(0.5)=0.723\ 370\ 76$.

又由于 $f'''(x)=e^x$，所以在[-1,1]内 $|f'''(x)|\leqslant e$，使用误差公式，有

$$|R_n(0.5)|\leqslant\frac{e}{3!}|0.5(0.5+1)(0.5-1)|\approx 0.169\ 892\ 61,$$

而 $f(0.5)=e^{0.5}-1\approx 0.648\ 721\ 27$.

编写此问题的 MATLAB 程序如下，可视化结果如图 2.2 所示.

```
%%%%%%%%%%%%%%%%%%%%%%%%%%%%%%%%%%%%%%%%%%%
clc; clear;
x1= [ -1,  0,  1]; y1= [exp (-1. 0) -1,  0,  exp (1) -1];
plot (x1, y1, '*');
hold on
for i=1:801
    x (i) = -2. 0 + (i-1) /200.0;
    z (i) = exp (x (i)) - 1.0;
    y (i) = (exp (1) +exp (-1) -2) /2*x (i) ^2 + (exp (1) -exp (-1)) /2*x (i) ;
end
plot (x, z, 'k', x, y, 'r')
```

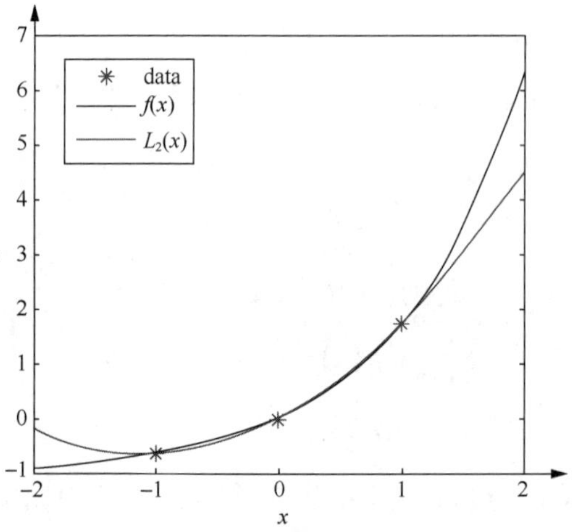

图 2.2

2.4 差商、差分及牛顿插值公式

拉格朗日插值法给出的多项式结构整齐，便于计算，但是当插值节点增加或减少时，需要重新计算插值基函数，因此，拉格朗日插值法不具有承袭特性. 本节将介绍牛顿插值

法，此方法有明显的承袭特性.

如 2.3 节所述，过两个数据点 (x_0, y_0) 和 (x_1, y_1) 的插值多项式为

$$p_1(x) = y_0 \times 1 + \frac{y_1 - y_0}{x_1 - x_0}(x - x_0),$$

可以发现，这个插值多项式由常值函数 $\varphi_0(x) = 1$ 和一次函数 $\varphi_1(x) = x - x_0$ 所组成，即

$$p_1(x) = y_0\varphi_0(x) + \frac{y_1 - y_0}{x_1 - x_0}\varphi_1(x).$$

类似地，过 3 个数据点 $(x_i, y_i), i = 0,1,2$ 的二次多项式是否可以写成相似的形式呢？如果可以，则其应有形式 $p_2(x) = a_0 + a_1(x - x_0) + a_2(x - x_0)(x - x_1)$，这里的 a_0, a_1, a_2 是待定参数. 使用条件

$$\begin{cases} y_0 = a_0, \\ y_1 = a_0 + a_1(x_1 - x_0), \\ y_2 = a_0 + a_1(x_2 - x_0) + a_2(x_2 - x_0)(x_2 - x_1), \end{cases}$$

可得

$$\begin{cases} a_0 = y_0, \\ a_1 = \dfrac{y_1 - y_0}{x_1 - x_0}, \\ a_2 = \dfrac{\dfrac{y_2 - y_0}{x_2 - x_0} - \dfrac{y_1 - y_0}{x_1 - x_0}}{x_2 - x_1}, \end{cases}$$

如果记 $\varphi_2(x) = (x - x_0)(x - x_1)$，则插值多项式为

$$p_2(x) = a_0\varphi_0(x) + a_1\varphi_1(x) + a_2\varphi_2(x) = p_1(x) + a_2\varphi_2(x),$$

其是由基函数 $\varphi_0(x), \varphi_1(x), \varphi_2(x)$ 构成的. 可以发现，当由两个数据点增加到 3 个数据点时，插值多项式只需要在原有两个数据点的插值多项式 $p_1(x)$ 的基础上，再加入一个更高次函数项 $a_2\varphi_2(x)$ 即可. 使用此方法构造插值多项式，在增加数据点的时候，原有的工作能够有很好的承袭，这种方法便是牛顿插值法.

对于牛顿插值法，需要讨论的问题是其基函数的系数如何计算. 为了计算牛顿插值的系数，下面引入差商的概念.

2.4.1　差商及其计算

定义 2.2　给定函数 $f(x)$ 及互不相同的插值节点 $x_i, i = 0,1,2,\cdots,n$，定义

$$f[x_0, x_1] = \frac{f(x_1) - f(x_0)}{x_1 - x_0}$$

为函数 $f(x)$ 关于插值节点 x_0 和 x_1 的一阶差商；定义

$$f[x_0,x_1,x_2]=\frac{f[x_0,x_2]-f[x_0,x_1]}{x_2-x_1}=\frac{\dfrac{f(x_2)-f(x_0)}{x_2-x_0}-\dfrac{f(x_1)-f(x_0)}{x_1-x_0}}{x_2-x_1}$$

为函数 $f(x)$ 关于插值节点 x_0,x_1,x_2 的二阶差商；类似地，定义

$$f[x_0,x_1,\cdots,x_k]=\frac{f[x_0,\cdots,x_{k-2},x_k]-f[x_0,\cdots,x_{k-2},x_{k-1}]}{x_k-x_{k-1}}$$

为函数 $f(x)$ 关于插值节点 $x_0,x_1,\cdots,x_{k-1},x_k$ 的 k 阶差商.

实际上，如果一阶差商公式中的插值节点 x_1 是可变的，则可以定义一阶差商函数

$$f[x_0,x]=\frac{f(x)-f(x_0)}{x-x_0}.$$

类似地，可定义高阶差商函数．为方便表述，可以定义函数 $f(x)$ 的零阶差商为其函数值自身，即 $f[x]=f(x)$．可以看出，k 阶差商是一个 k-1 阶差商函数在两插值节点处的差商．因此，要计算一个函数的高阶差商，需要先计算出低阶差商，一般通过差商表的方式来实现对高阶差商的计算．例如，计算函数 $f(x)$ 关于插值节点 $x_i,i=0,1,2,\cdots,n$ 的 n 阶差商，可构造表 2.2 所示的差商表.

表 2.2

i	x_i	$f(x_i)$	一阶差商	二阶差商	三阶差商	n 阶差商
0	x_0	$f(x_0)$				
1	x_1	$f(x_1)$	$f[x_0,x_1]$			
2	x_2	$f(x_2)$	$f[x_1,x_2]$	$f[x_0,x_1,x_2]$		
3	x_3	$f(x_3)$	$f[x_2,x_3]$	$f[x_1,x_2,x_3]$	$f[x_0,x_1,x_2,x_3]$	
$\vdots$	$\vdots$	$\vdots$	$\vdots$	$\vdots$	$\vdots$	$\vdots$
n	x_n	$f(x_n)$	$f[x_{n-1},x_n]$	$f[x_{n-2},x_{n-1},x_n]$	$f[x_{n-3},x_{n-2},x_{n-1},x_n]$	$f[x_0,x_1,\cdots,x_n]$

最后，给出差商的两个重要性质.

（1）k 阶差商 $f[x_0,x_1,\cdots,x_k]$ 可由插值节点处函数值的线性组合表示，即

$$f[x_0,x_1,\cdots,x_k]=\sum_{j=0}^{k}\frac{f(x_j)}{\omega_j'(x_j)},\omega_k(x)=\prod_{j=0}^{n}(x-x_j).$$

可以使用数学归纳法证明此性质，该性质反映了 k 阶差商的值仅和插值节点及其相应的函数值相关，与插值节点的先后次序无关，即差商具有无序性或对称性.

（2）$f[x_0,x_1,\cdots,x_k]=f[x_{i_0},x_{i_1},\cdots,x_{i_k}]$，其中 i_0,i_1，$\cdots,i_k$ 是 $1,2,\cdots,k$ 的一个排列.

2.4.2 牛顿插值公式

通过引入差商的定义，过两个插值节点的插值多项式可以写成

$$p_1(x)=f(x_0)+f[x_0,x_1](x-x_0)=N_1(x),\tag{2.2}$$

过 3 个插值节点的插值多项式可以写成

$$p_2(x)=f(x_0)+f[x_0,x_1](x-x_0)+f[x_0,x_1,x_2](x-x_0)(x-x_1)=N_2(x), \qquad (2.3)$$

公式（2.2）和（2.3）中的 $N_1(x)$ 和 $N_2(x)$ 就是一次和二次牛顿插值多项式. 其系数就是插值节点处的差商. 进一步，过 n+1 个插值节点的 n 次牛顿插值公式形式如何呢？为此，对差商公式做由低阶到高阶的展开，有

$$f(x)=f(x_0)+f[x_0,x](x-x_0), \qquad (a_0)$$

$$f[x_0,x]=f[x_0,x_1]+f[x_0,x_1,x](x-x_1), \qquad (a_1)$$

$$f[x_0,x_1,x]=f[x_0,x_1,x_2]+f[x_0,x_1,x_2,x](x-x_2), \qquad (a_2)$$

……

$$f[x_0,x_1,\cdots,x_{n-1},x]=f[x_0,x_1,\cdots,x_n]+f[x_0,x_1z\cdots,x_n,x](x-x_n), \qquad (a_n)$$

把式（a_n）代入式（a_{n-1}），把式（a_{n-1}）代入（a_{n-2}），依次往前代入，可以得到

$$\begin{aligned}f(x)=&f(x_0)+f[x_0,x_1](x-x_0)+f[x_0,x_1,x_2](x-x_0)(x-x_1)+\cdots+\\&f[x_0,x_1,\cdots,x_n](x-x_0)(x-x_1)\cdots(x-x_{n-1})+\\&f[x_0,x_1,\cdots,x_n,x](x-x_0)(x-x_1)\cdots(x-x_{n-1})(x-x_n).\end{aligned}$$

令

$$\begin{aligned}N_n(x)=&f(x_0)+f[x_0,x_1](x-x_0)+f[x_0,x_1,x_2](x-x_0)(x-x_1)+\cdots+\\&f[x_0,x_1,\cdots,x_n](x-x_0)(x-x_1)\cdots(x-x_{n-1})\end{aligned},$$

$$R_n(x)=f[x_0,x_1,\cdots,x_n,x](x-x_0)(x-x_1)\cdots(x-x_{n-1})(x-x_n).$$

这里 $N_n(x)$ 即为过 n+1 个插值节点的牛顿插值多项式，$R_n(x)$ 为插值余项. 由插值多项式的唯一性知，牛顿差值多项式 $N_n(x)$ 等于拉格朗日插值多项式 $L_n(x)$，因而其余项也是相等的，即

$$R_n(x)=f[x_0,x_1,\cdots,x_n,x]\omega(x)=\frac{f^{(n+1)}(\xi)}{(n+1)!}\omega(x),\xi\in(a,b).$$

由此得到 n+1 阶差商与 n+1 阶导数的关系式

$$f[x_0,x_1,\cdots,x_n,x]=\frac{f^{(n+1)}(\xi)}{(n+1)!}\quad(\xi\text{ 在插值节点间}).$$

牛顿差值多项式的 MATLAB 程序实现如下.

```
function [a] = Newton_interp(x, y)
syms t;
Nt=[x', y']; [M, N]=size(Nt);
for n=3:M+1
    for m=n-1:M
    Nt(m, n)=(Nt(m, n-1)-Nt(m-1, n-1))/(Nt(m, 1)-Nt(m-n+2, 1));
    end
end
f=y(1);
for m=2:M
    p=1;
    for n=2:m
```

```
            p = p* (t-x (n-1)) ;
        end
        f=f+Nt (m, m+1) * p;
    end
    f = simplify (f) ;
    disp (f) ;
    a (1) = subs (f, 't', 0. 0) ;
    for k=1:n-1
        q (t) = diff (f, k) ;
        a (k+1) = subs (q, 't', 0. 0) ;
        a (k+1) = a (k+1) / factorial (k) ;
    end
    end
```

例 2.3 利用表 2.3 所示数据，构造牛顿插值多项式.

表 2.3

i	0	1	2	3
x_i	−2	−1	1	2
y_i	−4	−2	4	6

解 通过表 2.3 中数据，构造差商表，如表 2.4 所示.

表 2.4

x_i	$f(x_i)$	一阶差商	二阶差商	三阶差商
$x_0=-2$	$f(x_0)=-4$			
$x_1=-1$	$f(x_1)=-2$	$f[x_0,x_1]=2$		
$x_2=1$	$f(x_2)=4$	$f[x_1,x_2]=6$	$f[x_0,x_1,x_2]=\dfrac{4}{3}$	
$x_3=2$	$f(x_3)=6$	$f[x_2,x_3]=2$	$f[x_1,x_2,x_3]=-\dfrac{4}{3}$	$f[x_0,x_1,x_2,x_3]=-\dfrac{2}{3}$

因此，牛顿插值多项式为

$$N_3(x)=-4+2(x+2)+\frac{4}{3}(x+2)(x+1)-\frac{2}{3}(x+2)(x+1)(x-1).$$

2.4.3 等距插值节点的插值公式

在实际应用中，有很多插值涉及的插值节点是等间距的，处理此类问题时，一般情形下的差值公式可以进一步简化. 这里，针对此种情况做进一步的讨论. 下面先给出差分相关的概念及性质.

考虑区间$[a,b]$上函数 $f(x)$ 在等距插值节点 $x_i=x_0+ih, i=0,1,2,\cdots,n$ 的差分问题，这里的 n 是区间分割数，$h=\dfrac{b-a}{n}$ 是等分小区间段的长度，称为步长. 记 $f_i=f(x_i)$ 为函数在插值节点处的值.

定义 2.3　称偏差

$$\Delta f_i = f_{i+1} - f_i,$$
$$\nabla f_i = f_i - f_{i-1},$$
$$\delta f_i = f_{i+\frac{1}{2}} - f_{i-\frac{1}{2}}$$

分别是 $f(x)$ 在插值节点 x_i 处的向前、向后及中心差分. 符号 Δ, ∇, δ 分别称作向前差分算子、向后差分算子及中心差分算子.

在上述差分的基础上，可以定义高阶差分，如二阶向前差分为

$$\Delta^2 f_i = \Delta f_{i+1} - \Delta f_i = f_{i+2} - 2f_{i+1} + f_i,$$

m 阶向前差分为 $\Delta^m f_i = \Delta^{m-1} f_{i+1} - \Delta^{m-1} f_i$. 高阶的向后差分及中心差分可类似获得. 为方便运算，可对向前差分算子做拆分，$\Delta = E - I$，这里 E 是平移算子，I 是恒等算子. 即 $Ef_i = f_{i+1}, If_i = f_i$. 于是，$\Delta f_i = (E - I) f_i = Ef_i - If_i$，且有如下性质.

性质 2.1　函数在某点的 m 阶向前差分均可用函数值的线性组合来表示. 即

$$\Delta^m f_i = (E - I)^m f_i = \sum_{j=0}^{m} (-1)^j \mathrm{C}_m^j E^{m-j} f_i = \sum_{j=0}^{m} (-1)^j \mathrm{C}_m^j f_{i+m-j}.$$

性质 2.2　函数在某点的值可用函数各阶差分的线性组合来表示. 即

$$f_{i+m} = E^m f_i = (I + \Delta)^m f_i = \sum_{j=0}^{m} \mathrm{C}_m^j \Delta^j f_i.$$

由差分和差商的定义可给出其关系：

$$f[x_i, x_{i+1}] = \frac{f(x_{i+1}) - f(x_i)}{x_{i+1} - x_i} = \frac{\Delta f_i}{h},$$

$$f[x_i, x_{i+1}, x_{i+2}] = \frac{f[x_{i+1}, x_{i+2}] - f[x_i, x_{i+1}]}{x_{i+2} - x_i} = \frac{\Delta^2 f_i}{2h^2}.$$

更一般的，

$$f[x_i, x_{i+1}, \cdots, x_{i+m}] = \frac{1}{m!} \frac{\Delta^m f_i}{h^m}, m = 1, 2, \cdots.$$

差分的具体计算，可以使用差分表，其构造类似于差商表.

考虑等距插值节点的牛顿插值公式，使用差商与差分的关系式，我们有

$$N_n(x_0 + th) = f(x_0) + \sum_{i=1}^{n} \frac{\Delta^i f_0}{i!} t(t-1)\cdots(t-i+1), \tag{2.4}$$

公式（2.4）便是等距插值节点的向前差分型牛顿插值公式.

习题 2.4

1. 分别使用拉格朗日插值法和牛顿插值法构造表 2.5 所示离散数据的插值多项式，并使用构造的插值多项式，估计 $x = 1.5$ 处的函数值.

表 2.5

i	0	1	2	3
x_i	−1	0	1	2
y_i	2	0	4	8

2. 构造过曲线 $y=\sin x$ 在 $x=0,\dfrac{\pi}{4},\dfrac{\pi}{2}$ 时的 3 点的二次插值多项式，并以此估算 $x=\dfrac{\pi}{6}$ 时的函数值，估计截断误差.

3. 利用表 2.6 所示数据，构造牛顿插值多项式，并和第 1 题的结果做比较.

表 2.6

i	0	1	2	3
x_i	0	−1	2	1
y_i	0	2	8	4

2.5 埃米尔特插值方法

在前面介绍的插值多项式中，给定条件均为插值节点和插值节点处的函数值信息，但是对于数据点处的导函数信息也是已知的插值问题，前面介绍的插值方法是无法直接使用的. 为此，本节介绍一类基于插值节点处函数值及导函数信息的插值方法，这类方法统称为埃尔米特（Hermite）插值法.

形如问题：给定插值节点 x_0 和 x_1，以及插值节点处的函数值 y_0 和 y_1，导函数值 y_0' 和 y_1'，求过插值节点的多项式函数，使其在插值节点的函数值和导函数值等于给定值.

显然，过两个插值节点的一次多项式无法保证在插值节点处的导函数信息等于给定值，因此应该使用更高次的多项式. 根据问题所述，一共有 4 个条件，而一个三次多项式刚好有 4 个未知条件，为此，可以使用一个三次多项式做插值. 类似于拉格朗日插值多项式的构造方式，三次埃尔米特插值多项式可设为

$$H_3(x)=y_0\varphi_0(x)+y_1\varphi_1(x)+y_0'\psi_0(x)+y_1'\psi_1(x),$$

这里的 $\varphi_0(x),\varphi_1(x),\psi_0(x),\psi_1(x)$ 是埃尔米特插值基函数，其满足

$$\begin{cases}\varphi_0(x_0)=1,\varphi_0(x_1)=0,\varphi_0'(x_0)=0,\varphi_0'(x_1)=0,\\ \varphi_1(x_0)=0,\varphi_1(x_1)=1,\varphi_1'(x_0)=0,\varphi_1'(x_1)=0,\\ \psi_0(x_0)=0,\psi_0(x_1)=0,\psi_0'(x_0)=1,\psi_0'(x_1)=0,\\ \psi_1(x_0)=0,\psi_1(x_1)=0,\psi_1'(x_0)=0,\psi_1'(x_1)=1.\end{cases}$$

因此，满足上述条件的基函数均可设为三次多项式，且基函数满足在某插值节点的函数值及导函数值均为 0，从而这样的插值节点为其重根. 以此，可假设

$$\varphi_0(x)=(ax+b)\left(\frac{x-x_1}{x_0-x_1}\right)^2,\varphi_1(x)=(cx+d)\left(\frac{x-x_0}{x_1-x_0}\right)^2,$$

$$\psi_0(x)=(ex+f)\left(\frac{x-x_1}{x_0-x_1}\right)^2,\psi_1(x)=(gx+h)\left(\frac{x-x_0}{x_1-x_0}\right)^2,$$

代入给定条件，可以得到

$$\varphi_0(x)=\left(1+2\frac{x-x_0}{x_1-x_0}\right)\left(\frac{x-x_1}{x_0-x_1}\right)^2, \varphi_1(x)=\left(1+2\frac{x-x_1}{x_0-x_1}\right)\left(\frac{x-x_0}{x_1-x_0}\right)^2,$$

$$\psi_0(x)=(x-x_0)\left(\frac{x-x_1}{x_0-x_1}\right)^2, \psi_1(x)=(x-x_1)\left(\frac{x-x_0}{x_1-x_0}\right)^2,$$

这样就构造出了过两个插值节点的三次埃尔米特插值多项式. 用同样方法处理，可以构造过 n+1 个插值节点的 2n+1 次埃尔米特插值多项式. 这里不加证明地给出以下定理.

定理 2.3　过 n+1 个不同数据点 $(x_i, y_i), i=0,1,2,\cdots,n$ 的 2n+1 次埃尔米特插值多项式 $H_{2n+1}(x)$ 为

$$H_{2n+1}(x)=\sum\nolimits_{i=0}^{n} y_i\varphi_i(x)+\sum\nolimits_{i=0}^{n} y_i'\psi_i(x),$$

其中

$$\varphi_i(x)=\left[1-2(x-x_i)l'_i(x_i)\right]l_i^2(x),$$

$$\psi_i(x)=(x-x_i)l_i^2(x),$$

$l_i(x), i=0,1,2,\cdots,n$ 是拉格朗日插值基函数.

如果在给定区间[a,b]上存在 2n+2 阶可导的函数 $f(x)$，则过 n+1 个不同数据点 $(x_i, f(x_i)), (i=0,1,2,\cdots,n)$ 的 2n+1 次埃尔米特插值多项式有余项公式

$$R_{2n+1}(x)=f(x)-H_{2n+1}(x)=\frac{f^{(2n+2)}(\xi)}{(2n+2)!}\omega_n^2(x),$$

其中 $\omega(x)=\prod\nolimits_{i=0}^{n}(x-x_i)$.

例 2.4　已知插值节点 x_1=1 和 x_2=2 对应的函数值分别是 1 和 4,导函数值分别是 1 和 2，计算过插值节点 1 和 2 的三次埃尔米特插值多项式.

解　将已知数据代入三次埃尔米特插值多项式公式

$$H_3(x)=y_0\varphi_0(x)+y_1\varphi_1(x)+y_0'\psi_0(x)+y_1'\psi_1(x),$$

可得 $y_0=1, y_1=4, y_0'=1, y_1'=2$，埃尔米特插值基函数为

$$\varphi_0(x)=\left(1+2\frac{x-1}{2-1}\right)\left(\frac{x-2}{1-2}\right)^2, \varphi_1(x)=\left(1+2\frac{x-2}{1-2}\right)\left(\frac{x-1}{2-1}\right)^2,$$

$$\psi_0(x)=(x-1)\left(\frac{x-2}{1-2}\right)^2, \psi_1(x)=(x-2)\left(\frac{x-1}{2-1}\right)^2,$$

所以，三次埃尔米特插值多项式为

$$H_3(x)=\left(1+2\frac{x-1}{2-1}\right)\left(\frac{x-2}{1-2}\right)^2+4\left(1+2\frac{x-2}{1-2}\right)\left(\frac{x-1}{2-1}\right)^2+(x-1)\left(\frac{x-2}{1-2}\right)^2+$$
$$2(x-2)\left(\frac{x-1}{2-1}\right)^2.$$

上述埃尔米特插值多项式是通过类似拉格朗日插值多项式的构造思想给出的，实际

上，埃尔米特插值多项式还可以通过牛顿差值的思想来构造. 这就要引入重插值节点的差商问题.

首先定义

$$f\left[x_i, x_i\right] = \lim_{x\to x_i} f\left[x_i, x\right] = \lim_{x\to x_i} \frac{f(x) - f(x_i)}{x - x_i} = f'(x_i),$$

所以，在一个重插值节点 x_i 处的二阶差商就是其导数值. 类似地，

$$f\left[x_0, x_0, x_1\right] = \frac{f\left[x_0, x_1\right] - f\left[x_0, x_0\right]}{x_1 - x_0}, f\left[x_0, x_0, x_1, x_1\right] = \frac{f\left[x_0, x_1, x_1\right] - f\left[x_0, x_1, x_0\right]}{x_1 - x_0},$$

进一步地，

$$f\left[x_0, x_0, \cdots, x_{k-1}, x_{k-1}, x_k\right] = \frac{f\left[x_0, \cdots, x_{k-1}, x_{k-1}, x_k\right] - f\left[x_0, \cdots, x_{k-1}, x_{k-1}, x_k\right]}{x_k - x_0},$$

$$f\left[x_0, x_0, \cdots, x_{k-1}, x_{k-1}, x_k, x_k\right] = \frac{f\left[x_0, \cdots, x_{k-1}, x_{k-1}, x_k, x_k\right] - f\left[x_0, \cdots, x_{k-1}, x_{k-1}, x_k, x_0\right]}{x_k - x_0},$$

这样可算出含二重插值节点的差商，并以此计算含重插值节点的牛顿插值多项式.

例 2.5 对例 2.4 使用牛顿形式的埃尔米特插值多项式.

解 构造含重插值节点的差商表，如表 2.7 所示.

表 2.7

x_i	$f(x_i)$	一阶差商	二阶差商	三阶差商
$x_0=1$	$f(x_0)=1$			
$x_0=1$	$f(x_0)=1$	$f\left[x_0,x_0\right]=1$		
$x_1=2$	$f(x_1)=4$	$f\left[x_0,x_1\right]=3$	$f\left[x_0,x_0,x_1\right]=2$	
$x_1=2$	$f(x_1)=4$	$f\left[x_1,x_1\right]=2$	$f\left[x_0,x_1,x_1\right]=-1$	$f\left[x_0,x_0,x_1,x_1\right]=-3$

因此，$H_3(x) = N_3(x) = 1 + (x-1) + 2(x-1)^2 - 3(x-1)^2(x-2)$.

以上介绍的埃尔米特插值多项式，条件中均要求给出插值节点处的导函数信息，实际上，对于一些问题，仅能获得部分插值节点处的导函数信息，或者部分插值节点处的高阶导数信息，这样的插值问题也是埃尔米特插值问题. 对于这类问题，含重插值节点的牛顿插值公式仍然适用. 这里还需要给出重插值节点处的高阶差商的定义，

$$f\left[x_0, x_0, \cdots, x_0\right] = \lim_{\forall x_i \to x_0} f\left[x_0, x_1, \cdots, x_n\right],$$

使用高阶导数与高阶差商的关系，存在 ξ 处在插值节点之间，使

$$f\left[x_0, x_0, \cdots, x_0\right] = \lim_{\forall x_i \to x_0} f\left[x_0, x_1, \cdots, x_n\right] = \lim_{\forall x_i \to x_0} \frac{f^{(n)}(\xi)}{n!} = \frac{f^{(n)}(x_0)}{n!}.$$

上式给出了重插值节点的高阶差商与高阶导数的关系. 类似地，可以获得

$$f\left[x_0, x_1, \cdots, x_n, x, \cdots, x\right] = \frac{\mathrm{d}^{k-1}}{\mathrm{d}x^{k-1}} f\left[x_0, x_1, \cdots, x_n, x\right].$$

例 2.6 已知插值节点 $x_0 = 1$ 和 $x_1 = 2$ 处相应的函数值分别是 $f(x_0) = 1$ 和 $f(x_1) = 4$，此

外插值节点 x_0 处有信息 $f'(x_0)=1, f''(x_0)=2$，插值节点 x_1 处有 $f'(x_1)=2$．计算过插值节点 x_0 和 x_1 的四次埃尔米特插值多项式.

解　构造重插值节点的差商表，如表 2.8 所示.

表 2.8

x_i	$f(x_i)$	一阶差商	二阶差商	三阶差商	四阶差商
$x_0=1$	$f(x_0)=1$				
$x_0=1$	$f(x_0)=1$	$f[x_0,x_0]=1$			
$x_0=1$	$f(x_0)=1$	$f[x_0,x_0]=1$	$f[x_0,x_0,x_0]=1$		
$x_1=2$	$f(x_1)=4$	$f[x_0,x_1]=3$	$f[x_0,x_0,x_1]=2$	$f[x_0,x_0,x_0,x_1]=1$	
$x_1=2$	$f(x_1)=4$	$f[x_1,x_1]=2$	$f[x_0,x_1,x_1]=-1$	$f[x_0,x_0,x_1,x_1]=-3$	$f[x_0,x_0,x_0,x_1,x_1]=-4$

因此，所求的四次埃尔米特插值多项式为 $H_4(x)=N_4(x)=1+(x-1)+(x-1)^2+(x-1)^3-4(x-1)^3(x-2)$.

在本节最后，我们讨论一种仅含一个插值节点的多项式插值：已知插值节点 x_0 和函数值 $f(x_0)$ 及各阶导函数值 $f^{(k)}(x_0), k\leqslant n$，计算过插值节点 x_0 的 n 次埃尔米特插值多项式.

已知 $f[\underbrace{x_0,\cdots,x_0}_{k+1}]=f^{(k)}(x_0), k\leqslant n$，所以过插值节点 x_0 的 n 次埃尔米特插值多项式为

$$H_n(x)=N_n(x)=f(x_0)+f'(x_0)(x-x_0)+\cdots+\frac{f^{(n)}(x_0)}{n!}(x-x_0)^n.$$

由此可知，过一个插值节点的 n 次埃尔米特插值多项式即为函数在插值节点处的泰勒多项式.

习题 2.5

1. 使用埃尔米特插值法构造符合表 2.9 所示数据的插值多项式.

表 2.9

i	0	1	2
x_i	0	1	2
y_i	0	2	4
y_i'	1		

2. 使用含重插值节点的牛顿插值公式，给出符合表 2.10 所示数据的插值多项式.

表 2.10

i	0	1	2
x_i	0	1	2
y_i	1	2	3
y_i'	1	4	

2.6 高次插值的缺点及分段插值

2.6.1 整体插值中的龙格现象

在前面的介绍中，我们考虑的都是通过区间上一些数据点的多项式，这样的插值是整体插值. 整体插值要获得好的插值效果（对函数近似的误差小），需要与函数曲线有尽可能多的交点，因此需要较多的插值节点. 然而，并不是插值节点越多近似的效果就越好. 关于这一点，早在 100 多年前，德国数学家龙格（Runge）就注意到这个问题，并发现对于一些函数采用等距插值节点的插值方式，随着插值节点的增加，插值函数在区间端点附近发生严重的振荡.

考虑对函数 $f(x)=\dfrac{1}{1+x^2}, x\in[-5,5]$ 做等距插值节点的整体插值，分别使用 2 次、6 次和 10 次多项式做插值，如图 2.3 所示，可以看到对 10 次多项式插值而言，在左右端点附近插值函数曲线发生严重偏离. 因此，对整体插值而言，并不是次数越高，插值效果就越好. 这一现象称为整体插值中的龙格现象.

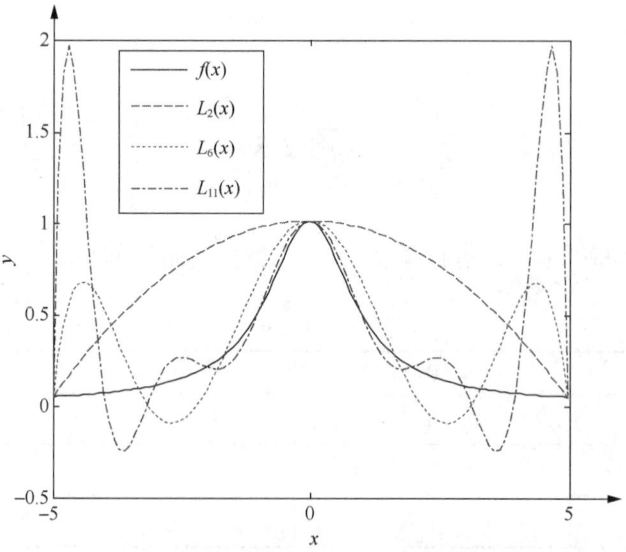

图 2.3

2.6.2　分段线性插值

由于整体插值可能会出现龙格现象，所以在实际工程问题中，一般用到的都不是整体插值. 在要求不高的实际问题中，一般采用分段或分片线性插值的方式来实现对离散数据的处理. 例如，对函数 $f(x)$ 在区间$[a,b]$上做分段线性插值，首先对区间做分割，

$$a=x_0<x_1<x_2<\cdots<x_n=b\ ,$$

这样区间$[a,b]$就被分割成了 n 个小区间，分割点 $x_i, i=0,1,2,\cdots,n$ 就是插值节点. 分段线性插值的思想就是在每个分割小区间 $[x_i,x_{i+1}], i=0,1,2,\cdots,n-1$ 上做局部插值，这样每个小区间上都会有一个插值函数. 整个区间$[a,b]$上的插值函数由小区间上的插值函数共同构成.

如果在分割小区间上使用线性插值，则在小区间$[x_i,x_{i+1}]$上可构造插值函数为

$$p_i(x)=\frac{x-x_{i+1}}{x_i-x_{i+1}}f(x_i)+\frac{x-x_i}{x_{i+1}-x_i}f(x_{i+1})\ ,$$

这样区间$[a,b]$上的插值函数 $p(x)$实际上是一个折线函数，其在每一个小区间$[x_i,x_{i+1}]$对应一个局部的线性插值函数 $p_i(x)$，并以此可以估计出分段线性插值的最大误差. 使用整体插值的误差估计公式，在小区间$[x_i,x_{i+1}]$上的插值误差为

$$R(x)=f(x)-p(x)=f(x)-p_i(x)=\frac{f''(\xi)}{2!}(x-x_i)(x-x_{i+1})\ ,$$

若被插函数在$[a,b]$上的二阶导数有界，即$|f''(\xi)|\leqslant M$ ，则

$$|R(x)|\leqslant\frac{M}{8}(x_i-x_{i+1})^2 .$$

因此，只要分割区间的插值节点间距足够小，分段线性插值的误差是趋于 0 的，即插值函数收敛到被插函数. 分段线性插值是一种稳定的插值方法，正因如此，对于光滑性要求不高的插值曲线，分段线性插值是一类优选的插值方法.

例 2.7　对函数 $f(x)=\dfrac{1}{1+x^2}, x\in[-5,5]$ 做等距插值节点的分段线性插值，分别使用 10 等分区间及 20 等分区间，并给出可视化结果.

解　首先给出区间$[-5,5]$上 n 等分区间的插值节点公式，

$$x_i=-5+10\frac{i}{n}, i=0,1,2,\cdots,n .$$

于是，在分割小区间$[x_i,x_{i+1}]$上的插值函数为

$$p_i(x)=\frac{x-x_{i+1}}{x_i-x_{i+1}}\frac{1}{1+x_i^2}+\frac{x-x_i}{x_{i+1}-x_i}\frac{1}{1+x_{i+1}^2}, i=0,1,2,\cdots,n-1 .$$

编写 MATLAB 程序如下，可视化结果如图 2.4 所示.

```
%%%%%%%%%%%%%%%%%%%%%%%%%%%%%%%%%%%%%%%%
clc; clear;
x1= [ 0,  1,  2,  3]; y1= [1,  2,  4,  2];
n=21;
for i=1:n
```

```
        x(i) = -5.0 + 10* (i-1)/(n-1);
        y(i) = 1.0 / (1.0 + x(i)^2);
    end
    plot(x, y, 'd', x, y, 'r')
```

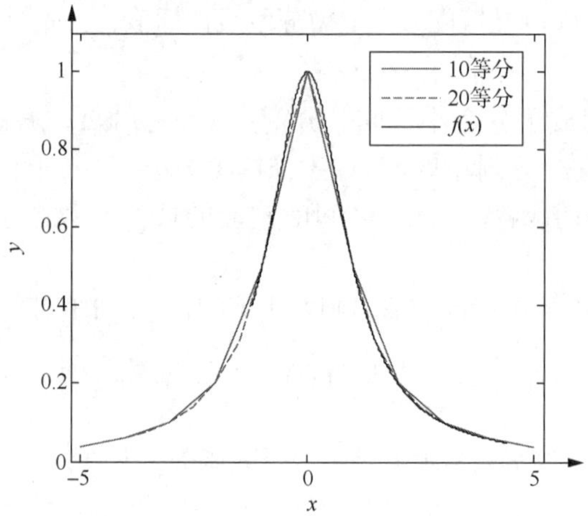

图 2.4

如果对插值函数有光滑性要求，则分段线性插值无法使用. 很明显，分段线性插值仅保证了插值函数的连续性，无法保证插值节点处函数的导函数的连续性. 实际上，分段线性插值在插值节点处的导函数一般是间断的，所以需要在区间段内采用更高次的插值函数，以实现对插值节点处导函数连续的要求.

2.6.3 分段三次埃尔米特插值

在区间$[a,b]$上，对函数$f(x)$做插值，如果还知道导函数信息的话，则可以构造有光滑特性的分段函数. 其思想就是在每一个分割小区间内，使用一个三次埃尔米特插值多项式. 例如，在分割小区间$[x_i,x_{i+1}]$上，除了给出端点函数值$f(x_i),f(x_{i+1})$，还知道导函数值$f'(x_i),f'(x_{i+1})$，则在此小区间上可构造

$$p_i(x)=\left(1+2\frac{x-x_i}{x_{i+1}-x_i}\right)\left(\frac{x-x_{i+1}}{x_i-x_{i+1}}\right)^2 f(x_i)+\left(1+2\frac{x-x_{i+1}}{x_i-x_{i+1}}\right)\left(\frac{x-x_i}{x_{i+1}-x_i}\right)^2 f(x_{i+1})+(x-x_i)\left(\frac{x-x_{i+1}}{x_i-x_{i+1}}\right)^2 f'(x_i)+(x-x_{i+1})\left(\frac{x-x_i}{x_{i+1}-x_i}\right)^2 f'(x_{i+1}),$$

然后插值函数$p(x)=p_i(x),x\in[x_i,x_{i+1}]$，这样就获得了分段三次埃尔米特插值多项式. 使用前面的误差公式，可以估计出在小区间$[x_i,x_{i+1}]$上，

$$|R(x)|\leqslant\frac{M}{384}(x_i-x_{i+1})^4,$$

这里的M是被插函数四阶导函数的上界.

分段三次埃尔米特插值能够给出有光滑特性的插值函数，但是需要事先知道插值节点

处的导函数信息，这个在实际工程中是不容易的．为此，需要通过其他途径来实现插值函数的光滑特性，这就是下面将要介绍的样条函数的内容．

2.6.4　三次样条插值

样条函数在传统造型设计中有广泛的应用，样条一词的由来也是源于传统造型设计中的弹性条．本小节介绍的是一种基础的样条函数：三次样条．其具有二阶导函数连续的特性，这一点已基本满足工业中对造型的设计要求．不同于分段三次埃尔米特插值，三次样条函数的获得，是通过解方程组求得的，因此其计算量相对较大．

定义 2.4　给定函数 $f(x)$ 及其在区间$[a,b]$上的$n+1$个分割插值节点 $a=x_0<x_1<x_2<\cdots<x_n=b$，若函数 $S(x)$ 满足

（1）$S(x)\in C^2[a,b]$，

（2）$S(x)$ 在每一个分割小区间 $[x_i,x_{i+1}]$ 上都是一个三次多项式，

则称 $S(x)$ 是区间$[a,b]$上关于插值节点 $x_0,x_1,x_2,\cdots,x_n$ 的三次样条函数．

此外，若还满足

（3）$S(x_i)=f(x_i),i=0,1,2,\cdots,n$，

则称 $S(x)$ 是区间$[a,b]$上的三次样条插值函数．

为方便起见，后面简称三次样条插值函数为样条函数．由于样条函数在每个小区间上都是一个三次多项式，且函数自身二阶导函数连续，所以可以依据这些条件来计算出样条函数．如果设在每一个小区间 $[x_i,x_{i+1}]$ 上样条函数为

$$S(x)=S_i(x)=a_ix^3+b_ix^2+c_ix+d_i,$$

则在区间端点处满足

$$S(x_i)=S_i(x_i)=a_ix_i^3+b_ix_i^2+c_ix_i+d_i=f(x_i),$$
$$S(x_{i+1})=S_i(x_{i+1})=a_ix_{i+1}^3+b_ix_{i+1}^2+c_ix_{i+1}+d_i=f(x_{i+1}),i=0,1,2,\cdots,n-1,$$

这样可以获得 $2n$ 个关系式．此外，利用内部插值节点处一阶导函数和二阶导函数连续，可得到

$$S'(x_i)=S_i'(x_i+)=S_{i-1}'(x_i-),$$
$$S''(x_i)=S_i''(x_i+)=S_{i-1}''(x_i-),i=0,1,2,\cdots,n-1,$$

这样可以获得 $2n-2$ 个关系式．综合起来一共有 $4n-2$ 个关系式，而一共有 $4n$ 个未知量．要获得唯一的样条函数，还缺少两个条件．为此，需要补充两个边界条件，实际中有 3 种类型的条件可供选择．

（1）第一类边界条件：$S'(x_0)=f'(x_0),S'(x_n)=f'(x_n)$．

（2）第二类边界条件：$S''(x_0)=f''(x_0),S''(x_n)=f''(x_n)$．

（3）周期边界条件：$S'(x_0)=S'(x_n),S''(x_0)=S''(x_n)$．

第二类边界条件中，如果二阶导函数在端点处值为 0，则称此条件为自然边界条件．此外，对于周期边界条件，要求插值函数在两端点处有周期性，即 $f(x_0)=f(x_n)$．

这样，通过边界条件的添加，就可获得唯一的分段三次多项式，但是实际计算中并不直接设定三次多项式，而是通过三弯矩法来实现对分段多项式的求解.

2.6.5 三弯矩法计算分段多项式

三弯矩法计算分段三次多项式是通过假定插值函数的二阶导函数是已知的，然后局部三次多项式可表示为以二阶导函数为参数的形式，通过联立内部插值节点一阶导函数的连续性，获得相关方程组，接着对此方程组求解，求出参数——二阶导函数，进而获得多项式.

假定样条函数在插值节点处满足 $S''(x_i)=M_i, i=0,1,2,\cdots,n$. 记分割小区间 $[x_i,x_{i+1}]$ 的长度为 $h_i=x_{i+1}-x_i$，则小区间上的三次样条函数可以算出来.

首先，可计算出二阶导函数为

$$S_i''(x)=M_i\frac{x-x_{i+1}}{-h_i}+M_{i+1}\frac{x-x_i}{-h_i},$$

对其连续积分两次可得

$$S_i(x)=M_i\frac{(x-x_{i+1})^3}{-6h_i}+M_{i+1}\frac{(x-x_i)^3}{6h_i}+ax+b\text{（}a\text{ 和 }b\text{ 为待定参数）}.$$

通过应用端点处的条件 $S_i(x_i)=f(x_i), S_i(x_{i+1})=f(x_{i+1})$，可算出参数 a 和 b，并获得三次多项式

$$S_i(x)=M_i\frac{(x-x_{i+1})^3}{-6h_i}+M_{i+1}\frac{(x-x_i)^3}{6h_i}+\left[f(x_i)-\frac{M_i}{6}h_i^2\right]\frac{x-x_{i+1}}{-h_i}+\left[f(x_{i+1})-\frac{M_{i+1}}{6}h_i^2\right]\frac{x-x_i}{h_i},\tag{2.5}$$

这样就算出了关于参数 M_i 和 M_{i+1} 的三次多项式. 在此基础上，通过运用插值节点处的一阶导函数连续，可以获得另外的关系式. 首先算出小区间 $[x_i,x_{i+1}]$ 上的一阶导函数为

$$S_i'(x)=M_i\frac{(x-x_{i+1})^2}{-2h_i}+M_{i+1}\frac{(x-x_i)^2}{2h_i}+\frac{f(x_{i+1})-f(x_i)}{h_i}-\frac{M_{i+1}-M_i}{6}h_i,$$

类似地，可算出在小区间 $[x_{i-1},x_i]$ 上的一阶导函数为

$$S_{i-1}'(x)=M_{i-1}\frac{(x-x_i)^2}{-2h_{i-1}}+M_i\frac{(x-x_{i-1})^2}{2h_{i-1}}+\frac{f(x_i)-f(x_{i-1})}{h_{i-1}}-\frac{M_i-M_{i-1}}{6}h_{i-1},$$

使用条件 $S'(x_i)=S_i'(x_i+)=S_{i-1}'(x_i-)$，可以得到

$$\frac{h_i+h_{i-1}}{3}M_i+\frac{h_{i-1}}{6}M_{i-1}+\frac{h_i}{6}M_{i+1}=f[x_i,x_{i+1}]-f[x_{i-1},x_i],$$

两边除以 $\dfrac{h_i+h_{i-1}}{6}$ 可得

$$2M_i+\frac{h_{i-1}}{h_i+h_{i-1}}M_{i-1}+\frac{h_i}{h_i+h_{i-1}}M_{i+1}=6f[x_{i-1},x_i,x_{i+1}].$$

令 $\mu_i=\dfrac{h_{i-1}}{h_i+h_{i-1}},\lambda_i=\dfrac{h_i}{h_i+h_{i-1}},d_i=6f[x_{i-1},x_i,x_{i+1}]$，上式可简记为

$$\mu_iM_{i-1}+2M_i+\lambda_iM_{i+1}=d_i, i=0,1,2,\cdots,n-1.\tag{2.6}$$

方程（2.6）为包含 $n-1$ 个方程的 $n+1$ 元方程组. 为获得唯一解，需要联立边界条件.

（1）若使用第一类边界条件 $S'(x_0)=f'(x_0), S'(x_n)=f'(x_n)$，代入一阶导函数公式可得

$$2M_0+M_1=6f[x_0,x_0,x_1]=d_0,$$
$$M_{n-1}+M_n=6f[x_{n-1},x_n,x_n]=d_n,$$

这样就得到方程组

$$\begin{pmatrix} 2 & 1 & & & & \\ \mu_1 & 2 & \lambda_1 & & & \\ & \mu_2 & 2 & \lambda_2 & & \\ & & \ddots & \ddots & \ddots & \\ & & & \mu_{n-1} & 2 & \lambda_{n-1} \\ & & & & 1 & 2 \end{pmatrix}\begin{pmatrix} M_0 \\ M_1 \\ M_2 \\ \vdots \\ M_{n-1} \\ M_n \end{pmatrix}=\begin{pmatrix} d_0 \\ d_1 \\ d_2 \\ \vdots \\ d_{n-1} \\ d_n \end{pmatrix}, \tag{2.7}$$

这是一个对角占优的三对角矩阵，可使用追赶法对其求解.

（2）若使用第二类边界条件 $S''(x_0)=f''(x_0), S''(x_n)=f''(x_n)$，可得

$$2M_0=2f''(x_0)=d_0,$$
$$2M_n=2f''(x_n)=d_n,$$

可得到类似于式（2.7）的方程组.

（3）若使用第三类边界条件 $S'(x_0)=S'(x_n), S''(x_0)=S''(x_n)$，可得

$$2M_1+\lambda_1M_2+\mu_1M_n=d_1,$$
$$\lambda_nM_1+\mu_nM_{n-1}+2M_n=d_n,$$

其中 $\mu_n=\dfrac{h_{n-1}}{h_0+h_{n-1}}, \lambda_n=\dfrac{h_0}{h_0+h_{n-1}}, d_n=6\dfrac{f[x_0,x_1]-f[x_{n-1},x_n]}{h_0+h_{n-1}}$. 这样，会得到一个 n 阶方程组

$$\begin{pmatrix} 2 & \lambda_1 & & & & \mu_1 \\ \mu_2 & 2 & \lambda_2 & & & \\ & \mu_3 & 2 & \lambda_3 & & \\ & & \ddots & \ddots & \ddots & \\ & & & \mu_{n-1} & 2 & \lambda_{n-1} \\ \lambda_n & & & & \mu_n & 2 \end{pmatrix}\begin{pmatrix} M_1 \\ M_2 \\ M_3 \\ \vdots \\ M_{n-1} \\ M_n \end{pmatrix}=\begin{pmatrix} d_1 \\ d_2 \\ d_3 \\ \vdots \\ d_{n-1} \\ d_n \end{pmatrix}, \tag{2.8}$$

对方程组（2.8）采用类似方程组（2.7）的方式进行求解.

通过联立方程求出方程组的解，即可求出分段三次多项式中的参数，进而获得三次样条插值多项式. 由于在力学中，二阶导函数决定的是弯矩的量，且上述过程获得的是关于相邻 3 个二阶导函数的关系式，因此本方法也称为三弯矩法.

例 2.8　表 2.11 给出了一些样本点数据，求满足自然边界条件下的三次样条函数，并使相关结果可视化.

表 2.11

x_i	0	1	2	3
y_i	1	2	4	2

解 使用公式（2.6），得到方程组

$$\begin{cases}\mu_1 M_0 + 2M_1 + \lambda_1 M_2 = d_1,\\ \mu_2 M_1 + 2M_2 + \lambda_2 M_3 = d_2,\end{cases} \tag{1}$$

其中

$$\begin{cases}\mu_1 = \dfrac{h_0}{h_0+h_1}, \lambda_1 = \dfrac{h_1}{h_0+h_1}, d_1 = 6f\left[x_0, x_1, x_2\right],\\ \mu_2 = \dfrac{h_1}{h_1+h_2}, \lambda_2 = \dfrac{h_2}{h_1+h_2}, d_2 = 6f\left[x_1, x_2, x_3\right],\end{cases}$$

而 $h_0 = x_1 - x_0, h_1 = x_2 - x_1, h_2 = x_3 - x_2$.

通过计算可得

$$\begin{cases}\mu_1 = \dfrac{1}{2}, \lambda_1 = \dfrac{1}{2}, d_1 = 3,\\ \mu_2 = \dfrac{1}{2}, \lambda_2 = \dfrac{1}{2}, d_2 = -12,\end{cases}$$

结合自然边界条件 $M_0 = M_1 = 0$，方程组（1）变成

$$\begin{cases}2M_1 + \dfrac{1}{2}M_2 = 3,\\ \dfrac{1}{2}M_1 + 2M_2 = -12,\end{cases}$$

解得 $M_0 = \dfrac{16}{5}, M_1 = \dfrac{-34}{5}$. 使用公式（2.5），可得到三次样条函数为

$$S(x) = \begin{cases}\dfrac{8}{15}x^3 + \dfrac{7}{15}x + 1, x \in [0,1],\\ -\dfrac{8}{15}(x-2)^2 - \dfrac{17}{15}(x-1)^3 - \dfrac{22}{15}(x-2) + \dfrac{17}{15}(x-1), x \in (1,2),\\ \dfrac{17}{15}(x-3)^3 - \dfrac{77}{15}(x-3) + 2(x-2), x \in [2,3].\end{cases}$$

编写 MATLAB 程序如下，可视化结果如图 2.5 所示.

```
clc; clear;
x1= [ 0, 1, 2, 3]; y1= [1, 2, 4, 2];
plot(x1, y1, '*'); hold on
for i=1:301
    x(i) = (i-1)/100.0;
    if x(i) <= 1.0
        y(i) = 8/15*x(i)^3 + 7/15*x(i)+1;
    elseif x(i) <=2.0
        y(i) = -8/15*(x(i)-2)^3 -17/15*(x(i)-1)^3 - 22/15*(x(i)-2)+77/15*
(x(i)-1);
    else
        y(i) = 17/15*(x(i)-3)^3 - 77/15*(x(i)-3)+2*(x(i)-2);
    end
end
plot(x, y, 'r')
```

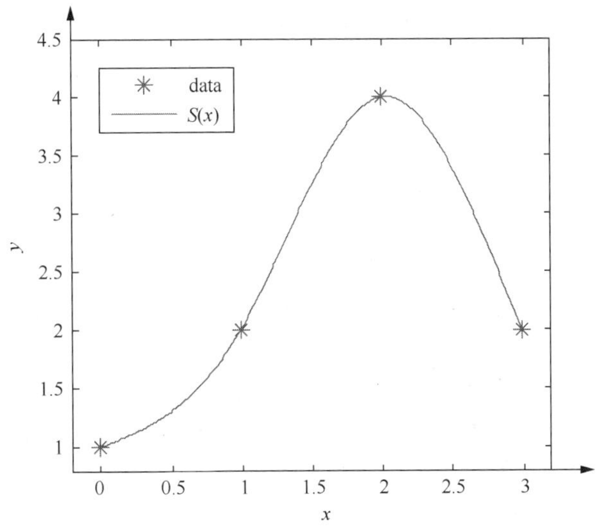

图 2.5

习题 2.6

1. 构造满足表 2.12 所示数据的三次样条函数.

表 2.12

i	0	1	2	3
x_i	−1	0	1	2
y_i	1	0	2	4
y_i'	1			2

2. 构造满足表 2.13 所示数据的三次样条函数.

表 2.13

i	0	1	2	3
x_i	−1	0	1	2
y_i	1	0	2	4
y_i''	1			2

3. 有样本点数据如表 2.14 所示，请使用拉格朗日插值法、分段线性插值及样条插值，对表 2.14 中数据进行插值，给出插值函数，并可视化计算结果. 使用通过各方法获得的插值多项式，预测 $x=-2.5, 2.5$ 处的函数值，并比较各方法所得结果.

表 2.14

x_i	0	1	2	3	−1	−2	−3	4	−4
y_i	1	3	4	5	−1	3	4	6	8

2.7 曲线拟合及最小二乘法

2.7.1 引言

在前面的介绍中，对离散数据的刻画或者对复杂函数的简化处理，采用了多项式插值方法. 而对于一些本身存在测量误差的数据，要求刻画离散数据的函数通过每一个数据点并不是一种科学的处理方式. 因此，强制使用多项式插值方法获得的函数不一定能准确反映数据中变量间的内在关联性. 本节将介绍的拟合方法及函数逼近方法就是用来解决这类问题的.

离散数据的函数曲线拟合本身不要求拟合函数通过每一个数据点，其函数的获取要借助于经验，给出某类型的含参数的函数形式，然后基于误差最小的原则确定参数，最后给出拟合曲线. 对于复杂函数的近似，也是采用这样的操作.

例如，给定一组离散数据 $(x_i, y_i), i = 0,1,2,\cdots,n$ ，通过观察发现这组数据聚集在某直线 $y = ax + b$ 附近（见图 2.6），请给出最佳的直线.

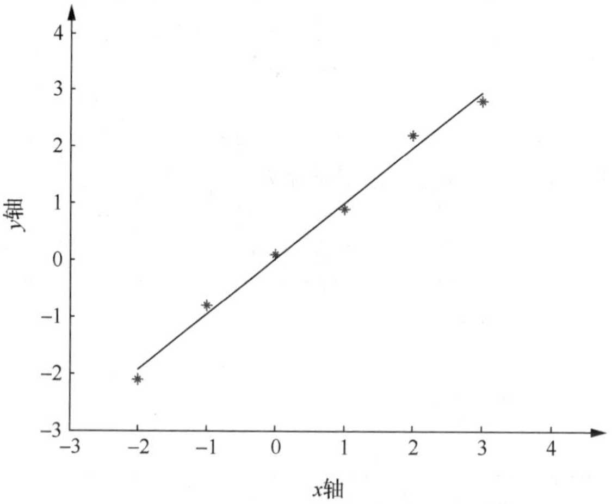

图 2.6

对于这个问题的解决，首先要回答的是：什么样的直线是最佳的？为此，给出如下的最佳标准.

最大误差最小标准：$\min\limits_{a,b} E(a,b) = \min\limits_{a,b} \max\limits_{0\leqslant i\leqslant n} \left| y(x_i) - y_i \right|$.

绝对误差和最小标准：$\min\limits_{a,b} E(a,b) = \min\limits_{a,b} \sum_{i=0}^{n} \left| y(x_i) - y_i \right|$.

平方误差和最小标准：$\min\limits_{a,b} E(a,b) = \min\limits_{a,b} \sum_{i=0}^{n} \left[y(x_i) - y_i \right]^2$.

上述 3 个标准均可以用来计算直线方程中的参数，但是前两个标准中涉及对绝对值项的处理，相对麻烦. 通常情况下，我们对离散数据进行曲线拟合时，最佳标准选用第三个.

采用类似的思想，可给出对复杂函数 $f(x)$ 在区间$[a,b]$上做近似的最佳标准. 假定使用给出形式的函数 $\varphi(x) = c\mathrm{e}^{dx}$ 来近似 $f(x)$，则近似标准有以下 3 个.

最大误差最小标准：$\min\limits_{c,d} E(c,d) = \min\limits_{c,d} \max\limits_{x\in[a,b]} \left| \varphi(x) - f(x) \right|$.

绝对误差和最小标准：$\min_{c,d} E(c,d)=\min_{c,d}\int_a^b|\varphi(x)-f(x)|\mathrm{d}x$.

平方误差和最小标准：$\min_{c,d} E(c,d)=\min_{c,d}\int_a^b[\varphi(x)-f(x)]^2\mathrm{d}x$.

2.7.2　离散数据的最小二乘拟合法

首先，我们使用前面介绍的平方误差和最小标准解决对表 2.15 所示数据的曲线拟合.

表 2.15

i	0	1	2	3	4	5
x_i	−2	−1	0	1	2	3
y_i	−2.1	−0.8	0.1	0.9	2.2	2.8

这里要求选用一次多项式拟合表 2.15 中的数据，为此假设多项式函数为 $p(x)=ax+b$. 依据平方误差和最小标准，算出误差的平方和为

$$E(a,b)=\sum_{i=0}^{n}\left[p(x_i)-y_i\right]^2=\sum_{i=0}^{n}(ax_i+b-y_i)^2,$$

这是一个关于 a 和 b 的二次多项式函数，求出 a 和 b 使 $E(a,b)$ 最小，这实际上就是多元函数求最小值问题. 使用多元微积分知识，对 $E(a,b)$ 求导，先算出驻点.

$$\frac{\partial E}{\partial a}=\sum_{i=0}^{n}2x_i(ax_i+b-y_i)=0,$$

$$\frac{\partial E}{\partial b}=\sum_{i=0}^{n}2(ax_i+b-y_i)=0,$$

整理可得

$$\begin{cases}\left(\sum_{i=0}^{n}x_i\right)a+\left(\sum_{i=0}^{n}1\right)b=\sum_{i=0}^{n}y_i,\\ \left(\sum_{i=0}^{n}x_i^2\right)a+\left(\sum_{i=0}^{n}x_i\right)b=\sum_{i=0}^{n}x_iy_i,\end{cases}\text{或}\begin{pmatrix}\sum_{i=0}^{n}1b & \sum_{i=0}^{n}x_i\\ \sum_{i=0}^{n}x_i & \sum_{i=0}^{n}x_i^2\end{pmatrix}\begin{pmatrix}b\\ a\end{pmatrix}=\begin{pmatrix}\sum_{i=0}^{n}y_i\\ \sum_{i=0}^{n}x_iy_i\end{pmatrix},$$

对其求解，可解得唯一的结果 a^* 和 b^*，这样就获得平方误差和最小意义下的结果. 采用这样的途径求解拟合曲线的方法，称为最小二乘法.

使用最小二乘法拟合离散数据时，曲线函数的选择是非常关键的. 这一步多依赖于对数据点的观测，要求有丰富的函数曲线经验，所以这是不容易的. 一般情况下，我们会选用多项式函数、三角函数及指数或对数函数作为拟合曲线函数. 上例中，我们选用了一次多项式来拟合离散数据. 一般地，可使用 m 次多项式来拟合离散数据. 这样可假设多项式为

$$p_m(x)=a_0+a_1x+a_2x^2+\cdots a_mx^m,$$

使用最小二乘法，可获得要求解的方程组

$$\begin{pmatrix}\sum_{i=0}^{n}1 & \sum_{i=0}^{n}x_i & \sum_{i=0}^{n}x_i^2 & \cdots & \sum_{i=0}^{n}x_i^m\\ \sum_{i=0}^{n}x_i & \sum_{i=0}^{n}x_i^2 & \sum_{i=0}^{n}x_i^3 & \cdots & \sum_{i=0}^{n}x_i^{m+1}\\ \vdots & \vdots & \vdots & & \vdots\\ \sum_{i=0}^{n}x_i^m & \sum_{i=0}^{n}x_i^{m+1} & \sum_{i=0}^{n}x_i^{m+2} & \cdots & \sum_{i=0}^{n}x_i^{2m}\end{pmatrix}\begin{pmatrix}a_0\\ a_1\\ \vdots\\ a_m\end{pmatrix}=\begin{pmatrix}\sum_{i=0}^{n}y_i\\ \sum_{i=0}^{n}x_iy_i\\ \vdots\\ \sum_{i=0}^{n}x_i^my_i\end{pmatrix},\quad(2.9)$$

解方程组（2.9），即可获得多项式的参数．多项式形式的曲线拟合也可转化为解一个矛盾方程组问题：

$$\begin{cases} a_0 + a_1 x_0 + a_2 x_0^2 + \cdots a_m x_0^m = p_m\left(x_0\right) = y_0, \\ a_0 + a_1 x_1 + a_2 x_1^2 + \cdots a_m x_1^m = p_m\left(x_1\right) = y_1, \\ \cdots\cdots \\ a_0 + a_1 x_n + a_2 x_n^2 + \cdots a_m x_n^m = p_m\left(x_n\right) = y_n, \end{cases}$$

或

$$\begin{pmatrix} 1 & x_0 & x_0^2 & \cdots & x_0^m \\ 1 & x_1 & x_1^2 & \cdots & x_1^m \\ \vdots & \vdots & \vdots & & \vdots \\ 1 & x_n & x_n^2 & \cdots & x_n^m \end{pmatrix} \begin{pmatrix} a_0 \\ a_1 \\ \vdots \\ a_m \end{pmatrix} = \begin{pmatrix} y_0 \\ y_1 \\ \vdots \\ y_n \end{pmatrix}. \tag{2.10}$$

由于方程组（2.10）中的 n 是大于 m 的，所以此方程组常称为超定方程组或矛盾方程组，这样的方程组一般是无解的．实际中计算的就是其最小二乘解，即解方程组（2.9）．如果令方程组（2.10）中的系数矩阵为 $\boldsymbol{A}$，未知参数为 $\boldsymbol{a}$，右端项为 $\boldsymbol{y}$，则方程组（2.10）的矩阵形式为 $\boldsymbol{A}\boldsymbol{a} = \boldsymbol{y}$，对矛盾方程组求最小二乘解的矩阵形式为

$$\boldsymbol{A}^{\mathrm{T}} \boldsymbol{A}\boldsymbol{a} = \boldsymbol{A}^{\mathrm{T}} \boldsymbol{y}, \tag{2.11}$$

方程组（2.11）为矛盾方程组求解或曲线拟合问题的法方程组．

离散数据最小二乘法的 MATLAB 程序实现如下．

```
%%%%%%%%% least square method for fitting function
function [a] = LeastSq(x, y, m)
% x, y 是离散数据， m 是拟合多项式的系数，由低到高
y = y';
for i=1:length(x)
    for j=1:m+1
        A(i, j) = x(i)^(j-1);
    end
end
C = A'* y
[L, U] = lu(A'* A);
a = U\(L\(C))
end
```

例 2.9　对表 2.15 中的数据使用一次多项式拟合，求出拟合函数，并可视化．

解　设拟合多项式为 $p(x) = ax + b$，则法方程组为

$$\begin{pmatrix} \sum_{i=0}^{n} 1 & \sum_{i=0}^{n} x_i \\ \sum_{i=0}^{n} x_i & \sum_{i=0}^{n} x_i^2 \end{pmatrix} \begin{pmatrix} b \\ a \end{pmatrix} = \begin{pmatrix} \sum_{i=0}^{n} y_i \\ \sum_{i=0}^{n} x_i y_i \end{pmatrix},$$

代入数据，方程组变为

$$\begin{pmatrix} 6 & 3 \\ 3 & 19 \end{pmatrix} \begin{pmatrix} b \\ a \end{pmatrix} = \begin{pmatrix} 3.1 \\ 18.7 \end{pmatrix},$$

解得 $a = 0.98, b = 0.026\,7$．故所求拟合函数为 $p(x)=0.98x+0.026\,7$.

编写 MATLAB 程序如下，可视化结果如图 2.7 所示.

```
%%%%%%%%%%%%%%%%%%%%%%%%%%%%%%%%%%%%%%%%%%%
clc;clear;
x= [-2, -1, 0, 1, 2, 3]; y= [-2.1, -0.8, 0.1, 0.9, 2.2, 2.8];
[a]=LeastSq(x, y, 1)
plot(x, y, '*');
hold on
for i=1:length(x)
    z(i) = a(1) + a(2) * x(i);
end
plot(x, z)
```

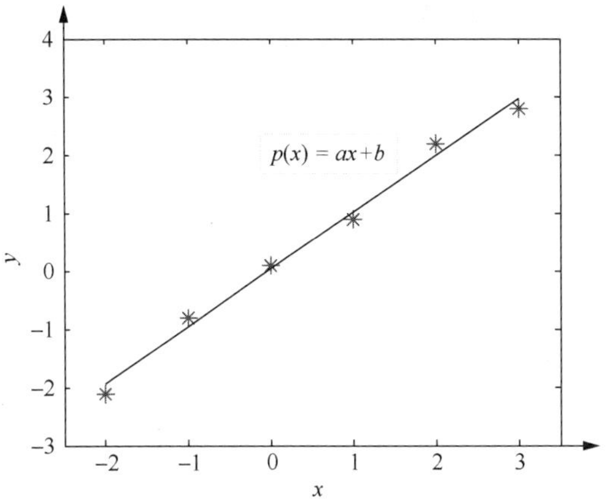

图 2.7

例 2.10　对表 2.16 所示数据使用二次多项式拟合，并求出拟合函数.

表 2.16

i	0	1	2	3	4	5
x_i	−2	−1	0	1	2	3
y_i	4.8	2.2	1.1	1.8	5.1	9.8

解　设拟合多项式为 $p_2(x) = a_0 + a_1 x + a_2 x^2$，则法方程组为

$$\begin{pmatrix} \sum_{i=0}^{n} 1 & \sum_{i=0}^{n} x_i & \sum_{i=0}^{n} x_i^2 \\ \sum_{i=0}^{n} x_i & \sum_{i=0}^{n} x_i^2 & \sum_{i=0}^{n} x_i^3 \\ \sum_{i=0}^{n} x_i^2 & \sum_{i=0}^{n} x_i^3 & \sum_{i=0}^{n} x_i^4 \end{pmatrix} \begin{pmatrix} a_0 \\ a_1 \\ a_2 \end{pmatrix} = \begin{pmatrix} \sum_{i=0}^{n} y_i \\ \sum_{i=0}^{n} x_i y_i \\ \sum_{i=0}^{n} x_i^2 y_i \end{pmatrix},$$

代入数据得

$$\begin{pmatrix} 6 & 3 & 19 \\ 3 & 19 & 27 \\ 19 & 27 & 115 \end{pmatrix} \begin{pmatrix} a_0 \\ a_1 \\ a_2 \end{pmatrix} = \begin{pmatrix} 24.8 \\ 29.6 \\ 131.8 \end{pmatrix},$$

解得 $a_0 = 1.0657, a_1 = 0.0168, a_2 = 0.9661$． 故所求拟合函数为 $p_2(x)=1.0657+0.0168x+0.9661x^2$.

编写 MATLAB 程序如下，可视化结果如图 2.8 所示.

```
%%%%%%%%%%%%%%%%%%%%%%%%%%%%%%%%%%%%%%%%
clc;clear;
x= [-2,  -1,  0,  1,  2,  3]; y= [4.8,  2.2,  1.1,  1.8,  5.1,  9.8];
[a]=LeastSq(x, y, 2)
plot(x, y, '*');
hold on
for i=1:1001
     x1(i) = -2.0 + (i-1)/200.0;
     z(i) = a(1) + a(2) * x1(i) + a(3)*x1(i)^2;
end
plot(x1, z, 'k')
```

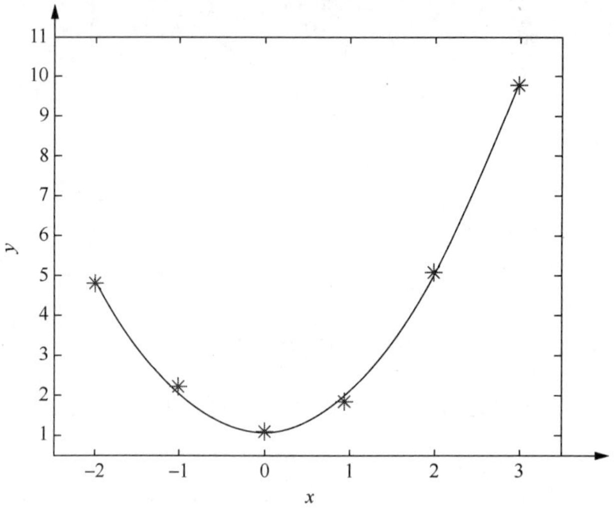

图 2.8

上述例子要求使用多项式拟合离散数据，这样的最小二乘法最后求解的是一个关于待定参数的线性方程组，所以这样的最小二乘法也称为线性最小二乘法．而在实际问题中，离散数据的内在规律可能是指数规律或者是对数规律，对待这样的问题，最后可能要求解一个非线性方程组，但是也可以通过适当的变换，转化为线性方程组的求解.

例 2.11　对表 2.17 所示数据使用指数函数拟合，并求出拟合函数.

表 2.17

i	0	1	2	3	4	5
x_i	0	1	2	2	4	5
y_i	1.9	5.5	14.8	40.0	110.0	296.0

解　设拟合的指数函数为 $y = ae^{bx}$，两边取对数得 $\ln y = \ln a + bx = z$，这样原始数据中的函数值就转化成了新的函数值 z，对应关系如表 2.18 所示.

表 2.18

y_i	1.9	5.5	14.8	40.0	110.0	296.0
z_i	0.641 9	1.704 7	2.694 6	3.688 9	4.700 5	5.690 4

非线性的函数关系转化为 z 关于 x 的一次函数关系，可得法方程组为

$$\begin{pmatrix} 6 & 15 \\ 15 & 55 \end{pmatrix}\begin{pmatrix} a_0 \\ a_1 \end{pmatrix}=\begin{pmatrix} 19.121\ 0 \\ 65.414\ 6 \end{pmatrix},$$

解得 $a_0=0.670\ 8, a_1=1.006\ 4$，即 $\ln a=0.670\ 8, b=1.006\ 4$，所以 $a=1.955\ 8$，所求拟合函数为

$$y=1.955\ 8\mathrm{e}^{1.006\ 4x}.$$

编写 MATLAB 程序如下，可视化结果如图 2.9 所示.

```
%%%%%%%%%%%%%%%%%%%%%%%%%%%%%%%%%%%%%%%%%%
clc; clear;
x= [ 0, 1, 2, 3, 4, 5]; y0= [1.9, 5.5, 14.8, 40. 0, 110.0, 296.0];
y= [0.6419, 1.7047, 2.6946, 3.6889, 4.7005, 5.6904];
[a]=LeastSq(x, y, 1);
a0 = exp(a(1)); b0 = a(2);
hold on
plot(x, y0, '*');
hold on
for i=1:1001
    x2(i) = (i-1)/200.0;
    z2(i) = a0 * exp(b0*x2(i));
end
plot(x2, z2, 'k')
```

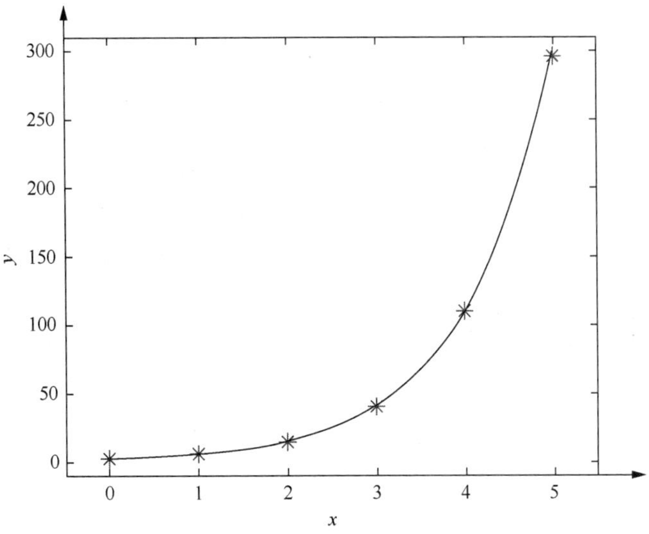

图 2.9

习题 2.7

1. 给定离散数据如表 2.19 所示，分别使用一次多项式和二次多项式拟合表中数据.

表 2.19

i	0	1	2	3	4
x_i	0.0	1.1	1.6	2.1	3
y_i	0.9	3.0	5.0	8.2	20.0

2. 给定离散数据如表 2.20 所示，使用函数 $y = ae^{bx}$ 拟合表中数据.

表 2.20

i	0	1	2	3	4
x_i	0.0	1.0	1.8	2.1	3
y_i	1.9	4.1	12.1	16.0	40.5

3. 求下列方程组的最小二乘解.

（1）$\begin{cases} x_1 + 2x_2 = 3, \\ 2x_1 + 3x_2 = 5, \\ 4x_1 - x_2 = 2, \\ 3x_1 - 2x_2 = 5. \end{cases}$　　（2）$\begin{cases} 2x_1 + 2x_2 + 4x_3 = 3, \\ 2x_1 + 3x_2 + x_3 = 5, \\ 4x_1 - x_2 + 2x_3 = 2, \\ 3x_1 - 2x_2 - 2x_3 = 1. \end{cases}$

2.8　函数逼近问题

2.8.1　函数最佳平方逼近

上一节介绍了基于平方误差和最小标准对离散数据进行函数拟合问题. 如果考虑的是连续的数据点呢？或者说，如何对一个复杂的函数进行逼近？如上一节引言所述，可以基于平方误差和最小标准来获得最佳的近似函数. 接下来的问题是选取什么类型的函数逼近已知函数？由于多项式函数性质简单，且可以逼近任意的连续函数，所以这里首先考虑使用多项式函数对已知函数做近似.

给出问题：已知函数 $f(x)$ 是区间$[a,b]$上的连续函数，使用一个次数不超过 n 的多项式逼近函数 $f(x)$，使选取的多项式在$[a,b]$上与 $f(x)$ 的平方误差最小.

假定多项式为 $p_n(x) = a_0 + a_1x + a_2x^2 + \cdots + a_nx^n$，这里 $a_0, a_1, a_2, \cdots, a_n$ 为待定参数. 根据上一节引言中介绍，要求误差函数

$$E(a_0, a_1, \cdots, a_n) = \int_a^b \left[a_0 + a_1x + \cdots + a_nx^n - f(x)\right]^2 \mathrm{d}x,$$

的最小值. 即需要对误差函数 $E(a_0,a_1,\cdots,a_n)$ 的各变量求导，获得潜在极小值点.

$$\frac{\partial E}{\partial a_i}=\int_a^b 2\left(a_0+a_1x+\cdots+a_nx^n\right)x^i\mathrm{d}x-\int_a^b 2x^i f(x)\mathrm{d}x=0, i=0,1,\cdots,n ,$$

整理可得

$$\begin{cases}\left(\int_a^b 1\mathrm{d}x\right)a_0+\left(\int_a^b x\mathrm{d}x\right)a_1+\cdots+\left(\int_a^b x^n\mathrm{d}x\right)a_n=\int_a^b f(x)\mathrm{d}x,\\ \left(\int_a^b x\mathrm{d}x\right)a_0+\left(\int_a^b x^2\mathrm{d}x\right)a_1+\cdots+\left(\int_a^b x^{n+1}\mathrm{d}x\right)a_n=\int_a^b xf(x)\mathrm{d}x,\\ \cdots\cdots\\ \left(\int_a^b x^n\mathrm{d}x\right)a_0+\left(\int_a^b x^{n+1}\mathrm{d}x\right)a_1+\cdots+\left(\int_a^b x^{2n}\mathrm{d}x\right)a_n=\int_a^b x^n f(x)\mathrm{d}x,\end{cases}$$

即

$$\begin{pmatrix}\int_a^b 1\mathrm{d}x & \int_a^b x\mathrm{d}x & \cdots & \int_a^b x^n\mathrm{d}x\\ \int_a^b x\mathrm{d}x & \int_a^b x^2\mathrm{d}x & \cdots & \int_a^b x^{n+1}\mathrm{d}x\\ \vdots & \vdots & & \vdots\\ \int_a^b x^n\mathrm{d}x & \int_a^b x^{n+1}\mathrm{d}x & \cdots & \int_a^b x^{2n}\mathrm{d}x\end{pmatrix}\begin{pmatrix}a_0\\ a_1\\ \vdots\\ a_n\end{pmatrix}=\begin{pmatrix}\int_a^b f(x)\mathrm{d}x\\ \int_a^b xf(x)\mathrm{d}x\\ \vdots\\ \int_a^b x^n f(x)\mathrm{d}x\end{pmatrix}.$$

容易得出，上述方程组的系数矩阵是可逆的，因此其有唯一解. 又由于误差函数是一个多元二次多项式函数，且最高次项的系数均为正的，所以求出的潜在极小值点是最小值点. 由此得出，使用最高次不超过 n 次的多项式逼近已知函数，在平方误差最小意义下可以获得唯一的多项式，这个多项式称为 n 次最佳平方逼近多项式.

当使用一般的函数来逼近已知函数时也有类似的性质. 这里的一般函数常处在指定的函数空间中，如多项式函数空间. 一般地，有限维函数空间存在含有限个函数的一组基，因此，可以假定函数组 $\varphi_0(x),\varphi_1(x),\cdots,\varphi_n(x)$ 为有限维空间的一组基，这样有限维函数空间可记为 $\Phi=\mathrm{span}\left[\varphi_0(x),\varphi_1(x),\cdots,\varphi_n(x)\right]$. 如果要在函数空间 Φ 中寻找一个对于已知函数 $f(x)$ 的最佳平方逼近函数 $\varphi(x)$，则可以假设

$$\varphi(x)=a_0\varphi_0(x)+a_1\varphi_1(x)+\cdots+a_n\varphi_n(x) ,$$

如果在区间[a,b]上对任意的两个函数 φ 和 ψ 定义

$$(\varphi,\psi)=\int_a^b \varphi(x)\psi(x)\mathrm{d}x ,$$

则称上述运算为函数 φ 和 ψ 的内积. 函数空间 Φ 上定义了内积后，则称 Φ 为内积空间.
类似于最佳平方逼近多项式的求解，在内积空间 Φ 上求最佳平方逼近函数 φ，需要给出平方误差函数

$$E(a_0,a_1,\cdots,a_n)=\int_a^b\left[a_0\varphi_0(x)+a_1\varphi_1(x)+\cdots+a_n\varphi_n(x)-f(x)\right]^2\mathrm{d}x ,$$

的潜在极值点，整理可得

$$\begin{pmatrix} (\varphi_0,\varphi_0) & (\varphi_1,\varphi_0) & \cdots & (\varphi_n,\varphi_0) \\ (\varphi_0,\varphi_1) & (\varphi_1,\varphi_1) & \cdots & (\varphi_n,\varphi_1) \\ \vdots & \vdots & & \vdots \\ (\varphi_0,\varphi_n) & (\varphi_1,\varphi_n) & \cdots & (\varphi_n,\varphi_n) \end{pmatrix} \begin{pmatrix} a_0 \\ a_1 \\ \vdots \\ a_n \end{pmatrix} = \begin{pmatrix} (f,\varphi_0) \\ (f,\varphi_1) \\ \vdots \\ (f,\varphi_n) \end{pmatrix}, \tag{2.12}$$

这里记系数矩阵为

$$G = \begin{pmatrix} (\varphi_0,\varphi_0) & (\varphi_1,\varphi_0) & \cdots & (\varphi_n,\varphi_0) \\ (\varphi_0,\varphi_1) & (\varphi_1,\varphi_1) & \cdots & (\varphi_n,\varphi_1) \\ \vdots & \vdots & & \vdots \\ (\varphi_0,\varphi_n) & (\varphi_1,\varphi_n) & \cdots & (\varphi_n,\varphi_n) \end{pmatrix},$$

这个矩阵被称为格拉姆（Gram）矩阵，其可逆的充要条件为函数组 $\varphi_0(x),\varphi_1(x),\cdots,\varphi_n(x)$ 线性无关. 因此，方程组（2.12）有唯一解. 类似于最佳平方逼近多项式的结论，这里获得的唯一的函数 $\varphi(x)$ 称为函数空间 Φ 上对 $f(x)$ 的最佳平方逼近函数. 方程组（2.12）称为最佳平方逼近函数的法方程组.

最佳平方逼近多项式的 MATLAB 程序实现如下.

```
%%%%%%%%%%%%%%%%%%%% n次最佳平方逼近多项式
function [a] = OptSqAppr(f, n, a0, a1)
% f为被近似函数，n是近似多项式的次数，[a0, a1]为积分区间
b_f = @(i) (@(x) x.^i .* f(x)); % 定义法方程组右端的函数形式
A_f = @(i, j) (@(x) x.^i .* x.^j); % 定义法方程组左端的矩阵的函数形式
%法方程组计算
A = zeros(n+1, n+1);
b = zeros(n+1, 1);
for m1 = 0:n
     for m2 = 0:n
          A(m1+1, m2+1) = integral(A_f(m1, m2), a0, a1); %计算矩阵
     end
     b(m1+1, 1) = integral(b_f(m1), a0, a1); %右端项
end
[L, U] = lu(A);
a = U\(L\b);
disp(a);
end
```

例 2.12 在一次多项式空间中寻找对函数 $f(x)=\sqrt{x}$ 在区间[0,1]上的最佳平方逼近函数.

解 设最佳平方逼近函数为 $\varphi(x)=a_0+a_1x$，基函数为 1 和 x. 可算出格拉姆矩阵为

$$G = \begin{pmatrix} 1 & \frac{1}{2} \\ \frac{1}{2} & \frac{1}{3} \end{pmatrix},$$

法方程组的右端项为

$$(f,\varphi_0) = (\sqrt{x},1) = \int_0^1 \sqrt{x}\,dx = \frac{2}{3},$$

$$\left(f,\varphi_1\right)=\left(\sqrt{x},x\right)=\int_0^1 x\sqrt{x}\mathrm{d}x=\frac{2}{5},$$

解得 $a_0=\frac{4}{15},a_1=\frac{4}{5}$. 因此，所求的最佳平方逼近函数为

$$\varphi\left(x\right)=\frac{4}{15}+\frac{4}{5}x.$$

编写 MATLAB 程序如下，可视化结果如图 2.10 所示.

```
%%%%%%%%%%%%%%%%%%%%%%%%%%%%%%%%%%%%%
clc;clear;
f = @(x) sqrt(x);
a = OptSqAppr(f, 1, 0, 1);
hold on
for i=1:201
    x(i) = (i-1)/200.0;
    y(i) = sqrt(x(i));
    yf(i) = a(1) + a(2) * x(i);
end
plot(x, y, 'k', x, yf, 'r')
```

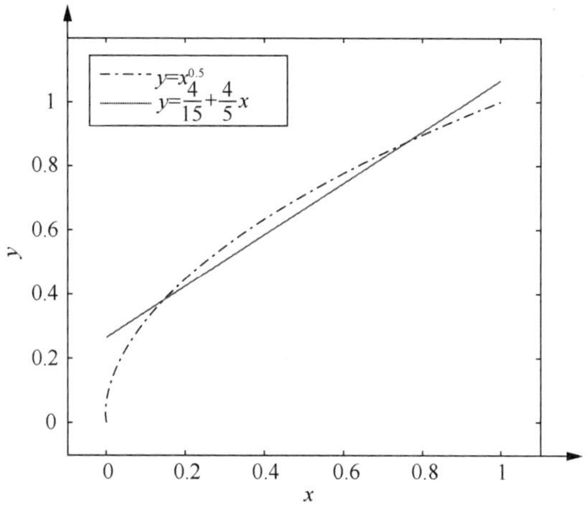

图 2.10

在例 2.12 中，通过一个一次多项式来近似已知函数，如果用一个高次多项式做近似，则可获得一个高次的最佳平方逼近函数. 如使用 n 次多项式来逼近，选用基函数为 $\left\{1,x,\cdots,x^n\right\}$，设近似函数有形式

$$\varphi\left(x\right)=a_0+a_1x+a_1x^2+\cdots+a_nx^n,$$

代入公式（2.12），可得系数矩阵（记为 $\boldsymbol{H}_n$）为

$$\boldsymbol{H}_n=\begin{pmatrix} 1 & \frac{1}{2} & \cdots & \frac{1}{n+1} \\ \frac{1}{2} & \frac{1}{3} & \cdots & \frac{1}{n+2} \\ \vdots & \vdots & & \vdots \\ \frac{1}{n+1} & \frac{1}{n+2} & \cdots & \frac{1}{2n+1} \end{pmatrix}.$$

使用幂函数作为基函数获得的格拉姆矩阵 $\boldsymbol{H}_n$ 也称为希尔伯特（Hilbert）矩阵，这个矩阵的阶数很高时是一个病态矩阵，此时方程组呈现病态特性，这给方程组的数值解法带来困难. 为此，寻找合适的基函数，使格拉姆矩阵有很好的性质（如对角阵），是非常有意义的.

2.8.2 基于正交多项式的最佳平方逼近

2.8.2.1 正交多项式

前面介绍了函数的最佳平方逼近，获得的法方程组系数矩阵可能是病态矩阵. 这里将介绍正交函数系的概念，由正交函数系获得的格拉姆矩阵是一个对角阵，可以非常方便地求出参数. 为了适用于更一般的情形，本节的讨论可以包含无穷区间上的最佳平方逼近函数问题. 而在无穷区间上一般的连续函数是否可积都是一个问题，更难以计算平方误差函数. 为此，我们引入权函数的概念.

定义 2.5 在一个有限或无穷的区间$[a,b]$上，若非负函数 $\rho(x)$ 满足

（1）积分 $\int_a^b x^i\rho(x)\mathrm{d}x, i=0,1,\cdots$ 均存在；

（2）对于区间$[a,b]$上的非负连续函数 $f(x)$，若 $\int_a^b f(x)\rho(x)\mathrm{d}x$，则唯有 $f(x)\equiv 0$；

这样的函数 $\rho(x)$ 可称为权函数. 常见的权函数有以下几个：

$$\rho(x)=1, \qquad x\in[a,b];$$

$$\rho(x)=\frac{1}{\sqrt{1-x^2}}, \qquad x\in(-1,1);$$

$$\rho(x)=\sqrt{1-x^2}, \qquad x\in[-1,1];$$

$$\rho(x)=\mathrm{e}^{-x}, \qquad x\in[0,+\infty);$$

$$\rho(x)=\mathrm{e}^{-x^2}, \qquad x\in(-\infty,+\infty).$$

最后两个权函数，可以用于处理无穷区间上的函数逼近问题. 有了权函数概念后，可以定义带权的内积.

定义 2.6 假定函数 $f(x)$ 和 $g(x)$ 是区间$[a,b]$上的连续函数，$\rho(x)$ 是区间$[a,b]$上的权函数，则称

$$(f,g)=\int_a^b \rho(x)f(x)g(x)\mathrm{d}x$$

为函数 $f(x)$ 和 $g(x)$ 在区间$[a,b]$上带权 $\rho(x)$ 的内积.

有了带权内积的定义，可以进一步定义函数的正交性.

定义 2.7 假定函数 $f(x)$ 和 $g(x)$ 是区间$[a,b]$上的连续函数，$\rho(x)$ 是区间$[a,b]$上的权函数，若函数 $f(x)$ 和 $g(x)$ 在区间$[a,b]$上的带权内积为 0，则称 $f(x)$ 和 $g(x)$ 带权正交. 进一步，若函数系 $\varphi_0(x),\varphi_1(x),\cdots,\varphi_n(x),\cdots$ 满足

$$(\varphi_i,\varphi_j)=\int_a^b \rho(x)\varphi_i(x)\varphi_j(x)\mathrm{d}x=\begin{cases}0, i\neq j\\ A_j\ , i=j\end{cases},$$

则称 $\varphi_0(x),\varphi_1(x),\cdots,\varphi_n(x),\cdots$ 为一组带权 $\rho(x)$ 的正交函数系. 其中 $A_j=1$ 时，为标准正交

函数系．特别地，当 $\varphi_n(x)$ 为最高次项系数不为 0 的 n 次多项式时，此正交函数系称为带权正交多项式．

容易证明，正交函数系是线性无关的．因此，对于有限维函数空间，如果选取的基函数也是一组正交函数系，则其格拉姆矩阵就是一个对角阵，这样很容易求出最佳平方逼近函数．但是在一般的函数空间中给出的常常是一组基，不一定是正交的．这时就需要使用格拉姆-施密特（Gram-Schmidt）方法对其进行正交化处理，处理过程同线性代数中的正交化方法是一样的．

如假定有限维函数空间 Φ 的一组基函数为 $\psi_0(x),\psi_1(x),\cdots,\psi_n(x)$，使用以下公式对其进行正交化处理：

$$\varphi_0(x)=\frac{\psi_0(x)}{\sqrt{(\psi_0,\psi_0)}},\phi_i(x)=\psi_i(x)-\sum_{j=0}^{i-1}(\psi_i,\psi_j)\psi_j(x),i=1,2,\cdots,n,$$

$$\varphi_i(x)=\frac{\phi_i(x)}{\sqrt{(\phi_i,\phi_i)}},i=1,2,\cdots,n.$$

这样得到的 $\varphi_0(x),\varphi_1(x),\cdots,\varphi_n(x)$ 是一组标准正交函数系．

如果函数空间为多项式空间，还可以给出正交多项式的一些其他性质．假设 $\{\varphi_n(x)\}_{n=0}^{\infty}$ 是正交多项式，则有以下性质成立．

性质 2.3　$\varphi_n(x)$ 与任意次数小于 n 的多项式均正交．即 $\forall p(x)\in P_{n-1}(x)$，有

$$(\varphi_n(x),p(x))=0.$$

性质 2.4　若 $\{\varphi_n(x)\}_{n=0}^{\infty}$ 是首一带权 $\rho(x)$ 的正交多项式，则有递推关系

$$\varphi_{n+1}(x)=(x-\alpha_n)\varphi_n(x)-\beta_{n-1}\varphi_n(x),n=1,2,\cdots.$$

这里

$$\varphi_0(x)=1,\varphi_1(x)=x-\alpha_n,\alpha_n=\frac{(x\varphi_n,\varphi_n)}{(\varphi_n,\varphi_n)},\beta_{n-1}=\frac{(\varphi_n,\varphi_n)}{(\varphi_{n-1},\varphi_{n-1})}.$$

性质 2.5　对于一般的正交多项式 $\{\varphi_n(x)\}_{n=0}^{\infty}$，有递推关系

$$\varphi_{n+1}(x)=\frac{a_{n+1}}{a_n}(x-\alpha_n)\varphi_n(x)-\frac{a_{n+1}a_{n-1}}{a_n^2}\beta_{n-1}\varphi_{n-1}(x),n=1,2,\cdots.$$

这里 a_n 是 $\varphi_n(x)$ 的首项系数，且 $\alpha_n=\dfrac{(x\varphi_n,\varphi_n)}{(\varphi_n,\varphi_n)},\beta_{n-1}=\dfrac{(\varphi_n,\varphi_n)}{(\varphi_{n-1},\varphi_{n-1})}$.

性质 2.6　$\varphi_n(x)$ 在区间（a,b）内有 n 个相异的实根．

例 2.13　求三次多项式空间在区间[−1,1]上分别基于权函数 $\rho(x)=1$ 和 $\rho(x)=x^2$ 的首一的正交多项式．

解　（1）考虑权函数 $\rho(x)=1$ 的正交多项式，取 $\varphi_0(x)=1$，则

$$\alpha_0=\frac{(x\varphi_0,\varphi_0)}{(\varphi_0,\varphi_0)}=\frac{\int_{-1}^{1}x\mathrm{d}x}{\int_{-1}^{1}\mathrm{d}x}=0,$$

所以$\varphi_1(x)=x$．进一步，

$$\alpha_1=\frac{(x\varphi_1,\varphi_1)}{(\varphi_1,\varphi_1)}=\frac{\int_{-1}^{1}x^3\mathrm{d}x}{\int_{-1}^{1}x^2\mathrm{d}x}=0,\beta_0=\frac{(\varphi_1,\varphi_1)}{(\varphi_0,\varphi_0)}=\frac{\int_{-1}^{1}x^2\mathrm{d}x}{\int_{-1}^{1}1\mathrm{d}x}=\frac{1}{3},$$

使用递推公式得$\varphi_2(x)=x^2-\frac{1}{3}$．进一步，

$$\alpha_2=\frac{(x\varphi_2,\varphi_2)}{(\varphi_2,\varphi_2)}=\frac{\int_{-1}^{1}x(x^2-\frac{1}{3})^2\mathrm{d}x}{\int_{-1}^{1}(x^2-\frac{1}{3})^2\mathrm{d}x}=0,\beta_1=\frac{(\varphi_2,\varphi_2)}{(\varphi_1,\varphi_1)}=\frac{\int_{-1}^{1}(x^2-\frac{1}{3})^2\mathrm{d}x}{\int_{-1}^{1}x^2\mathrm{d}x}=\frac{4}{15},$$

使用递推公式得$\varphi_3(x)=x^3-\frac{3}{5}x$．

（2）考虑权函数$\rho(x)=x^2$的正交多项式，仍取$\varphi_0(x)=1$，此时，

$$\alpha_0=\frac{(x\varphi_0,\varphi_0)}{(\varphi_0,\varphi_0)}=\frac{\int_{-1}^{1}x^3\mathrm{d}x}{\int_{-1}^{1}x^2\mathrm{d}x}=0,$$

所以$\varphi_1(x)=x$．进一步，

$$\alpha_1=\frac{(x\varphi_1,\varphi_1)}{(\varphi_1,\varphi_1)}=\frac{\int_{-1}^{1}x^5\mathrm{d}x}{\int_{-1}^{1}x^4\mathrm{d}x}=0,\beta_0=\frac{(\varphi_1,\varphi_1)}{(\varphi_0,\varphi_0)}=\frac{\int_{-1}^{1}x^4\mathrm{d}x}{\int_{-1}^{1}x^2\mathrm{d}x}=\frac{3}{5},$$

使用递推公式得$\varphi_2(x)=x^2-\frac{3}{5}$．进一步，

$$\alpha_2=\frac{(x\varphi_2,\varphi_2)}{(\varphi_2,\varphi_2)}=\frac{\int_{-1}^{1}x^3\left(x^2-\frac{3}{5}\right)^2\mathrm{d}x}{\int_{-1}^{1}x^2\left(x^2-\frac{3}{5}\right)^2\mathrm{d}x}=0,\beta_1=\frac{(\varphi_2,\varphi_2)}{(\varphi_1,\varphi_1)}=\frac{\int_{-1}^{1}x^2\left(x^2-\frac{3}{5}\right)^2\mathrm{d}x}{\int_{-1}^{1}x^4\mathrm{d}x}=\frac{4}{35},$$

使用递推公式得$\varphi_3(x)=x^3-\frac{5}{7}x$．

上例中正交多项式的获得也可以通过正交化直接计算.

例 2.14 求三次多项式空间在区间[-1,1]上对函数$f(x)=x^{\frac{1}{3}}$的最佳平方逼近函数.

解 由例 2.13，选用正交多项式$\varphi_0(x)=1,\varphi_1(x)=x,\varphi_2(x)=x^2-\frac{1}{3}$及$\varphi_3(x)=x^3-\frac{3}{5}x$作为一组基函数，则格拉姆矩阵为

$$\boldsymbol{G}=\begin{pmatrix}(\varphi_0,\varphi_0)&&&\\&(\varphi_1,\varphi_1)&&\\&&(\varphi_2,\varphi_2)&\\&&&(\varphi_3,\varphi_3)\end{pmatrix}=\begin{pmatrix}2&&&\\&\frac{2}{3}&&\\&&\frac{8}{45}&\\&&&\frac{8}{175}\end{pmatrix},$$

法方程组的右端项为

$$\left(f,\varphi_0\right)=\left(x^{\frac{1}{3}},1\right)=\int_{-1}^{1}x^{\frac{1}{3}}\mathrm{d}x=0,\left(f,\varphi_1\right)=\left(x^{\frac{1}{3}},x\right)=\int_{-1}^{1}x^{\frac{4}{3}}\mathrm{d}x=\frac{6}{7},$$

$$\left(f,\varphi_2\right)=\left(x^{\frac{1}{3}},x^2-\frac{1}{3}\right)=\int_{-1}^{1}x^{\frac{1}{3}}\left(x^2-\frac{1}{3}\right)\mathrm{d}x=0,$$

$$\left(f,\varphi_3\right)=\left(x^{\frac{1}{3}},x^3-\frac{3}{5}x\right)=\int_{-1}^{1}x^{\frac{1}{3}}\left(x^3-\frac{3}{5}x\right)\mathrm{d}x=-\frac{24}{455},$$

解得 $a_0=0,a_1=\frac{9}{7},a_2=0,a_3=-\frac{15}{91}$. 因此，所求的最佳平方逼近函数为

$$\varphi\left(x\right)=\frac{9}{7}x-\frac{15}{91}x^3.$$

编写 MATLAB 程序如下，可视化结果如图 2.11 所示.

```
%%%%%%%%%%%%%%%%%%%%%%%%%%%%%%%%%%%%%
clc; clear;
for i=1:201
      x(i) = (i-101.0)/100.0;
      if x(i) < 0.0
           y(i) = -1.0* abs(x(i))^(1.0/3.0);
      else
           y(i) =x(i)^(1.0/3.0);
      end
      yf(i) = 9.0/7*x(i) - 19.0/91.0 * x(i)^3;
end
plot(x,y,'k', x,yf,'r')
legend('{f(x)=x^{1/3}}','{\phi(x)=9/7x-15/91x^3}')
```

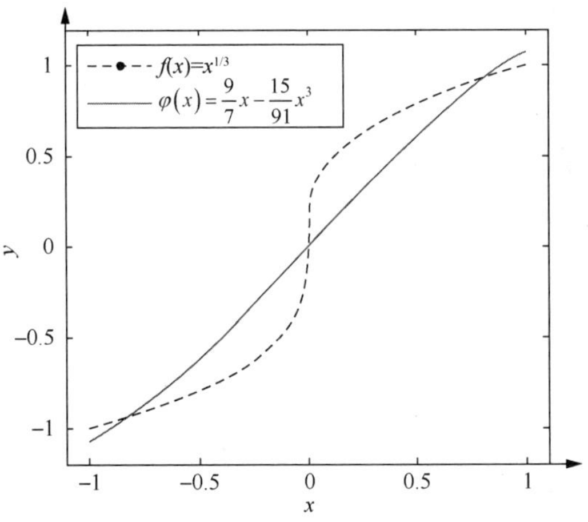

图 2.11

2.8.2.2　常用正交多项式介绍

前面我们介绍了正交函数系及正交多项式的概念，并使用正交多项式作为基函数近似给定函数. 在实际应用中有几类常用的正交多项式，这些多项式都有各自的应用场景.

1. 勒让德多项式

定义 2.8 通过公式

$$\begin{cases} L_0(x)=1, \\ L_n(x)=\dfrac{1}{2^n n!}\dfrac{\mathrm{d}^n}{\mathrm{d}x^n}\left(x^2-1\right)^n, \end{cases} \quad n=1,2,\cdots$$

确定的多项式 $L_n(x)$ 称为勒让德（Legendre）多项式.

在区间[−1,1]上，取权函数 $\rho(x)=1$ 时，勒让德多项式有很好的性质.

性质 2.7 $\{L_n(x)\}_{n=0}^{\infty}$ 是区间[−1,1]上的正交多项式系．即

$$\int_{-1}^{1} L_n(x)L_m(x)\mathrm{d}x=\begin{cases} 0, & m\neq n, \\ \dfrac{2}{2n+1}, & m=n. \end{cases}$$

证明 令 $I_{mn}=\int_{-1}^{1}L_n(x)L_m(x)dx, f(x)=\left(x^2-1\right)^m, f(x)=\left(x^2-1\right)^n$，这里不妨设 $m<n$，对 I_{mn} 连续使用分部积分法，得

$$\begin{aligned} I_{mn}&=\int_{-1}^{1}L_n(x)L_m(x)\mathrm{d}x=\frac{1}{2^{m+n}m!n!}\int_{-1}^{1}f^{(m)}g^{(n)}\mathrm{d}x \\ &=\frac{1}{2^{m+n}m!n!}\left\{\left[f^{(m)}g^{(n-1)}\right]\Big|_{-1}^{1}-\int_{-1}^{1}f^{(m+1)}g^{(n-1)}\mathrm{d}x\right\} \\ &=\frac{1}{2^{m+n}m!n!}\left[-\int_{-1}^{1}f^{(m+1)}g^{(n-1)}\mathrm{d}x\right]=\cdots \\ &=\frac{(-1)^{m-1}}{2^{m+n}m!n!}\left\{\left[f^{(2m-1)}g^{(n-m)}\right]\Big|_{-1}^{1}-\int_{-1}^{1}f^{(2m)}g^{(n-m)}\mathrm{d}x\right\} \\ &=\frac{(-1)^{m}}{2^{m+n}m!n!}\left[\int_{-1}^{1}f^{(2m)}g^{(n-m)}\mathrm{d}x\right]=\frac{(-1)^{m}(2m)!}{2^{m+n}m!n!}\left[\int_{-1}^{1}g^{(n-m)}\mathrm{d}x\right] \\ &=0. \end{aligned}$$

而当 $m=n$ 时，$I_{nn}=\dfrac{(-1)^n(2n)!}{2^{2n}(n!)^2}\left[\int_{-1}^{1}g^{(0)}\mathrm{d}x\right]=\dfrac{2}{2n+2}$.

所以，$\{L_n(x)\}_{n=0}^{\infty}$ 是区间[−1,1]上的正交多项式系.

性质 2.8 $\{L_n(x)\}_{n=0}^{\infty}$ 的首项系数为 $\dfrac{(2n)!}{2^n(n!)^2}$.

性质 2.9 $\{L_n(x)\}_{n=0}^{\infty}$ 中，n 为奇数时 $L_n(x)$ 是奇函数，n 为偶数时 $L_n(x)$ 是偶函数.

性质 2.10 $\{L_n(x)\}_{n=0}^{\infty}$ 有递推关系

$$L_{n+1}(x)=\frac{2n+1}{n+1}xL_n(x)-\frac{n}{n+1}L_{n-1}(x).$$

可由递推关系，求出勒让德多项式，如直接由公式可给出

$$L_0(x)=1, L_1(x)=x,$$

再由递推公式，可得

$$L_2(x)=\frac{3x^2-1}{2},L_2(x)=\frac{5x^3-3x}{2},$$

$$L_4(x)=\frac{35x^4-30x^2+3}{8},L_5(x)=\frac{63x^5-70x^3+15x}{8},$$

$$L_6(x)=\frac{231x^6-315x^4+105x^2-5}{16},\cdots.$$

2. 切比雪夫多项式

实际上，勒让德多项式也可以在区间[-1,1]上取权函数 $\rho(x)=1$，通过对常用的幂函数系 $\left\{x^n\right\}_{n=0}^{\infty}$ 做格拉姆-施密特正交化而得到. 而当取权函数 $\rho(x)=\frac{1}{\sqrt{1-x^2}}$ 时，对幂函数系进行正交化可得到另外一组正交多项式，即切比雪夫（Chebyshev）多项式. 形式上，切比雪夫多项式可表示为

$$T_n(x)=\cos(n\arccos x)\text{（}-1\leqslant x\leqslant 1\text{，}n\text{ 为非负整数）}.$$

此多项式具有以下性质.

性质 2.11　$T_n(x)$ 是 x 的 n 次多项式，且当 $n\geqslant1$ 时首项系数为 2^{n-1}.

证明　容易看出，当 n 为 0 和 1 时，结论是成立的. 下面使用归纳法证明 $n>1$ 时结论也成立.

通过分析可以发现，如果令 $\theta=\arccos x$，则 $T_n(x)=\cos n\theta,x=\cos\theta$. 因此，若能证明 $\cos n\theta$ 是 $\cos\theta$ 的最高次为 n 的多项式函数，那么结论就成立了. 为此，假设当 $n\leqslant k$ 时有

$$\cos n\theta=2^{n-1}\cos^n\theta+\sum_{j=0}^{n-1}b_j\cos^j\theta\text{，（}b_j\text{ 为待定系数）}.$$

下证 $n=k+1$ 时，也有上述形式成立.

$$\begin{aligned}\cos(k+1)\theta&=2\cos k\theta\cos\theta-\cos(k-1)\theta\\&=2\cos\theta[2^{k-1}\cos^k\theta+\sum_{j=0}^{k-1}b_j\cos^j\theta]-[2^{k-2}\cos^{k-1}\theta+\\&\sum_{j=0}^{k-2}b_j\cos^j\theta]\ =2^k\cos^{k+1}\theta+\sum_{j=0}^{k}b_j\cos^j\theta,\end{aligned}$$

上述形式成立.

因此，$T_n(x)=2^{n-1}x^n+\sum_{j=0}^{k}d_jx^j$.

性质 2.12　$\left\{T_n(x)\right\}_{n=0}^{\infty}$ 是区间[-1,1]上带权 $\rho(x)=\frac{1}{\sqrt{1-x^2}}$ 的正交多项式系，且有

$$(T_n(x),T_n(x))=\begin{cases}\frac{\pi}{2}, & n\geqslant1,\\ \pi, & n=0.\end{cases}$$

性质 2.13　$T_n(x)$ 有递推关系

$$T_{n+1}(x)=2xT_n(x)-T_{n-1}(x),n=1,2,\cdots,$$

且

$$T_0(x)=1,T_1(x)=x.$$

证明　由 $\cos(n+1)\theta=2\cos n\theta\cos\theta-\cos(n-1)\theta$，令 $\theta=\arccos x$，即得

$$T_{n+1}(x)=2xT_n(x)-T_{n-1}(x).$$

由此可得

$$T_0(x)=1, T_1(x)=x, T_2(x)=2x^2-1, T_3(x)=2^2x^3-3x,$$
$$T_4(x)=2^3x^4-8x^2+1, T_5(x)=2^4x^5-20x^3+5x, \cdots.$$

性质 2.14 $T_n(x)=0$ 在区间[-1,1]内有 n 个相异实根，且实根为

$$x_i=\cos\frac{2i-1}{2n}\pi(i=1,2,\cdots,n).$$

性质 2.15 $T_n(x)$ 在区间[-1,1]内有 $n+1$ 个相异的极值点，且为

$$\tilde{x}_i=\cos\frac{i}{n}\pi(i=0,1,2,\cdots,n).$$

$T_n(x)$ 在这些极值点处依次取最大值和最小值，这些点称为 $T_n(x)$ 的偏差点.

性质 2.16 当 n 为奇数时，$T_n(x)$ 为奇函数；当 n 为偶数时，$T_n(x)$ 为偶函数.

证明使用公式 $\arccos x+\arccos(-x)=\pi$，可得

$$T_n(-x)=\cos\left[n\arccos(-x)\right]=\cos\left\{n\left[\pi-\arccos(x)\right]\right\}=(-1)^n T_n(x).$$

3. 拉盖尔多项式

考虑区间 $[0,+\infty)$ 上带权 $\rho(x)=e^{-x}$ 的正交多项式，有

$$U_n(x)=e^x\frac{d^n}{dx^n}\left(x^n e^{-x}\right), n=0,1,\cdots,$$

称上式为拉盖尔（Laguerre）多项式.

拉盖尔多项式的性质如下，

性质 2.17 $U_n(x)$ 是 n 次多项式，且首项系数为 $(-1)^n$.

性质 2.18 $\left\{U_n(x)\right\}_{n=0}^{\infty}$ 是区间 $[0,+\infty)$ 上带权 $\rho(x)=e^{-x}$ 的正交多项式系. 即

$$\int_0^{+\infty}e^{-x}U_n(x)U_m(x)dx=\begin{cases}0, & m\neq n,\\ (n!)^2, & m=n.\end{cases}$$

性质 2.19 $U_n(x)$ 有递推关系

$$U_{n+1}(x)=(2n+1-x)U_n(x)-n^2U_{n-1}(x), n=1,2,\cdots,$$

且 $U_0(x)=1, U_1(x)=1-x$.

4. 埃尔米特多项式

考虑区间 $(-\infty,+\infty)$ 上带权 $\rho(x)=e^{-x^2}$ 的正交多项式，有

$$H_n(x)=(-1)^n e^{x^2}\frac{d^n}{dx^n}\left(e^{-x^2}\right), n=0,1,\cdots,$$

称上式为埃尔米特多项式.

埃尔米特多项式的性质如下.

性质 2.20 $H_n(x)$ 是 n 次多项式，且首项系数为 2^n.

性质 2.21 $\left\{H_n(x)\right\}_{n=0}^{\infty}$ 是区间 $(-\infty,+\infty)$ 上带权 $\rho(x)=e^{-x^2}$ 的正交多项式系. 即

$$\int_{-\infty}^{+\infty}e^{-x^2}H_n(x)H_m(x)dx=\begin{cases}0, & m\neq n,\\ 2^n n!\sqrt{\pi}, & m=n.\end{cases}$$

性质 2.22　$H_n(x)$有递推关系

$$H_{n+1}(x)=(2x)H_n(x)-2nH_{n-1}(x),n=1,2,\cdots,$$

且$H_0(x)=1,H_1(x)=2x$.

例 2.15　求二次多项式空间在区间$[0,+\infty)$上带权$\rho(x)=\mathrm{e}^{-x}$的对函数$f(x)=\mathrm{e}^{x/2}$的最佳平方逼近函数.

解　选用拉盖尔型的正交多项式$\varphi_0(x)=1,\varphi_1(x)=1-x,\varphi_2(x)=x^2-4x+2$作为一组基函数，则格拉姆矩阵为

$$\boldsymbol{G}=\begin{pmatrix}(\varphi_0,\varphi_0) & & \\ & (\varphi_1,\varphi_1) & \\ & & (\varphi_2,\varphi_2)\end{pmatrix}=\begin{pmatrix}1 & & \\ & 1 & \\ & & 4\end{pmatrix},$$

法方程组的右端项为

$$(f,\varphi_0)=\left(\mathrm{e}^{\frac{x}{2}},1\right)=\int_0^{+\infty}\mathrm{e}^{-x}\mathrm{e}^{\frac{x}{2}}\mathrm{d}x=2,$$

$$(f,\varphi_1)=\left(\mathrm{e}^{\frac{x}{2}},1-x\right)=\int_0^{+\infty}\mathrm{e}^{-\frac{x}{2}}(1-x)\mathrm{d}x=-2,$$

$$(f,\varphi_2)=\left(\mathrm{e}^{\frac{x}{2}},x^2-4x+2\right)=\int_0^{+\infty}\mathrm{e}^{-\frac{x}{2}}\left(x^2-4x+2\right)\mathrm{d}x=4,$$

解得$a_0=2,a_1=-2,a_2=4$. 因此，所求的最佳平方逼近函数为

$$\varphi(x)=2\varphi_0(x)-2\varphi_1(x)+4\varphi_2(x)=4x^2-14x+8.$$

编写 MATLAB 程序如下，可视化结果如图 2.12 所示。

```
%%%%%%%%%%%%%%%%%%%%%%%%%%%%%%%%%%%%%%%%
clc; clear;
for i=1:1501
     x(i) = (i-1)/100.0;
     y(i) = exp(x(i)/2.0);
     yf(i) = 4.0*x(i)^2 - 14.0 * x(i) + 8.0;
end
plot(x,y,'k', x,yf,'r')
```

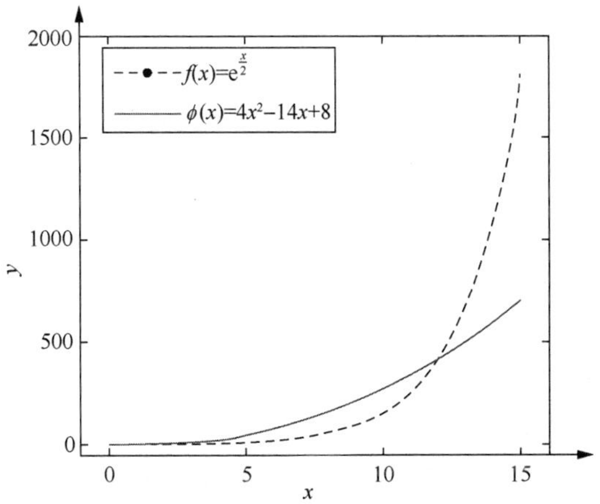

图 2.12

2.8.3 最佳一致逼近多项式

正如 2.8.1 小节所述，对于给定区间$[a,b]$上的连续函数 $f(x)$，如何求一个最高次数不超过 n 的多项式 $p_n(x)$，使其满足条件

$$\min_{p_n(x)\in P_n}\max_{x\in[a,b]}\left|f(x)-p_n(x)\right| ?$$

这样的多项式 $p_n(x)$ 称为函数 $f(x)$ 的最佳一致逼近多项式. 通过这种途径求得的逼近函数，称为最佳一致逼近函数. 此类求解问题称为最佳一致逼近问题.

关于最佳一致逼近问题，有如下定理.

定理 2.4 设函数 $f(x)\in C[a,b]$，则存在 n 次多项式在区间$[a,b]$上最佳一致逼近函数 $f(x)$，且这样的 n 次多项式是唯一的.

上述定理指出了使用多项式逼近连续函数，最佳一致逼近的结果是唯一的，但是定理并未指出如何求最佳一致逼近多项式. 对于此问题，有下面的切比雪夫定理.

定理 2.5 设函数 $f(x)\in C[a,b]$，则 n 次多项式 $p_n(x)$ 在区间$[a,b]$上最佳一致逼近函数 $f(x)$ 的充要条件是：在区间$[a,b]$上至少有 $n+2$ 个相异点.

$$a\leqslant x_1<x_2<\cdots<x_{n+1}<x_{n+2}\leqslant b,$$

使 $f(x)-p_n(x)$ 在这些点处满足

$$\left|f(x_i)-p_n(x_i)\right|=\max_{x\in[a,b]}\left|f(x)-p_n(x)\right|,$$

$$f(x_i)-p_n(x_i)+\left[f(x_{i+1})-p_n(x_{i+1})\right]=0.$$

定理 2.5 中的点集 $\{x_1,x_2,\cdots,x_{n+1},x_{n+2}\}$ 称为切比雪夫交错点组，每一个点称为一个交错点. 通过定理 2. 5 可以看出，要求一个最佳一致逼近多项式，可以转化为求一个误差函数 $E_n(x)=f(x)-p_n(x)$ 的最大值，且在区间$[a,b]$寻找 $n+2$ 个可以交替取到最大值和最小值的交错点组.

例 2.16 求二次多项式空间在区间$[-1,1]$上对函数 $f(x)=x^3+x^2+x+1$ 的最佳一致逼近函数.

解 通过观察，选用函数 $p_2(x)=x^2+\frac{7}{4}x+1$，则有

$$f(x)-p_2(x)=x^2-\frac{3}{4}x=\frac{1}{4}T_3(x).$$

因为 $T_3(x)$ 在 $\tilde{x}_i=\cos\frac{i\pi}{n}(i=0,1,2,3)$ 依次取到仅符号相异的最大值和最小值，所以这些点可以作为误差函数的一个交错点组. 由定理 2.4，可以得出选用的 $p_2(x)$ 即为二次多项式空间中对函数 $f(x)$ 的最佳一致逼近多项式.

编写 MATLAB 程序如下，可视化结果如图 2.13 所示.

```
%%%%%%%%%%%%%%%%%%%%%%%%%%%%%%%%%%%%%%%%%%%%%%%%
clc; clear;
hold on
for i=1:201
```

```
        x(i) = (i-101)/100.0;
        y(i) =  x(i)^3 + x(i)^2 + x(i) + 1.0;
        yf(i) = x(i)^2 + 7.0/4.0 * x(i) + 1.0;
    end
    plot(x,y,'k', x,yf,'r')
```

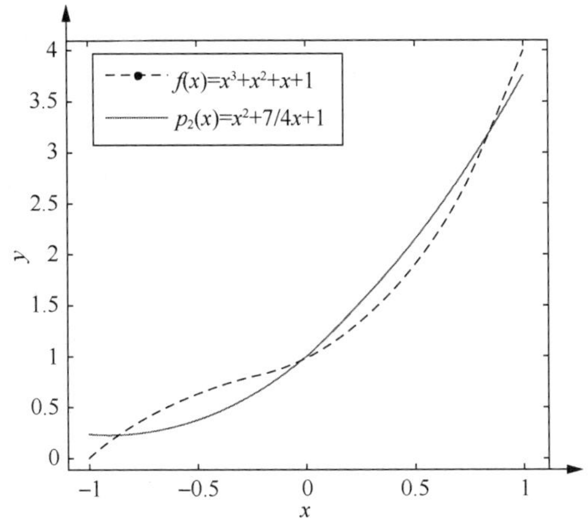

图 2.13

通过上例的计算可以看出，求函数的最佳一致逼近多项式并不是容易的事. 对于一般的高次多项式函数，我们可以通过观察在低次多项式空间中寻找最佳逼近多项式，然而对于一般的函数，寻找这样的多项式绝非易事. 但是对于一次最佳一致逼近多项式，通过定理 2. 5 可以给出其具体计算方法.

例 2.17　在区间[0,1]上求函数 $f(x)=\ln(x+1)$ 的一次最佳一致逼近多项式.

解　设一次多项式为 $p(x)=ax+b$，如果 $p(x)$ 是最佳一致逼近多项式，则根据定理 2.5 可知，误差函数 $E(x)=p(x)-f(x)=ax+b-\ln(x+1)$ 在区间[0,1]上有 3 个正负交错且绝对值相等的最值. 对误差函数求导，得

$$E'(x)=a-\frac{1}{x+1},$$

所以 $E'(x)$ 至多有一个零点. 而误差函数有 3 个正负交错的最值点，所以 $E'(x)$ 至少有一个零点. 因此，$E'(x)$ 只有一个零点，且 $E'(x)$ 是单调增加的，即先负后正. 而 $E(x)$ 是先减后增的，两个端点为最大值点，中间有一个最小值点. 于是可得到条件

$$b=E(0)=E(1)=a+b-\ln 2. \tag{e1}$$

再由中间的最小值点处，$E'(x)=0$，而最小值与最大值异号，可得

$$E'(x)=a-\frac{1}{x+1}=0, ax+b-\ln(x+1)+b=0. \tag{e2}$$

联立式（e1）和（e2），解得

$$a=\ln 2, b=\frac{1}{2}\left(\frac{1}{a}-\ln a-1\right).$$

取近似值得到 $a\approx 0.693\,147\,18, b\approx 0.404\,603\,98$. 所求的最佳一次逼近多项式为 $p(x)=0.693\,147\,18x+0.404\,603\,98$.

实际应用中，高次的多项式不易计算，为此常常要求给出近似的最佳一致逼近多项式. 对于函数 $f(x)\in C[-1,1]$，选取切比雪夫正交多项式作为一组基函数 $\{T_i(x)\}$，可以得到广义的傅里叶级数

$$\frac{C_0}{2}+\sum_{i=1}^{\infty}C_iT_i(x),$$

其中 $C_i=\frac{2}{\pi}\int_{-1}^{1}\frac{f(x)T_i(x)}{\sqrt{1-x^2}}\mathrm{d}x, i=0,1,\cdots$.

实际上，由于 $T_i(x)=\cos[\mathrm{i}\arccos(x)], x\in[-1,1]$，若令 $x=\cos\theta,\theta\in[0,\pi]$，则

$$C_i=\frac{2}{\pi}\int_{0}^{\pi}f[\cos(\theta)]\cos k\theta\mathrm{d}\theta, i=0,1,\cdots,$$

$$\frac{C_0}{2}+\sum_{i=1}^{\infty}\left[\frac{2}{\pi}\int_{0}^{\pi}f(\cos\theta)\cos k\theta\mathrm{d}\theta\right]\cdot\cos k\theta,$$

这样函数 $f(x)$ 基于切比雪夫级数的广义傅里叶级数变成了函数 $f(\cos\theta)$ 的傅里叶级数. 根据傅里叶级数的收敛定理，函数 $f(x)$ 分段光滑，则其傅里叶级数一致收敛于 $f(x)$. 因此，只要函数 $f(x)$ 在区间[-1,1]上是光滑的，则其切比雪夫级数一致收敛于其自身，即

$$f(x)=\frac{C_0}{2}+\sum_{i=1}^{\infty}C_iT_i(x).$$

若记 $S_n(x)=\frac{C_0}{2}+\sum_{i=1}^{n}C_iT_i(x)$，且切比雪夫级数快速收敛时，可以有

$$f(x)-S_n(x)\approx C_{n+1}T_{n+1}(x),$$

而 $T_{n+1}(x)$ 有 n+2 个偏差点，因此近似的 $f(x)-S_n(x)$ 也有 n+2 个偏差点，从而可用 $S_n(x)$ 作为近似的最佳一致逼近函数 $f(x)$.

除了使用基于切比雪夫多项式的基函数做近似最佳一致逼近函数，还可以通过对切比雪夫函数的交错点组做插值来近似函数，实现减小误差的效果. 为此，先给出首一型的切比雪夫多项式

$$\tilde{T}_0(x)=1,\tilde{T}_n(x)=\frac{T_n(x)}{2^n}, n=1,2,\cdots,$$

并有以下定理.

定理 2.6 设 $\tilde{T}_n(x)$ 是首一的切比雪夫多项式，则有

$\frac{1}{2^{n-1}}=\max\limits_{x\in[-1,1]}\left|\tilde{T}_n(x)\right|\leqslant\max\limits_{x\in[-1,1]}\left|\tilde{p}_n(x)\right|$，这里 $\tilde{p}_n(x)$ 为任意首一的 n 次多项式.

定理 2.6 揭示了在所有首一的 n 次多项式中，切比雪夫多项式取得的最大值是最小的. 基于这一特性，有以下定理.

定理 2.7 对函数 $f(x)\in C^{n+1}[-1,1]$ 在切比雪夫多项式 $T_n(x)$ 的 n+1 个零点处做插值，插值多项式 $p_n(x)$ 所产生的误差满足

$$\max_{x\in[-1,1]}\left|f(x)-p_n(x)\right|\leqslant\frac{1}{2^n(n+1)!}\max_{x\in[-1,1]}\left|f^{(n+1)}(x)\right|.$$

由定理 2.7 可以看出，使用切比雪夫多项式的零点作为插值节点，给出的多项式不会出现一般高次多项式插值产生的龙格现象.

2.8.4 有理逼近

前面几节介绍的都是多项式对函数的近似，使用多项式近似函数时，随着多项式次数的增大，多项式存在加剧振荡的可能. 本节介绍的有理函数近似多项式，是一种规避振荡的途径.

有理函数有形如 $r(x)=\dfrac{p_n(x)}{q_m(x)}$ 的形式，这里的分子 $p_n(x)$ 和分母 $q_m(x)$ 均为多项式函数，分子的最高次为 n，分母的最高次为 m，并记 m+n 为有理函数的度. 为方便讨论，这里分母的零次幂系数为 1. 下面介绍一种重要的有理函数近似方法——帕德（Pade）近似.

假定有理函数 $r(x)=\dfrac{p_n(x)}{q_m(x)}=\dfrac{p_0+p_1x+p_2x^2+\cdots+p_nx^n}{1+q_1x+q_2x^2+\cdots+q_mx^m}$，使用 $r(x)$ 近似函数 $f(x)$，使结果尽可能精确，即使误差

$$f(x)-r(x)=f(x)-\frac{p_0+p_1x+p_2x^2+\cdots+p_nx^n}{1+q_1x+q_2x^2+\cdots+q_mx^m}$$

尽可能小.

类似于函数泰勒展开的近似思想，这里也希望 $f(x)$ 和 $r(x)$ 在原点处的各阶导尽可能相等，并以此确定分子和分母中的系数项. 为此，对函数 $f(x)$ 做麦克劳林展开 $f(x)=\sum_{i=0}^{\infty}a_ix^i$，代入上式并整理，得

$$f(x)-r(x)=\frac{\sum_{i=0}^{\infty}a_ix^i\left(1+q_1x+q_2x^2+\cdots+q_mx^m\right)-(p_0+p_1x+p_2x^2+\cdots+p_nx^n)}{1+q_1x+q_2x^2+\cdots+q_mx^m},$$

并要求

$$f^{(k)}(0)=r^{(k)}(0),k=0,1,\cdots,m+n,$$

因此可得到

$$\sum_{i=0}^{k}a_iq_{k-i}=p_k,k=0,1,\cdots,m+n. \tag{2.13}$$

这里补充定义：$p_j=0,j\geqslant n+1;q_j=0,j\geqslant m+1$.

公式（2.13）是一个含有 m+n+1 个未知量的 m+n+1 个线性方程，通过解线性方程组可以算出有理函数的待定系数.

例 2.18　使用帕德近似方法求对 $f(x)=\ln(x+1)$ 做近似的有理函数，要求有理函数的分子最高次为 3 次，分母最高次为 2 次. 使用求得的有理函数与截断 5 次的幂级数及精确解在 0.2,0.4,0.6,0.8,1.0 处做比较.

解　首先给出函数 $f(x)=\ln(x+1)$ 的麦克劳林级数，有

$$f(x)=\sum_{i=1}^{\infty}(-1)^{i-1}\frac{x^j}{i}.$$

令有理函数为

$$r(x)=\frac{p_3(x)}{q_2(x)}=\frac{p_0+p_1x+p_2x^2+p_3x^3}{1+q_1x+q_2x^2},$$

使用公式（2.13），可得

$$\begin{cases}0=p_0, 1=p_1,\\ -\dfrac{1}{2}+q_1=p_2,\\ -\dfrac{1}{2}q_1+q_2=p_3,\\ -\dfrac{1}{4}+\dfrac{1}{3}q_1-\dfrac{1}{2}q_2=0,\\ \dfrac{1}{5}-\dfrac{1}{4}q_1+\dfrac{1}{3}q_2=0,\end{cases}$$

解得 $p_0=0, p_1=1, p_2=\dfrac{7}{10}, p_3=\dfrac{1}{30}, q_1=\dfrac{6}{5}, q_2=\dfrac{3}{10}$.

因此，所求的有理函数为

$$r(x)=\frac{p_3(x)}{q_2(x)}=\frac{x+\dfrac{7}{10}x^2+\dfrac{1}{30}x^3}{1+\dfrac{6}{5}x+\dfrac{3}{10}x^2}.$$

相关结果比较如表 2.21 所示.

表 2.21

x	$f(x)$	$p_5(x)$	$\lvert f(x)-p_5(x)\rvert$	$r(x)$	$\lvert f(x)-r(x)\rvert$
0.2	0.182 321 56	0.182 330 67	$9.11\times10^{-0.6}$	0.182 321 62	6.20×10^{-8}
0.4	0.336 472 24	0.336 981 33	5.09×10^{-4}	0.336 474 69	2.46×10^{-6}
0.6	0.470 003 63	0.475 152 00	5.15×10^{-3}	0.470 021 88	1.83×10^{-5}
0.8	0.587 786 66	0.613 802 67	2.60×10^{-2}	0.587 856 26	6.96×10^{-5}
1.0	0.693 147 18	0.783 333 33	9.02×10^{-2}	0.693 333 33	1.86×10^{-4}

编写 MATLAB 程序如下，可视化结果如图 2.14 所示.

```
clc; clear;
hold on
for i=1:1001
    x(i) = (i-1)/200.0;
    y(i) = log( x(i) + 1.0);
    yf(i) = (1.0/30*x(i)^3 + 0.7 * x(i)^2 + x(i)) / (0.3*x(i)^2 + 1.2 * x(i) + 1.0);
    p5(i) = x(i) - x(i)^2 / 2.0 + x(i)^3 / 3.0 - x(i)^4 / 4.0 + x(i)^5 / 5.0;
end
plot(x,y,'k', x,yf,'r',x,p5,'b')
```

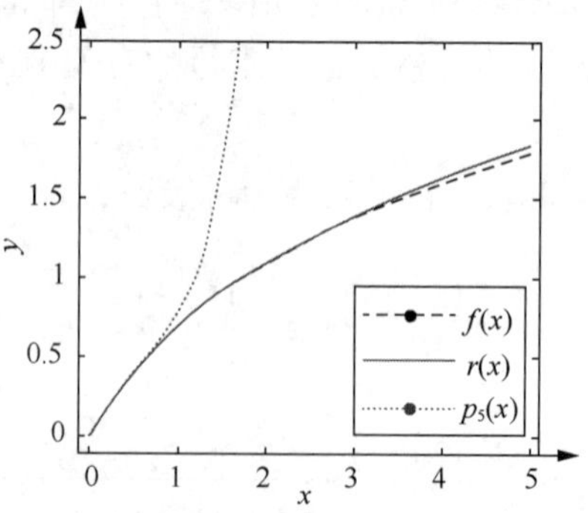

图 2.14

习题 2.8

1. 求满足下列要求的参数取值：

（1）表达式$\int_0^{\pi}(ax+b-\cos x)^2\mathrm{d}x$取最小值时，参数 a 和 b 的取值；

（2）表达式$\int_0^{1}(ax+b-\mathrm{e}^x)^2\mathrm{d}x$取最小值时，参数 a 和 b 的取值；

（3）表达式$\int_0^{\frac{\pi}{2}}(a\cos x+b-\mathrm{e}^x)^2\mathrm{d}x$取最小值时，参数 a 和 b 的取值.

2. 求函数 $y=\ln(x+2)$ 在区间[−1,1]上的二次最佳平方逼近多项式.

3. 分别使用标准的幂函数以及勒让德多项式作为基函数，计算函数 $f(x)=\mathrm{e}^x-1$ 在区间[−1,1]上的二次最佳平方逼近多项式.

4. 给定函数 $f(x)=\sqrt{x^2+1}$，求其在区间[0,1]上的一次最佳一致逼近多项式.

5. 给定函数 $f(x)=2x^4-3x^3+x^2+x-2$，求其在区间[−1,1]上的三次最佳一致逼近多项式.

6. 给定函数 $f(x)=\dfrac{1}{1+x^2}$，求其在区间[−1,1]上的插值多项式. 要求先计算 5 等分区间节点的插值多项式，以 5 次切比雪夫多项式的零点为插值节点的插值多项式，然后绘制图形比较结果.

7. 使用分子为 3 次、分母为 3 次的有理函数近似函数 $f(x)=\mathrm{e}^x+1$，并比较有理函数和 6 次泰勒级数截断多项式及准确值在点 0.2,0.4,0.6,0.8,1.0 处的结果及误差.

本章参考答案

第 3 章　线性方程组的数值解法

3.1　引言

高斯（Gauss）消去法是解线性方程组的一种直接方法，有时也称为精确法．这种运算只包含有限次四则运算，并且在每一步运算过程都不会发生舍入误差的假设下，计算的结果就是方程组的精确解，但实际计算中不可避免舍入误差的存在和影响，所以这种方法也只能求得线性方程组的近似解．这种解法主要适用于低阶方程组及系数矩阵为带状的方程组的求解．

3.2　高斯消去法

3.2.1　高斯顺序消去法

设有线性代数方程组

$$\boldsymbol{A}\boldsymbol{x}=\boldsymbol{b}\,, \tag{3.1}$$

其中

$$\boldsymbol{A}=\begin{pmatrix} a_{11} & a_{12} & \cdots & a_{1n} \\ a_{21} & a_{22} & \cdots & a_{2n} \\ \vdots & \vdots & & \vdots \\ a_{n1} & a_{n2} & \cdots & a_{nn} \end{pmatrix},\ \boldsymbol{x}=\begin{pmatrix} x_1 \\ x_2 \\ \vdots \\ x_n \end{pmatrix},\boldsymbol{b}=\begin{pmatrix} b_1 \\ b_2 \\ \vdots \\ b_n \end{pmatrix}.$$

为清晰起见，下面以 $n=3$ 为例来说明高斯消去法的运算过程．将方程组（3.1）写成如下形式：

$$\begin{pmatrix} a_{11}^{(1)} & a_{12}^{(1)} & a_{13}^{(1)} \\ a_{21}^{(1)} & a_{22}^{(1)} & a_{23}^{(1)} \\ a_{31}^{(1)} & a_{32}^{(1)} & a_{33}^{(1)} \end{pmatrix}\begin{pmatrix} x_1 \\ x_2 \\ x_3 \end{pmatrix}=\begin{pmatrix} b_1^{(1)} \\ b_2^{(1)} \\ b_3^{(1)} \end{pmatrix}. \tag{3.2}$$

（1）消元过程

第 1 步　假定 $a_{11}^{(1)}\neq 0$，消元得

$$\begin{pmatrix} a_{11}^{(1)} & a_{12}^{(1)} & a_{13}^{(1)} \\ 0 & a_{22}^{(2)} & a_{23}^{(2)} \\ 0 & a_{32}^{(2)} & a_{33}^{(2)} \end{pmatrix}\begin{pmatrix} x_1 \\ x_2 \\ x_3 \end{pmatrix}=\begin{pmatrix} b_1^{(1)} \\ b_2^{(2)} \\ b_3^{(2)} \end{pmatrix}, \tag{3.3}$$

其中
$$l_{21}=\frac{a_{21}^{(1)}}{a_{11}^{(1)}},l_{31}=\frac{a_{31}^{(1)}}{a_{11}^{(1)}},$$
$$a_{22}^{(2)}=a_{22}^{(1)}-l_{21}a_{12}^{(1)},a_{23}^{(2)}=a_{23}^{(1)}-l_{21}a_{13}^{(1)},b_2^{(2)}=b_2^{(1)}-l_{21}b_1^{(1)},$$
$$a_{32}^{(2)}=a_{32}^{(1)}-l_{31}a_{12}^{(1)},a_{33}^{(2)}=a_{33}^{(1)}-l_{31}a_{13}^{(1)},b_3^{(2)}=b_3^{(1)}-l_{31}b_1^{(1)}.$$

第 2 步　假定 $a_{22}^{(2)}\neq 0$，消元得
$$\begin{pmatrix} a_{11}^{(1)} & a_{12}^{(1)} & a_{13}^{(1)} \\ 0 & a_{22}^{(2)} & a_{23}^{(2)} \\ 0 & 0 & a_{33}^{(3)} \end{pmatrix}\begin{pmatrix} x_1 \\ x_2 \\ x_3 \end{pmatrix}=\begin{pmatrix} b_1^{(1)} \\ b_2^{(2)} \\ b_3^{(3)} \end{pmatrix},\tag{3.4}$$
其中 $l_{32}=\dfrac{a_{32}^{(2)}}{a_{22}^{(2)}}$, $a_{33}^{(3)}=a_{33}^{(2)}-l_{32}a_{23}^{(2)},b_3^{(3)}=b_3^{(2)}-l_{32}b_2^{(2)}$.

（2）回代过程

由方程组（3.4）的最后一个方程解出 x_3；

将 x_3 代入方程组（3.4）的第二个方程，解得 x_2；

再将 x_2,x_3 代入方程组（3.4）的第一个方程，解得 x_1.

例 3.1　用高斯消元法解方程组
$$\begin{cases} x_1+2x_2+3x_3=1, \\ 2x_1+7x_2+5x_3=6, \\ x_1+4x_2+9x_3=-3. \end{cases}$$

解　编写求解该方程组的 MATLAB 程序如下.

```
%求解例 3.1
%用高斯消元法求解线性方程组 Ax=b
%A 为系数矩阵，b 为方程组右端常数列
%方程组的解保存在 x 中
%先输入方程组系数
A=[1 2 3;2 7 5;1 4 9];
b=[1 6 -3]';
[m, n]=size(A);
%检查系数的正确性
if m~=n
    error('矩阵 A 的行数和列数必须相同');
    return;
end
if m~=size(b)
    error('b 的大小必须和 A 的行数或 A 的列数相同');
    return;
end
%再检查方程是否存在唯一解
if rank(A)~=rank([A, b])
     error('A 矩阵的秩和增广矩阵的秩不相同，方程组不存在唯一解');
     return;
end
```

```
%这里采用增广矩阵行变换的方式求解
c=n+1;
A(:, c)=b;
%%消元过程
for k=1:n-1
A(k+1:n,  k:c)=A(k+1:n,  k:c)-(A(k+1:n, k)/ A(k, k))*A(k,  k:c);
End
%%回代结果
x=zeros(length(b), 1);
x(n)=A(n, c)/A(n, n);
for k=n-1:-1:1
x(k)=(A(k, c)-A(k, k+1:n)*x(k+1:n))/A(k, k);
end
%显示计算结果
disp('x=');
disp(x);
```

运行结果如下：

```
x=
    2. 0000
    1. 0000
   -1. 0000
```

3.2.2 高斯列主元消去法

这里用例子来说明高斯列主元消去法.

例 3.2 用高斯列主元消去法解方程组

$$\begin{pmatrix} -3 & 2 & 6 \\ 10 & -7 & 0 \\ 5 & -1 & 5 \end{pmatrix}\begin{pmatrix} x_1 \\ x_2 \\ x_3 \end{pmatrix}=\begin{pmatrix} 4 \\ 7 \\ 6 \end{pmatrix}. \tag{3.5}$$

解 （1）选列主元消元过程

第 1 步 在方程组（3.5）中将第一个方程与第二个方程交换，得

$$\begin{pmatrix} 10 & -7 & 0 \\ -3 & 2 & 6 \\ 5 & -1 & 5 \end{pmatrix}\begin{pmatrix} x_2 \\ x_1 \\ x_3 \end{pmatrix}=\begin{pmatrix} 7 \\ 4 \\ 6 \end{pmatrix}, \tag{3.6}$$

在方程组（3.6）中消元，得

$$\begin{pmatrix} 10 & -7 & 0 \\ 0 & -0.1 & 6 \\ 0 & 2.5 & 5 \end{pmatrix}\begin{pmatrix} x_2 \\ x_1 \\ x_3 \end{pmatrix}=\begin{pmatrix} 7 \\ 6.1 \\ 2.5 \end{pmatrix}. \tag{3.7}$$

第 2 步 在方程组（3. 7 ）中将第二个方程与第三个方程交换，得

$$\begin{pmatrix} 10 & -7 & 0 \\ 0 & 2.5 & 5 \\ 0 & -0.1 & 6 \end{pmatrix}\begin{pmatrix} x_1 \\ x_3 \\ x_2 \end{pmatrix}=\begin{pmatrix} 7 \\ 2.5 \\ 6.1 \end{pmatrix}, \tag{3.8}$$

在方程组（3.8）中消元，得

$$\begin{pmatrix}10 & -7 & 0\\0 & 2.5 & 5\\0 & 0 & 6.2\end{pmatrix}\begin{pmatrix}x_1\\x_3\\x_2\end{pmatrix}=\begin{pmatrix}7\\2.5\\6.2\end{pmatrix}. \tag{3.9}$$

（2）回代过程

由方程组（3.9）的最后一个方程解出 $x_3=1$，代入方程组（3.9）的第二个方程，解得 $x_2=-1$；再将 $x_2=-1, x_3=1$ 代入方程组（3.9）的第一个方程，解得 $x_1=0$．故所求解为

$$\begin{cases}x_1=0,\\x_2=-1,\\x_3=1.\end{cases}$$

例 3.3　用高斯列主元消元法解方程组

$$\begin{cases}0.000\ 01x_1+x_2=1.000\ 01,\\2x_1+x_2=3.\end{cases}$$

解　编写求解该方程组的 MATLAB 程序如下.

```
%求解例 3.3
%用高斯列主元消元法求解线性方程组 Ax=b
%A 为系数矩阵，b 为方程组右端常数列
%方程组的解保存在 x 中
format long;%设置为长格式显示，显示 15 位小数
A=[0. 00001, 1;2, 1]
b=[1. 00001, 3]'
[m, n]=size(A);
%先检查系数的正确性
if m~=n
    error('矩阵 A 的行数和列数必须相同');
    return;
end
if m~=size(b)
    error('b 的大小必须和 A 的行数或 A 的列数相同');
    return;
end
%再检查方程组是否存在唯一解
if rank(A)~=rank([A, b])
     error('A 矩阵的秩和增广矩阵的秩不相同，方程组不存在唯一解');
     return;
end
c=n+1;
A(:, c)=b; %增广
for k=1:n-1
[r, m]=max(abs(A(k:n, k)));   %选主元
 m=m+k-1;  %修正操作行的值
  if(A(m, k)~=0)
         if(m~=k)
             A([k m], :)=A([m k], :); %换行
```

```
            end
            A(k+1:n, k:c)=A(k+1:n, k:c)-(A(k+1:n, k)/ A(k, k))*A(k, k:c); %消去
        end
    end
    x=zeros(length(b), 1); %回代求解
    x(n)=A(n, c)/A(n, n);
    for k=n-1:-1:1
        x(k)=(A(k, c)-A(k, k+1:n)*x(k+1:n))/A(k, k);
    end
    disp('X=');
    disp(x);
```

运行结果如下.

```
A =
   0.000010000000000   1.000000000000000
   2.000000000000000   1.000000000000000
b =
   1.000010000000000
   3.000000000000000
X=
   1.000000000000000
   1.000000000000000
```

3.2.3 解三对角方程组的追赶法

在一些实际问题中，如解常微分方程边值问题、求热传导方程及三次样条插值函数等，都会遇到系数矩阵是三对角矩阵的方程组. 为清楚起见，下面以 $n=4$ 为例来说明解三对角方程组的追赶法的求解过程.

3.2.3.1 三对角方程组

定义 3.1 称形如

$$\begin{pmatrix} b_1 & c_1 & 0 & 0 \\ a_2 & b_2 & c_2 & 0 \\ 0 & a_3 & b_3 & c_3 \\ 0 & 0 & a_4 & b_4 \end{pmatrix}\begin{pmatrix} x_1 \\ x_2 \\ x_3 \\ x_4 \end{pmatrix}=\begin{pmatrix} d_1 \\ d_2 \\ d_3 \\ d_4 \end{pmatrix} \tag{3.10}$$

的方程组为**三对角方程组**.

设方程组（3.10）的系数矩阵

$$\boldsymbol{A}=\begin{pmatrix} b_1 & c_1 & 0 & 0 \\ a_2 & b_2 & c_2 & 0 \\ 0 & a_3 & b_3 & c_3 \\ 0 & 0 & a_4 & b_4 \end{pmatrix}$$

是对角占优的，即

$$\begin{cases} |b_1|>|c_1|, \\ |b_i|>|a_i|+|c_i|, i=2,3, \\ |b_4|>|a_4|. \end{cases} \tag{3.11}$$

3.2.3.2　追赶法的计算公式

（1）消元过程（追的过程）

经过消元，将方程组（3.10）化为

$$\begin{pmatrix} 1 & u_1 & 0 & 0 \\ 0 & 1 & u_2 & 0 \\ 0 & 0 & 1 & u_3 \\ 0 & 0 & 0 & 1 \end{pmatrix}\begin{pmatrix} x_1 \\ x_2 \\ x_3 \\ x_4 \end{pmatrix}=\begin{pmatrix} y_1 \\ y_2 \\ y_3 \\ y_4 \end{pmatrix}, \tag{3.12}$$

其中

$$\begin{cases} u_1=\dfrac{c_1}{b_1}, \\ u_2=\dfrac{c_2}{b_2-u_1a_2}, \\ u_3=\dfrac{c_3}{b_3-u_2a_3}, \end{cases} \quad \begin{cases} y_1=\dfrac{d_1}{b_1}, \\ y_2=\dfrac{d_2-y_1a_2}{b_2-u_1a_2}, \\ y_3=\dfrac{d_3-y_2a_3}{b_3-u_2a_3}, \\ y_4=\dfrac{d_4-y_3a_4}{b_4-u_3a_4}. \end{cases} \tag{3.13}$$

（2）回代过程（赶的过程）

$$\begin{cases} x_4=y_4, \\ x_i=y_i-u_ix_{i+1}, i=3,2,1. \end{cases} \tag{3.14}$$

以上就是解三对角方程组（3.10）的**追赶法**，它分为“追”和“赶”两个过程.

追的过程（消元过程）：按式（3.13）的顺序计算系数 $u_1 \to u_2 \to u_3$ 及 $y_1 \to y_2 \to y_3 \to y_4$.

赶的过程（回代过程）：按式（3.14）的逆序求出解 $x_4 \to x_3 \to x_2 \to x_1$.

注：追赶法计算量不大，数值稳定，在计算机上实现时，只需用 3 个一维数组分别存放方程组（3.10）的系数矩阵 A 的 3 条对角线上的元素 $\{a_i\},\{b_i\},\{c_i\}$，用两组工作单元保存 $\{u_i\},\{y_i\}$.

习题 3.2

1. 用高斯消去法求解下列方程组：

（1）$\begin{pmatrix} 1 & 1 & -1 \\ 2 & -1 & 3 \\ -1 & -2 & 1 \end{pmatrix}\begin{pmatrix} x_1 \\ x_2 \\ x_3 \end{pmatrix}=\begin{pmatrix} 3 \\ 0 \\ -5 \end{pmatrix}$；（2）$\begin{pmatrix} 12 & -3 & 3 & 4 \\ -18 & 3 & -1 & -1 \\ 1 & 1 & 1 & 1 \\ 3 & 1 & -1 & 1 \end{pmatrix}\begin{pmatrix} x_1 \\ x_2 \\ x_3 \\ x_4 \end{pmatrix}=\begin{pmatrix} 15 \\ -15 \\ 6 \\ 2 \end{pmatrix}$.

2. 用高斯列主元消去法求解下列方程组：

（1）$\begin{pmatrix}1&2&3\\0&1&2\\2&4&1\end{pmatrix}\begin{pmatrix}x_1\\x_2\\x_3\end{pmatrix}=\begin{pmatrix}14\\8\\13\end{pmatrix}$；（2）$\begin{pmatrix}12&-3&3&4\\-18&3&-1&-1\\1&1&1&1\\3&1&-1&1\end{pmatrix}\begin{pmatrix}x_1\\x_2\\x_3\\x_4\end{pmatrix}=\begin{pmatrix}15\\-15\\6\\2\end{pmatrix}$.

3. 用追赶法求解下列三对角方程组：

（1）$\begin{cases}2x_1+x_2=3,\\x_1+2x_2-3x_3=-3,\\3x_2-7x_3+4x_4=-10,\\2x_3+5x_4=2;\end{cases}$ （2）$\begin{cases}2x_1-x_2=0,\\-x_1+2x_2-x_3=0,\\-x_2+2x_3-x_4=0,\\-x_3+2x_4=5.\end{cases}$

3.3 矩阵的直接分解法及其在解方程组中的应用

定理 3.1 设 $\boldsymbol{A}$ 为 n 阶方阵，若 $\boldsymbol{A}$ 的顺序主子式 $D_i\neq0\,(i=1,2,\cdots,n-1)$，则 $\boldsymbol{A}$ 可分解为一个单位下三角矩阵 $\boldsymbol{L}$ 和一个上三角矩阵 $\boldsymbol{U}$ 的乘积，即 $\boldsymbol{A}=\boldsymbol{LU}$，且这种分解是唯一的.

若矩阵 $\boldsymbol{A}$ 满足定理的条件，可以直接从矩阵 $\boldsymbol{A}$ 的元素得到计算 L, U 元素的递推公式，而不需要任何中间步骤，这就是所谓的**矩阵 $\boldsymbol{A}$ 的 $\boldsymbol{LU}$ 分解法**. 一旦实现了矩阵 $\boldsymbol{A}$ 的 $\boldsymbol{LU}$ 分解，那么求解方程组 $\boldsymbol{Ax}=\boldsymbol{b}$ 的问题就等价于求解两个三角形方程组：

$\boldsymbol{Ly}=\boldsymbol{b}$，求 $\boldsymbol{y}$；（2）$\boldsymbol{Ux}=\boldsymbol{y}$，求 $\boldsymbol{x}$.

其中，

$$\boldsymbol{L}=\begin{pmatrix}1&&&\\l_{21}&1&&\\\vdots&\vdots&\ddots&\\l_{n1}&l_{n2}&\cdots&1\end{pmatrix},\boldsymbol{U}=\begin{pmatrix}u_{11}&u_{12}&\cdots&u_{1n}\\&u_{22}&\cdots&u_{2n}\\&&\ddots&\vdots\\&&&u_{nn}\end{pmatrix}. \tag{3.15}$$

例 3.4 用 $\boldsymbol{LU}$ 分解法解线性方程组

$$\begin{pmatrix}1&0&2&0\\0&1&0&1\\1&2&4&3\\0&1&0&3\end{pmatrix}\begin{pmatrix}x_1\\x_2\\x_3\\x_4\end{pmatrix}=\begin{pmatrix}5\\3\\17\\7\end{pmatrix}.$$

解 列表（紧凑格式），如表 3.1 所示.

表 3.1

$u_{11}=1$	$u_{12}=0$	$u_{13}=2$	$u_{14}=0$	$y_1=5$	①
$l_{21}=0$	$u_{22}=1$	$u_{23}=0$	$u_{24}=1$	$y_2=3$	③
$l_{31}=1$	$l_{32}=2$	$u_{33}=2$	$u_{34}=1$	$y_3=6$	⑤
$l_{41}=0$	$l_{42}=1$	$l_{43}=0$	$u_{44}=2$	$y_4=4$	⑦
②	④	⑥			

$$u_{11}=a_{11}=1, u_{12}=a_{12}=0, u_{13}=a_{13}=2, u_{14}=a_{14}=0, y_1=b_1=5;$$

$$l_{21}=\frac{a_{21}}{a_{11}}=\frac{0}{1}=0, l_{31}=\frac{a_{31}}{a_{11}}=\frac{1}{1}=1, l_{41}=\frac{a_{41}}{a_{11}}=\frac{0}{1}=0;$$

$$u_{22}=a_{22}-l_{21}\times u_{12}=1-0\times0=1, u_{23}=a_{23}-l_{21}\times u_{13}=0-0\times2=0,$$

$$u_{24}=a_{24}-l_{21}\times u_{14}=1-0\times0=1, y_2=b_2-l_{21}\times b_1=3-0\times5=3;$$

$$l_{32}=\frac{a_{32}-l_{31}\times u_{12}}{u_{22}}=\frac{2-1\times0}{1}=2, l_{42}=\frac{a_{42}-l_{41}\times u_{12}}{u_{22}}=\frac{1-0\times0}{1}=1;$$

$$u_{33}=a_{33}-l_{31}\times u_{13}-l_{32}\times u_{23}=4-1\times2-2\times0=2,$$

$$u_{34}=a_{34}-l_{31}\times u_{14}-l_{32}\times u_{24}=3-1\times0-2\times1=1,$$

$$y_3=b_3-l_{31}\times y_1-l_{32}\times y_2=17-1\times5-2\times3=6;$$

$$l_{43}=\frac{a_{43}-l_{41}\times u_{13}-l_{42}\times u_{23}}{u_{33}}=\frac{0-0\times2-1\times0}{2}=0;$$

$$u_{44}=a_{44}-l_{41}\times u_{14}-l_{42}\times u_{24}-l_{43}\times u_{34}=3-0\times0-1\times1-0\times1=2,$$

$$y_4=b_4-l_{41}\times y_1-l_{42}\times y_2-l_{43}\times y_3=7-0\times5-1\times3-0\times6=4.$$

由表 3.1 可知

$$\boldsymbol{L}=\begin{pmatrix}1&0&0&0\\0&1&0&0\\1&2&1&0\\0&1&0&1\end{pmatrix}, \boldsymbol{U}=\begin{pmatrix}1&0&2&0\\0&1&0&1\\0&0&2&1\\0&0&0&2\end{pmatrix}, \boldsymbol{y}=\begin{pmatrix}5\\3\\6\\4\end{pmatrix},$$

由 $\boldsymbol{Ux}=\boldsymbol{y}$，即

$$\begin{bmatrix}1&0&2&0\\0&1&0&1\\0&0&2&1\\0&0&0&2\end{bmatrix}\begin{bmatrix}x_1\\x_2\\x_3\\x_4\end{bmatrix}=\begin{bmatrix}5\\3\\6\\4\end{bmatrix},$$

可得 $2x_4=4$，于是

$$x_4=2, x_3=6-2\times2=2, x_2=3-1\times2=1, x_1=5-2\times2=1.$$

例 3.5　用 ***LU*** 分解法求解方程组

$$\begin{pmatrix}2&4&2&6\\4&9&6&15\\2&6&9&18\\6&15&18&40\end{pmatrix}\begin{pmatrix}x_1\\x_2\\x_3\\x_4\end{pmatrix}=\begin{pmatrix}9\\23\\22\\47\end{pmatrix}.$$

解　解线性方程组时，用 ***LU*** 分解法得到的 ***L***,***U*** 可以实现矩阵 ***A*** 的三角分解，使 ***A***=***LU***. ***L***,***U*** 应该分别是下三角矩阵和上三角矩阵，这样才利于回代求根. 但是 MATLAB 中的 ***LU*** 分解与解线性方程组时的 ***LU*** 分解不一样. MATLAB 的 ***LU*** 分解命令调用格式为 “[L,U]=lu(A)”. MATLAB 计算出来的 ***L*** 是 “准下三角矩阵”（交换 ***L*** 的行后才能成为真正的下三角矩阵），***U*** 为上三角矩阵，但它们还是满足 ***A***=***LU*** 的.

在 MATLAB 中先录入系数矩阵.

```
>> A=[2 4 2 6;4 9 6 15;2 6 9 18;6 15 18 40]
A =
```

```
     2     4     2     6
     4     9     6    15
     2     6     9    18
     6    15    18    40
>> b=[9 23 22 47]'
b =
     9
    23
    22
    47
```

将 $\boldsymbol{A}$ 做 $\boldsymbol{LU}$ 分解，使用矩阵分解的 $\boldsymbol{LU}$ 命令即可实现.

```
>>[L, D]=lu(A)
L =
    0.3333    1.0000   -0.6667    1.0000
    0.6667    1.0000         0         0
    0.3333   -1.0000    1.0000         0
    1.0000         0         0         0
U =
    6.0000   15.0000   18.0000   40.0000
         0   -1.0000   -6.0000  -11.6667
         0         0   -3.0000   -7.0000
         0         0         0   -0.3333
```

再检验其正确性.

```
>>C=L*U
C =
     2     4     2     6
     4     9     6    15
     2     6     9    18
     6    15    18    40
```

解方程组 $\boldsymbol{Ly}=\boldsymbol{b}$.

```
>>y=L\b
y =
   47.0000
   -8.3333
   -2.0000
    0.3333
```

解方程组 $\boldsymbol{Ux}=\boldsymbol{y}$ 得到方程组的最终解.

```
>>x=U\y
x =
    0. 5000
    2. 0000
    3. 0000
   -1. 0000
```

故方程组的最终解为 $\boldsymbol{x}=(0.5,2,3,-1)^{\mathrm{T}}$.

习题 3.3

1. 下列矩阵能否进行 $\boldsymbol{LU}$ 分解（其中 $\boldsymbol{L}$ 为单位下三角矩阵，$\boldsymbol{U}$ 为上三角矩阵）？若能

分解，分解是否唯一？

$$A=\begin{pmatrix}1&2&3\\2&4&1\\4&6&7\end{pmatrix},B=\begin{pmatrix}1&1&1\\2&2&1\\3&3&1\end{pmatrix},C=\begin{pmatrix}1&2&6\\2&5&15\\6&15&46\end{pmatrix}.$$

2. 用矩阵的 $\boldsymbol{LU}$ 分解法求解方程组 $\begin{pmatrix}1&0&2&0\\0&1&0&1\\1&2&4&3\\0&1&0&3\end{pmatrix}\begin{pmatrix}x_1\\x_2\\x_3\\x_4\end{pmatrix}=\begin{pmatrix}5\\3\\17\\7\end{pmatrix}$.

3. 设 $\boldsymbol{A}$ 为 n 阶非奇异矩阵且有分解式 $\boldsymbol{A}=\boldsymbol{LU}$，其中 $\boldsymbol{L}$ 是单位下三角矩阵，$\boldsymbol{U}$ 为上三角矩阵. 求证：$\boldsymbol{A}$ 的所有顺序主子式均不为零.

3.4　向量的范数和矩阵的范数

1. 向量的范数

定义 3.2　设 n 维向量 $\boldsymbol{x}=(x_1,x_2,\cdots,x_n)^{\mathrm{T}}\in\mathbf{R}^n$，称非负实数 $\|\boldsymbol{x}\|$ 为向量 $\boldsymbol{x}$ 的**范数**，若其满足下列条件.

（1）正性：$\|\boldsymbol{x}\|\geqslant 0$，且 $\|\boldsymbol{x}\|=0 \Leftrightarrow \boldsymbol{x}=\boldsymbol{0}$.

（2）齐次性：对任意实数 k，$\|k\boldsymbol{x}\|=|k|\|\boldsymbol{x}\|$.

（3）三角不等式：对任意 $\boldsymbol{x},\boldsymbol{y}\in\mathbf{R}^n$，有 $\|\boldsymbol{x}+\boldsymbol{y}\|\leqslant\|\boldsymbol{x}\|+\|\boldsymbol{y}\|$.

常用的向量范数：设 n 维向量 $\boldsymbol{x}=(x_1,x_2,\cdots,x_n)^{\mathrm{T}}\in\mathbf{R}^n$，分别称

$$\|\boldsymbol{x}\|_2=\left(\sum\nolimits_{i=1}^{n}x_i^2\right)^{\frac{1}{2}},\|\boldsymbol{x}\|_1=\sum\nolimits_{i=1}^{n}|x_i|,\|\boldsymbol{x}\|_\infty=\max_{1\leqslant i\leqslant n}|x_i| \tag{3.16}$$

为向量 $\boldsymbol{x}$ 的 **2-范数**、**1-范数**、**∞-范数**.

定义 3.3　称范数 $\|\cdot\|_p$ 与 $\|\cdot\|_q$ **等价**，若存在正数 C_1,C_2，使对任意向量，都有

$$C_1\|\cdot\|_q\leqslant\|\cdot\|_p\leqslant C_2\|\cdot\|_q. \tag{3.17}$$

注：（1）范数的等价关系具有传递性；

（2）范数 $\|\cdot\|_2,\|\cdot\|_1,\|\cdot\|_\infty$ 彼此等价；

（3）范数的等价性保证了运用具体范数研究收敛性在理论上的合法性和一般性.

2. 矩阵的范数

定义 3.4　设 n 阶方阵

$$\boldsymbol{A}=\begin{pmatrix}a_{11}&\cdots&a_{1n}\\\vdots&&\vdots\\a_{n1}&\cdots&a_{nn}\end{pmatrix}=\left(a_{ij}\right)_{n\times n}\in\mathbf{R}^{n\times n},$$

称非负实数 $\|\boldsymbol{A}\|$ 为矩阵 $\boldsymbol{A}$ 的**范数**，若其满足下列条件.

（1）正性：$\|\boldsymbol{A}\|\geqslant 0$，且 $\|\boldsymbol{A}\|=0 \Leftrightarrow \boldsymbol{A}=\boldsymbol{O}$.

（2）齐次性：对任意实数 k，$\|k\boldsymbol{A}\|=|k|\|\boldsymbol{A}\|$.

（3）三角不等式：对任意 $\boldsymbol{A},\boldsymbol{B}\in\mathbf{R}^{n\times n}$，有 $\|\boldsymbol{A}+\boldsymbol{B}\|\leqslant\|\boldsymbol{A}\|+\|\boldsymbol{B}\|$.

（4）$\|\boldsymbol{AB}\|\leqslant\|\boldsymbol{A}\|\|\boldsymbol{B}\|$.

常用的矩阵范数：

$$\|\boldsymbol{A}\|_1=\max_{1\leqslant j\leqslant n}\sum_{i=1}^{n}\left|a_{ij}\right| \text{ 为矩阵 } \boldsymbol{A} \text{ 的 1-范数（或列范数）；} \tag{3.18}$$

$$\|\boldsymbol{A}\|_\infty=\max_{1\leqslant i\leqslant n}\sum_{i=1}^{n}\left|a_{ij}\right| \text{ 为矩阵 } \boldsymbol{A} \text{ 的 } \infty\text{-范数（或行范数）；} \tag{3.19}$$

$$\|\boldsymbol{A}\|_E=\left(\sum_{i=1}^{n}\sum_{j=1}^{n}\left|a_{ij}\right|^2\right)^{\frac{1}{2}} \text{ 为矩阵 } \boldsymbol{A} \text{ 的 } E\text{-范数；} \tag{3.20}$$

$$\|\boldsymbol{A}\|_2=\sqrt{\lambda_m} \text{ 是矩阵 } \boldsymbol{A} \text{ 的 2-范数（或谱范数），} \tag{3.21}$$

其中 λ_m 是方阵 $\boldsymbol{A}^{\mathrm{T}}\boldsymbol{A}$ 的最大特征值，即 $\lambda_m=\rho\left(\boldsymbol{A}^{\mathrm{T}}\boldsymbol{A}\right)$ 是 $\boldsymbol{A}^{\mathrm{T}}\boldsymbol{A}$ 的谱半径.

注：（1）矩阵范数 $\|\cdot\|_2,\|\cdot\|_1,\|\cdot\|_\infty,\|\cdot\|_E$ 彼此等价；

（2）设 $\boldsymbol{x}$ 是 n 维向量，$\boldsymbol{A}$ 是 n 阶方阵，则 $\|\boldsymbol{Ax}\|\leqslant\|\boldsymbol{A}\|\|\boldsymbol{x}\|$；

（3）设 $\boldsymbol{M}\in\mathbf{R}^{n\times n}$，则 $\rho(\boldsymbol{M})\leqslant\boldsymbol{M}$.

事实上，设 λ 是 $\boldsymbol{M}$ 的任意一个特征值，$\boldsymbol{x}\neq\boldsymbol{0}$ 是 $\boldsymbol{M}$ 的属于 λ 的特征向量，则有 $\boldsymbol{Mx}=\boldsymbol{\lambda x}$. 若 $\lambda_1,\lambda_2,\cdots,\lambda_n$ 是 $\boldsymbol{M}$ 的所有特征值，则

$$\left.\begin{array}{r}\|\boldsymbol{Mx}\|\leqslant\|\boldsymbol{M}\|\|\boldsymbol{x}\|\\ \|\lambda\boldsymbol{x}\|=|\lambda|\|\boldsymbol{x}\|\\ \|\boldsymbol{Mx}\|=\|\lambda\boldsymbol{x}\|\end{array}\right\}\Rightarrow|\lambda|\leqslant\|\boldsymbol{M}\|\Rightarrow\rho(\boldsymbol{M})=\max_{1\leqslant i\leqslant n}|\lambda_i|\leqslant\|\boldsymbol{M}\|.$$

例 3.6 设 $\boldsymbol{A}=\begin{pmatrix}1&1\\-3&3\end{pmatrix}$，计算 $\boldsymbol{A}$ 的各种范数.

解 $\|\boldsymbol{A}\|_1=\max\{1+|-3|,1+3\}=4;\|\boldsymbol{A}\|_\infty=\max\{1+1,|-3|+3\}=6$；

$$\|\boldsymbol{A}\|_E=\left(1^2+1^2+|-3|^2+3^2\right)^{\frac{1}{2}}=\sqrt{20}=2\sqrt{5}\text{；}$$

$$\boldsymbol{A}^{\mathrm{T}}\boldsymbol{A}=\begin{pmatrix}1&-3\\1&3\end{pmatrix}\begin{pmatrix}1&1\\-3&3\end{pmatrix}=\begin{pmatrix}10&-8\\-8&10\end{pmatrix},$$

$$\left|\boldsymbol{A}^{\mathrm{T}}\boldsymbol{A}-\lambda\boldsymbol{I}\right|=\begin{vmatrix}10-\lambda&-8\\-8&10-\lambda\end{vmatrix}=(\lambda-10)^2-8^2=\lambda^2-20\lambda+36$$
$$=(\lambda-18)(\lambda-2),$$

得 $\boldsymbol{A}^{\mathrm{T}}\boldsymbol{A}$ 的两个特征值 $\lambda_1=18,\lambda_2=2$，

$$\lambda_m=\max\{\lambda_1,\lambda_2\}=\max\{18,2\}=18,$$

故 $\|\boldsymbol{A}\|_2=\sqrt{\lambda_m}=\sqrt{18}=3\sqrt{2}$.

习题 3.4

1. 设 $\boldsymbol{A}=\begin{pmatrix}0.6&0.5\\0.1&0.3\end{pmatrix}$，计算 $\boldsymbol{A}$ 的行范数、列范数、2-范数.

2. 证明：（1）$\|\boldsymbol{x}\|_\infty \leqslant \|\boldsymbol{x}\|_1 \leqslant n\|\boldsymbol{x}\|_\infty$；（2）$\frac{1}{\sqrt{n}}\|\boldsymbol{A}\|_{\mathrm{F}} \leqslant \|\boldsymbol{A}\|_2 \leqslant \|\boldsymbol{A}\|_{\mathrm{F}}$.

3. 设 $\boldsymbol{A} \in \mathbf{R}^{n\times n}$ 为对称正定矩阵，定义 $\|\boldsymbol{x}\|_A = (\boldsymbol{A}\boldsymbol{x}, \boldsymbol{x})^{\frac{1}{2}}$. 证明：$\|\boldsymbol{x}\|_A$ 是 $\mathbf{R}^n$ 上向量的一种.

4. 设 $\boldsymbol{x} \in \mathbf{R}^n$，$\boldsymbol{x} = (x_1, x_2, \cdots, x_n)^{\mathrm{T}}$，证明：$\lim\limits_{p\to\infty} \sqrt[p]{\sum_{i=1}^{n} |x_i|^p} = \max\limits_{1\leqslant i\leqslant n} |x_i| = \|\boldsymbol{x}\|_\infty$.

3.5　迭代法

对于线性方程组 $\boldsymbol{A}\boldsymbol{x} = \boldsymbol{b}$，设 $\boldsymbol{A}$ 为非奇异矩阵，高斯列主元消去法主要适用于 $\boldsymbol{A}$ 为低阶稠密（非零元素多）矩阵时的方程组求解. 而在工程技术和科学研究中所遇到的方程组一般是大型方程组（未知量个数成千上万，甚至更多），且系数矩阵是稀疏的（零元素较多），这时适宜采用迭代法解方程组. 下面介绍**雅克比（Jacobi）迭代法（简单迭代法）和高斯-赛德尔（Gauss-Seidel）迭代法**.

设有线性方程组

$$\begin{cases} a_{11}x_1 + a_{12}x_2 + \cdots + a_{1n}x_n = 0, \\ a_{21}x_1 + a_{22}x_2 + \cdots + a_{2n}x_n = 0, \\ \quad\cdots\cdots \\ a_{n1}x_1 + a_{n2}x_2 + \cdots + a_{nn}x_n = 0, \end{cases} \tag{3.22}$$

且其系数矩阵是非奇异的，并设 $a_{ii} \neq 0, i = 1, 2, \cdots, n$.

为清晰起见，下面以 $n = 3$ 为例来说明雅克比迭代法和高斯-赛德尔迭代法的具体运算过程. 将方程组（3.22）改写成如下形式：

$$\begin{cases} a_{11}x_1 + a_{12}x_2 + a_{13}x_3 = 0, \\ a_{21}x_1 + a_{22}x_2 + a_{23}x_3 = 0, \\ a_{31}x_1 + a_{32}x_2 + a_{33}x_3 = 0 \end{cases} \Rightarrow \begin{cases} x_1 = \dfrac{1}{a_{11}}(-a_{12}x_2 - a_{13}x_3), \\ x_2 = \dfrac{1}{a_{22}}(-a_{21}x_1 - a_{23}x_3), \\ x_3 = \dfrac{1}{a_{33}}(-a_{31}x_1 - a_{32}x_2). \end{cases} \tag{3.23}$$

据此建立的迭代公式

$$\begin{cases} x_1^{(k+1)} = \dfrac{1}{a_{11}}\left[-a_{12}x_2^{(k)} - a_{13}x_3^{(k)}\right], \\ x_2^{(k+1)} = \dfrac{1}{a_{22}}\left[-a_{21}x_1^{(k)} - a_{23}x_3^{(k)}\right], \\ x_3^{(k+1)} = \dfrac{1}{a_{33}}\left[-a_{31}x_1^{(k)} - a_{32}x_2^{(k)}\right], \end{cases} \tag{3.24}$$

称为解方程组（3.24）的**雅克比迭代公式**.

雅克比迭代法的**基本思想**：将线性方程组的求解转化为重复计算一组彼此独立的线性表达式，使问题得到简化.

由方程组（3.23）建立的迭代公式

$$\begin{cases} x_1^{(k+1)} = \dfrac{1}{a_{11}}\left[-a_{12}x_2^{(k)} - a_{13}x_3^{(k)}\right], \\ x_2^{(k+1)} = \dfrac{1}{a_{22}}\left[-a_{21}x_1^{(k+1)} - a_{23}x_3^{(k)}\right], \\ x_3^{(k+1)} = \dfrac{1}{a_{33}}\left[-a_{31}x_1^{(k+1)} - a_{32}x_2^{(k+1)}\right], \end{cases} \tag{3.25}$$

称为解方程组（3.23）的高斯-赛德尔迭代公式.

例 3.7 分别用雅克比迭代法和高斯-赛德尔迭代法解方程组

$$\begin{cases} 10x_1 - x_2 - 2x_3 = 7.2, \\ -x_1 + 10x_2 - 2x_3 = 8.3, \\ -x_1 - x_2 + 5x_3 = 4.2. \end{cases} \tag{3.26}$$

解 从方程组（3.26）中分离出 x_1, x_2, x_3：

$$\begin{cases} x_1 = 0.1x_2 + 0.2x_3 + 0.72, \\ x_2 = 0.1x_1 + 0.2x_3 + 0.83, \\ x_3 = 0.2x_1 + 0.2x_2 + 0.84. \end{cases}$$

据此建立雅克比迭代公式

$$\begin{cases} x_1^{(k+1)} = 0.1x_2^{(k)} + 0.2x_3^{(k)} + 0.72, \\ x_2^{(k+1)} = 0.1x_1^{(k)} + 0.2x_3^{(k)} + 0.83, \\ x_3^{(k+1)} = 0.2x_1^{(k)} + 0.2x_2^{(k)} + 0.84 \end{cases} \tag{3.27}$$

和高斯-赛德尔迭代公式

$$\begin{cases} x_1^{(k+1)} = 0.1x_2^{(k)} + 0.2x_3^{(k)} + 0.72, \\ x_2^{(k+1)} = 0.1x_1^{(k+1)} + 0.2x_3^{(k)} + 0.83, \\ x_3^{(k+1)} = 0.2x_1^{(k+1)} + 0.2x_2^{(k+1)} + 0.84, \end{cases} \tag{3.28}$$

取迭代初始值为 $x_1^{(0)} = x_2^{(0)} = x_3^{(0)} = 0$，利用雅克比迭代公式（3.27），经 9 次迭代，得

$$x_1^{(9)} = 1.099\,94, x_2^{(9)} = 1.199\,94, x_3^{(9)} = 1.299\,92 .$$

利用高斯-赛德尔迭代公式（3.28），经 6 次迭代，得

$$x_1^{(6)} = 1.099\,99, x_2^{(6)} = 1.199\,99, x_3^{(6)} = 1.300\,00 .$$

与精确解 $x_1^* = 1.1, x_2^* = 1.2, x_3^* = 1.3$ 相比，高斯-赛德尔迭代法比雅克比迭代法更快，也更精确.

习题 3.5

1. 用雅可比迭代法求解方程组 $\begin{cases} x_1 + 2x_2 - 2x_3 = 1, \\ x_1 + x_2 + x_3 = 3, \\ 2x_1 + 2x_2 + x_3 = 5, \end{cases}$ 初始向量为 $\boldsymbol{x}^{(0)} = \begin{pmatrix} 0 \\ 0 \\ 0 \end{pmatrix}$.

2. 设有迭代公式 $\boldsymbol{x}^{(k+1)}=\boldsymbol{B}\boldsymbol{x}^{(k)}+\boldsymbol{g},k=0,1,2,\cdots$，其中 $\boldsymbol{B}=\begin{pmatrix}0 & 0.5 & -\dfrac{1}{\sqrt{2}}\\ 0.5 & 0 & 0.5\\ \dfrac{1}{\sqrt{2}} & 0.5 & 0\end{pmatrix}$，$\boldsymbol{g}=\begin{pmatrix}-0.5\\ 1\\ -0.5\end{pmatrix}$，证明该迭代公式收敛，并取 $\boldsymbol{x}^{(0)}=\begin{pmatrix}0\\0\\0\end{pmatrix}$ 计算求解.

3. 给定线性方程组 $\boldsymbol{A}\boldsymbol{x}=\boldsymbol{b}$，其中 $\boldsymbol{A}=\begin{pmatrix}1 & \dfrac{1}{2} & \dfrac{1}{2}\\ \dfrac{1}{2} & 1 & \dfrac{1}{2}\\ \dfrac{1}{2} & \dfrac{1}{2} & 1\end{pmatrix}$，用雅可比迭代法和高斯-塞德尔迭代法判定收敛性?

3.6 迭代法的收敛性

3.6.1 向量序列与矩阵序列的收敛性

定义 3.5 设有 $\mathbf{R}^n$ 中的向量序列 $\left\{\boldsymbol{x}^{(k)}\right\}$，若 $\lim\limits_{k\to\infty}\left\|\boldsymbol{x}^{(k)}-\boldsymbol{x}\right\|=0$，则称向量序列 $\left\{\boldsymbol{x}^{(k)}\right\}$ 收敛于 $\mathbf{R}^n$ 中的向量 $\boldsymbol{x}$，记作 $\lim\limits_{k\to\infty}\boldsymbol{x}^{(k)}=\boldsymbol{x}$.

定义 3.6 设有 $\mathbf{R}^{n\times n}$ 中的矩阵序列 $\left\{\boldsymbol{A}^{(k)}\right\}$，若 $\lim\limits_{k\to\infty}\left\|\boldsymbol{A}^{(k)}-\boldsymbol{A}\right\|=0$，则称矩阵序列 $\left\{\boldsymbol{A}^{(k)}\right\}$ 收敛于 $\mathbf{R}^n$ 中的向量 $\boldsymbol{A}$，记作 $\lim\limits_{k\to\infty}\boldsymbol{A}^{(k)}=\boldsymbol{A}$.

注:（1）设 $\boldsymbol{x}^{(k)}=\left(x_1^{(k)},x_2^{(k)},\cdots,x_n^{(k)}\right)\in\mathbf{R}^n$，$\boldsymbol{x}=(x_1,x_2,\cdots,x_n)\in\mathbf{R}^n,k=1,2,\cdots$，则 $\lim\limits_{k\to\infty}\boldsymbol{x}^{(k)}=\boldsymbol{x}\Leftrightarrow\lim\limits_{k\to\infty}x_j^{(k)}=x_j,j=1,2,\cdots,n$.

（2）设 $\boldsymbol{A}^{(k)}=(a_{ij}^{(k)})_{n\times n}\in\mathbf{R}^{n\times n},\boldsymbol{A}=(a_{ij})_{n\times n}\in\mathbf{R}^{n\times n},k=1,2,\cdots$，则

$$\lim_{k\to\infty}\boldsymbol{A}^{(k)}=\boldsymbol{A}\Leftrightarrow\lim_{k\to\infty}a_{ij}^{(k)}=a_{ij},i,j=1,2,\cdots,n.$$

3.6.2 迭代收敛的判别条件

设 n 元线性方程组 $\boldsymbol{A}\boldsymbol{x}=\boldsymbol{b}$，其精确解为 $\boldsymbol{x}^*$，将方程组改写成

$$\boldsymbol{x}=\boldsymbol{M}\boldsymbol{x}+\boldsymbol{d} \tag{3.29}$$

的形式，据此可建立迭代公式

$$\boldsymbol{x}^{(k+1)} = \boldsymbol{M}\boldsymbol{x}^{(k)} + \boldsymbol{d}\ （其中 \boldsymbol{M} 是迭代矩阵）. \tag{3.30}$$

定理 3.2 迭代公式（3.30）对任意初始值 $\boldsymbol{x}^{(0)}$ 都收敛到 $\boldsymbol{x}^*$ ⇔ $\rho(\boldsymbol{M})<1$.

定理 3.3 若迭代矩阵 $\boldsymbol{M}$ 的某种范数 $\|\boldsymbol{M}\| = q < 1$，则迭代公式（3.30）对任意初始值 $\boldsymbol{x}^{(0)}$ 都收敛到 $\boldsymbol{x}^*$，且

（1）$$\left\|\boldsymbol{x}^{(k)} - \boldsymbol{x}^*\right\| \leqslant \frac{q}{1-q}\left\|\boldsymbol{x}^{(k)} - \boldsymbol{x}^{(k-1)}\right\|; \tag{3.31}$$

（2）$$\left\|\boldsymbol{x}^{(k)} - \boldsymbol{x}^*\right\| \leqslant \frac{q^k}{1-q}\left\|\boldsymbol{x}^{(1)} - \boldsymbol{x}^{(0)}\right\|. \tag{3.32}$$

证明 因为 $\rho(\boldsymbol{M}) \leqslant \|\boldsymbol{M}\| < 1$，所以由定理 3.2 知，迭代公式（3.30）对任意初始值 $\boldsymbol{x}^{(0)}$ 都收敛到 $\boldsymbol{x}^*$.

（1）因为 $\boldsymbol{x}^{(k)} - \boldsymbol{x}^* = \left[\boldsymbol{M}\boldsymbol{x}^{(k-1)} + \boldsymbol{d}\right] - \left(\boldsymbol{M}\boldsymbol{x}^* + \boldsymbol{d}\right) = \boldsymbol{M}\left[\boldsymbol{x}^{(k-1)} - \boldsymbol{x}^*\right]$，所以

$$\begin{aligned}
\left\|\boldsymbol{x}^{(k)} - \boldsymbol{x}^*\right\| &= \left\|\boldsymbol{M}\left[\boldsymbol{x}^{(k-1)} - \boldsymbol{x}^*\right]\right\| \leqslant \|\boldsymbol{M}\|\left\|\boldsymbol{x}^{(k-1)} - \boldsymbol{x}^*\right\| = q\left\|\boldsymbol{x}^{(k-1)} - \boldsymbol{x}^*\right\| \\
&= q\left\|-\left[\boldsymbol{x}^{(k)} - \boldsymbol{x}^{(k-1)}\right] + \left[\boldsymbol{x}^{(k)} - \boldsymbol{x}^*\right]\right\| \\
&\leqslant q\left\|\boldsymbol{x}^{(k)} - \boldsymbol{x}^{(k-1)}\right\| + q\left\|\boldsymbol{x}^{(k)} - \boldsymbol{x}^*\right\|,
\end{aligned}$$

由此得 $\left\|\boldsymbol{x}^{(k)} - \boldsymbol{x}^*\right\| \leqslant \dfrac{q}{1-q}\left\|\boldsymbol{x}^{(k)} - \boldsymbol{x}^{(k-1)}\right\|$.

（2）因为 $\left\|\boldsymbol{x}^{(k)} - \boldsymbol{x}^*\right\| \leqslant \dfrac{q}{1-q}\left\|\boldsymbol{x}^{(k)} - \boldsymbol{x}^{(k-1)}\right\|$，而

$$\begin{aligned}
\left\|\boldsymbol{x}^{(k)} - \boldsymbol{x}^{(k-1)}\right\| &= \left\|\left[\boldsymbol{M}\boldsymbol{x}^{(k-1)} + \boldsymbol{d}\right] - \left[\boldsymbol{M}\boldsymbol{x}^{(k-2)} + \boldsymbol{d}\right]\right\| = \left\|\boldsymbol{M}\left[\boldsymbol{x}^{(k-1)} - \boldsymbol{x}^{(k-2)}\right]\right\| \\
&\leqslant \cdots \leqslant \|\boldsymbol{M}\|^{k-1}\left\|\boldsymbol{x}^{(1)} - \boldsymbol{x}^{(0)}\right\| = q^{k-1}\left\|\boldsymbol{x}^{(1)} - \boldsymbol{x}^{(0)}\right\|,
\end{aligned}$$

所以 $\left\|\boldsymbol{x}^{(k)} - \boldsymbol{x}^*\right\| \leqslant \dfrac{q^k}{1-q}\left\|\boldsymbol{x}^{(1)} - \boldsymbol{x}^{(0)}\right\|$. 证毕！

注：（1）若迭代公式（3.30）收敛，则当允许误差为 ε 时，由 $\left\|\boldsymbol{x}^{(k)} - \boldsymbol{x}^*\right\| < \varepsilon$ 及式（3.31）知，只需

$$\left\|\boldsymbol{x}^{(k)} - \boldsymbol{x}^{(k-1)}\right\| < \frac{1-q}{q}\varepsilon, \tag{3.33}$$

迭代就可以停止；否则继续迭代，并称这种估计为**事后估计**.

（2）由 $\dfrac{q^k}{1-q}\left\|\boldsymbol{x}^{(1)} - \boldsymbol{x}^{(0)}\right\| < \varepsilon$ 解得

$$k > \frac{\ln \dfrac{\varepsilon(1-q)}{\left\|\boldsymbol{x}^{(1)} - \boldsymbol{x}^{(0)}\right\|}}{\ln q}, \tag{3.34}$$

得满足误差 ε 条件下的迭代步数，并称这种估计为**事前估计**.

例 3.8 用雅可比迭代法及高斯-赛德尔迭代法解方程组

$$\begin{cases}5x_1+2x_2+x_3=-12,\\-x_1+4x_2+2x_3=20,\\2x_1-3x_2+10x_3=3,\end{cases}\tag{3.35}$$

取 $\boldsymbol{x}^{(0)}=(0,0,0)^{\mathrm{T}}$，问用两种迭代法是否收敛？若收敛，需要迭代多少次，才能保证 $\left\|\boldsymbol{x}^{(k)}-\boldsymbol{x}^*\right\|_\infty<10^{-4}=\varepsilon$？

解　方程组的系数矩阵为 $\boldsymbol{A}=\begin{pmatrix}5&2&1\\-1&4&2\\2&-3&10\end{pmatrix}$，雅可比迭代矩阵为

$$\boldsymbol{M}=\boldsymbol{I}-\boldsymbol{D}^{-1}\boldsymbol{A}=\begin{pmatrix}1&0&0\\0&1&0\\0&0&1\end{pmatrix}-\begin{pmatrix}5&0&0\\0&4&0\\0&0&10\end{pmatrix}^{-1}\begin{pmatrix}5&2&1\\-1&4&2\\2&-3&10\end{pmatrix}=\begin{pmatrix}0&-\dfrac{2}{5}&-\dfrac{1}{5}\\\dfrac{1}{4}&0&-\dfrac{1}{2}\\-\dfrac{1}{5}&\dfrac{3}{10}&0\end{pmatrix},$$

因为 $\|\boldsymbol{M}\|_\infty=\left|\dfrac{1}{4}\right|+|0|+\left|-\dfrac{1}{2}\right|=\dfrac{3}{4}=q<1$，所以由定理 3.2 知，用雅可比迭代法解方程组（3.35）收敛.

用雅可比迭代法迭代一次得 $\boldsymbol{x}^{(1)}=\left(-\dfrac{12}{5},5,\dfrac{3}{10}\right)^{\mathrm{T}}$，

$$\left\|\boldsymbol{x}^{(1)}-\boldsymbol{x}^{(0)}\right\|_\infty=\max\left\{\left|-\frac{12}{5}-0\right|,|5-0|,\left|\frac{3}{10}-0\right|\right\}=5,$$

$$k>\frac{\ln\dfrac{\varepsilon(1-q)}{\left\|\boldsymbol{x}^{(1)}-\boldsymbol{x}^{(0)}\right\|}}{\ln q}=\frac{\ln\dfrac{10^{-4}\left(1-\dfrac{3}{4}\right)}{5}}{\ln\dfrac{3}{4}}\approx 42.43,$$

故需要迭代 43 次.

高斯-赛德尔迭代矩阵为

$$\boldsymbol{M}=-(\boldsymbol{D}+\boldsymbol{L})^{-1}\boldsymbol{U}=\begin{pmatrix}5&0&0\\-1&4&0\\2&-3&10\end{pmatrix}^{-1}\begin{pmatrix}0&2&1\\0&0&2\\0&0&0\end{pmatrix}=\begin{pmatrix}0&-\dfrac{2}{5}&-\dfrac{1}{5}\\0&-\dfrac{1}{10}&-\dfrac{11}{20}\\0&\dfrac{1}{20}&-\dfrac{1}{8}\end{pmatrix},$$

因为 $\|\boldsymbol{M}\|_\infty=|0|+\left|-\dfrac{1}{10}\right|+\left|-\dfrac{11}{20}\right|=\dfrac{13}{20}=q<1$，所以由定理 3.2 知，用高斯-赛德尔迭代法解方程组（3.35）收敛.

用高斯-赛德尔迭代法迭代一次得 $\boldsymbol{x}^{(1)}=(-2.4,4.4,2.13)^{\mathrm{T}}$，

$$\left\|\boldsymbol{x}^{(1)}-\boldsymbol{x}^{(0)}\right\|_\infty=\max\{|-2.4-0|,|4.4-0|,|2.13-0|\}=4.4,$$

$$k > \frac{\ln \dfrac{\varepsilon(1-q)}{\left\|x^{(1)} - x^{(0)}\right\|}}{\ln q} = \frac{\ln \dfrac{10^{-4}\left(1-\dfrac{13}{20}\right)}{5}}{\ln \dfrac{13}{20}} \approx 27.26,$$

故需要迭代 28 次.

例 3.9 设 $A = \begin{pmatrix} -2 & 1 & 0 \\ 1 & -2 & 1 \\ 0 & 1 & -2 \end{pmatrix}$，试求 $\|A\|_1, \|x\|_\infty, \|A\|_2, \rho(A)$.

解 在 MATLAB 中先输入矩阵 A.

```
>>A=[-2 1 0;1 -2 1;0 1 -2]
```

求 A 的 1-范数（列和范数）.

```
>>norm_1=norm(A, 1)
norm_1 = 4
```

求解 A 的无穷大范数（行和范数）.

```
>>norm_inf=norm(A, inf)
norm_inf = 4
```

求 A 的 2-范数（ $A^{\mathrm{T}}A$ 的最大特征值）.

```
>>norm_2=norm(A, 2)
norm_2 = 3. 4142
```

还可以求解 A 的 F-范数.

```
>>norm_F=norm(A, 'fro')
norm_F = 4
```

谱半径可以按其定义进行计算：对其特征值的绝对值取最大值即可.

```
>>R_A=max(abs(eig(A)))
R_A = 3. 4142
```

例 3.10 用雅可比迭代法解方程组

$$\begin{cases} 10x_1 - 2x_2 - x_3 = 3, \\ -2x_1 + 10x_2 - x_3 = 15, \\ -x_1 - 2x_2 + 5x_3 = 10. \end{cases}$$

解 编写 MATLAB 程序如下.

```
%用雅可比迭代法求解例 3.10
% A 为方程组的增广矩阵
clc;
A=[10 -2 -1 3;-2 10 -1 15;-1 -2 5 10]
MAXTIME=50;%最多进行 50 次迭代
eps=1e-5;%迭代误差
[n, m]=size(A);
 x=zeros(n, 1);%迭代初始值
 y=zeros(n, 1);
 k=0;
 %进入迭代计算
 disp('迭代过程 X 的值情况如下:')
 disp('X=');
```

```
while 1
    disp(x');
  for i=1:1:n
        s=0. 0;
      for j=1:1:n
          if j~=i
           s=s+A(i, j)*x(j);
          end
           y(i)=(A(i, n+1)-s)/A(i, i);
      end
  end
  for i=1:1:n
        maxeps=max(0, abs(x(i)-y(i))); %检查是否满足迭代精度要求
  end
  if maxeps<=eps%小于迭代精度退出迭代
        for i=1:1:n
              x(i)=y(i);%将结果赋给 x
        end
        return;
  end
  for i=1:1:n%若不满足迭代精度要求继续进行迭代
        x(i)=y(i);
        y(i)=0. 0;
  end
  k=k+1;
  if k>MAXTIME%超过最大迭代次数退出
        error('超过最大迭代次数，退出');
        return;
  end
end
```

运行该程序，结果如下.

```
A =
   10   -2   -1    3
   -2   10   -1   15
   -1   -2    5   10
```

迭代过程 X 的值情况如下:

```
X=
     0            0            0
   0. 3000    1. 5000    2. 0000
   0. 8000    1. 7600    2. 6600
   0. 9180    1. 9260    2. 8640
   0. 9716    1. 9700    2. 9540
   0. 9894    1. 9897    2. 9823
   0. 9962    1. 9961    2. 9938
   0. 9986    1. 9986    2. 9977
   0. 9995    1. 9995    2. 9992
   0. 9998    1. 9998    2. 9997
   0. 9999    1. 9999    2. 9999
   1. 0000    2. 0000    3. 0000
   1. 0000    2. 0000    3. 0000
```

容易看出迭代计算最后的结果为 $\boldsymbol{x}=(1,2,3)^{\mathrm{T}}$.

例 3.11 用高斯-赛德尔迭代法解方程组 $\begin{cases}10x_1-2x_2-x_3=3,\\-2x_1+10x_2-x_3=15,\\-x_1-2x_2+5x_3=10,\end{cases}$ 并与例 3.10 做比较.

解 编写 MATLAB 程序如下.

```
%Gauss_Seidel. m
%用高斯-赛德尔迭代法求解例 3.11
% A 为方程组的增广矩阵
clc;
format long;
A=[10 -2 -1 3;-2 10 -1 15;-1 -2 5 10]
[n, m]=size(A);
%最多进行 50 次迭代
Maxtime=50;
%控制误差
Eps=10E-5;
%迭代初始值
x=zeros(1, n);
disp('x=');
%迭代次数小于最大迭代次数，进入迭代
for k=1:Maxtime
     disp(x);
     for i=1:n
          s=0.0;
          for j=1:n
               if i~=j
                s=s+A(i, j)*x(j);%计算和
               end
          end
          x(i)=(A(i, n+1)-s)/A(i, i);%求出此时迭代的值
     end
%因为方程的精确解为整数，所以这里将迭代结果向整数靠近的误差作为判断迭代是否停止的条件
     if sum((x-floor(x)).^2)<Eps
          break;
     end;
end;
X=x;
disp('迭代结果:');
X
format short;
```

完成后直接在 MATLAB 命令窗口中输入"Gauss_Seidel"，按回车键后可得到如下结果.

```
>>Gauss_Seidel
A =
    10   -2   -1    3
    -2   10   -1   15
    -1   -2    5   10
x=
     0                   0                   0
   0.300000000000000   1.560000000000000   2.684000000000000
   0.880400000000000   1.944480000000000   2.953872000000000
```

```
    0.984283200000000   1.992243840000000   2.993754176000000
    0.997824185600000   1.998940254720000   2.999140939008000
    0.999702144844800   1.999854522869760   2.999882238116864
    0.999959128385638   1.999980049488814   2.999983845472654
    0.999994394445028   1.999997263436271   2.999997784263514
    0.999999231113606   1.999999624649072   2.999999696082350
    0.999999894538049   1.999999948515845   2.999999958313948
    0.999999985534564   1.999999992938308   2.999999994282236
    0.999999998015885   1.999999999031401   2.999999999215737
    0.999999999727854   1.999999999867145   2.999999999892429
    0.999999999962672   1.999999999981778   2.999999999985246
    0.999999999994880   1.999999999997501   2.999999999997976
    0.999999999999298   1.999999999999657   2.999999999999722
    0.999999999999904   1.999999999999953   2.999999999999962
    0.999999999999987   1.999999999999994   2.999999999999995
    0.999999999999998   1.999999999999999   2.999999999999999
    1.000000000000000   2.000000000000000   3.000000000000000
迭代结果:
X = 1     2     3
```

可见对此方程组，用高斯-赛德尔迭代法求解比用雅可比迭代法求解收敛速度更快.

定理 3.4　设有线性方程组 $\boldsymbol{Ax}=\boldsymbol{b}$，若 $\boldsymbol{A}$ 为严格对角占优矩阵，则解方程组 $\boldsymbol{Ax}=\boldsymbol{b}$ 的雅可比迭代法与高斯-赛德尔迭代法都收敛.

习题 3.6

1. 设有方程组 $\begin{cases}5x_1+2x_2+x_3=-12,\\ -x_1+4x_2+2x_3=20,\\ 2x_1-3x_2+10x_3=3.\end{cases}$

（1）考察用雅可比迭代法、高斯-赛德尔迭代法解此方程组的收敛性.

（2）分别用雅可比迭代法和高斯-赛德尔迭代法解此方程组，要求当 $\left\|\boldsymbol{x}^{(k+1)}-\boldsymbol{x}^{(k)}\right\|_\infty<10^{-4}$ 时迭代终止.

2. 设 $\boldsymbol{A}=\begin{pmatrix}0&0\\2&0\end{pmatrix}$，证明：即使 $\|\boldsymbol{A}\|_1=\|\boldsymbol{A}\|_\infty>1$，级数 $\boldsymbol{I}+\boldsymbol{A}+\boldsymbol{A}^2+\cdots+\boldsymbol{A}^k+\cdots$ 也收敛.

3. 证明：矩阵 $\boldsymbol{A}=\begin{pmatrix}1&a&a\\a&1&a\\a&a&1\end{pmatrix}$ 对于 $-\dfrac{1}{2}<a<1$ 是正定的，而雅克比迭代法只对 $-\dfrac{1}{2}<a<\dfrac{1}{2}$ 是收敛的.

本章参考答案

第 4 章　数值积分与数值微分

4.1　引言

在高等数学中我们学习到，若函数 $f(x)$ 在区间 $[a,b]$ 上连续且原函数为 $F(x)$，由牛顿-莱布尼茨（Newton-Leibniz）公式 $\int_a^b f(x)\mathrm{d}x = F(b) - F(a)$，可求出函数 $f(x)$ 在区间 $[a,b]$ 上的积分. 但是实际使用中这种求积分的方法往往有困难. 因为：（1）上述公式中的被积函数 $f(x)$ 的原函数不一定都能用初等函数表达，如 $\mathrm{e}^x \sin x$，e^{-x^2}，$\frac{\sin x}{x}$ 等；（2）函数 $f(x)$ 的导数值或者原函数虽然能够求出来，但是函数形式过于复杂；（3）当函数 $f(x)$ 是通过测量或者数值计算给出的一张数据表时，牛顿-莱布尼茨公式也不能直接运用. 因此，利用求导公式、求导法则和原函数来求一个函数的积分有其局限性. 于是，研究数值计算方法——数值积分和数值微分具有重要的理论和实际意义.

4.2　数值积分的基本概念

4.2.1　数值求积公式

定义 4.1　设 $x_0, x_1, \cdots, x_n \in [a,b]$，函数 $f(x)$ 在 $[a,b]$ 上可积，对给定的权函数 $\rho(x) > 0$ $(x \in [a,b])$，称

$$\int_a^b \rho(x) f(x)\mathrm{d}x \approx \sum_{i=0}^{n} A_i f(x_i) \tag{4.1}$$

为**数值求积公式**，简称**求积公式**. 称

$$R(f) = \int_a^b \rho(x) f(x)\mathrm{d}x - \sum_{i=0}^{n} A_i f(x_i) \tag{4.2}$$

为求积公式（4.1）的**余项**，或**误差**. x_i 及 A_i（$i = 0,1,\cdots,n$）分别称为求积公式（4.1）的**求积节点及求积系数**. 这里求积系数 A_i（$i = 0,1,\cdots,n$）只与权函数 $\rho(x)$ 及积分区间 $[a,b]$ 有关，与 $f(x)$ 无关.

数值求积公式直接利用某些节点处的函数值计算积分值，而将求积分的问题转化为函数值的计算，从而避免了利用牛顿-莱布尼茨公式寻求原函数存在困难的问题. 想要用好求积公式，有 3 个问题需要解决：（1）衡量求积公式“好”与“坏”的标准；（2）如何构造求积公式；（3）误差的估计.

4.2.2 代数精度

定义 4.2 如果当 $f(x)=x^k\ (k=0,1,\cdots,m)$ 时，求积公式（4.1）精确成立；而当 $f(x)=x^{m+1}$ 时，求积公式（4.1）不精确成立，那么称求积公式（4.1）具有 m 次**代数精度**.

因为 k 次多项式的一般形式是 $a_0+a_1x+a_2x^2+\cdots+a_kx^k$，所以由定积分的线性性质知，定义 4.2 中的“$f(x)=x^k\ (k=0,1,\cdots,m)$”与“$f(x)$ 是次数不超过 m 的多项式”是等价的.

事实上，由最佳一致逼近理论知，用 m 次代数多项式 $p_m(x)$ 近似 $f(x)$，m 越大，近似程度越好，即 $\Delta(p_m)=\max\limits_{a\leqslant x\leqslant b}|f(x)-p_m(x)|$ 越小. 当求积公式（4.1）具有 m 次代数精度时，有 $\int_a^b\rho(x)p_m(x)\mathrm{d}x=\sum\limits_{i=0}^{n}A_ip_m(x_i)$，考察求积公式（4.1）的余项的绝对值，有

$$\begin{aligned}|R(f)|=|I(f)-I_n(f)|&=\left|\int_a^b\rho(x)f(x)\mathrm{d}x-\sum_{i=0}^{n}A_if(x_i)\right|\\&=\left|\int_a^b\rho(x)[f(x)-p_m(x)]\mathrm{d}x+\int_a^b\rho(x)p_m(x)\mathrm{d}x-\sum_{i=0}^{n}A_if(x_i)\right|\\&=\left|\int_a^b\rho(x)[f(x)-p_m(x)]\mathrm{d}x+\sum_{i=0}^{n}A_ip_m(x_i)-\sum_{i=0}^{n}A_if(x_i)\right|\\&=\left|\int_a^b\rho(x)[f(x)-p_m(x)]\mathrm{d}x-\sum_{i=0}^{n}A_i[f(x_i)-p_m(x_i)]\right|\\&\leqslant\int_a^b\rho(x)|f(x)-p_m(x)|\mathrm{d}x+\sum_{i=0}^{n}|A_i||f(x_i)-p_m(x_i)|\\&\leqslant\int_a^b\rho(x)\Delta(p_m)\mathrm{d}x+\sum_{i=0}^{n}|A_i|\Delta(p_m),\end{aligned}$$

由上式可以看出，m 越大，求积公式（4.1）的误差的绝对值 $|R(f)|$ 越小，因此，我们可以用代数精度来衡量求积公式的精确性，于是解决了上述第一个问题.

4.2.3 插值型的求积公式

定义 4.3 设 $p_n(x)$ 是 $f(x)$ 关于节点 $x_0,x_1,\cdots,x_n$ 的 n 次拉格朗日插值多项式，即 $p_n(x)=\sum\limits_{i=0}^{n}l_i(x)f(x_i)$，其中 $l_i(x)=\prod\limits_{j=0,j\neq i}^{n}\dfrac{x-x_j}{x_i-x_j}(i=0,1,2,\cdots,n)$ 是拉格朗日插值基函数，则称

$$\int_a^b\rho(x)f(x)\mathrm{d}x\approx\int_a^b\rho(x)p_n(x)\mathrm{d}x=\sum_{i=0}^{n}A_if(x_i)\tag{4.3}$$

为**插值型求积公式**. 其中

$$A_i=\int_a^b\rho(x)l_i(x)\mathrm{d}x,i=0,1,\cdots,n.\tag{4.4}$$

定理 4.1 形如式（4.1）的求积公式至少具有 n 次代数精度的充要条件为它是插值型求

积公式.

证明 必要性. 设形如式（4.1）的求积公式是插值型求积公式，下面证明其至少具有 n 次代数精度.

由假设，有 $\int_a^b \rho(x) f(x) \mathrm{d}x \approx \sum_{i=0}^n A_i f(x_i) = \int_a^b \rho(x) p_n(x) \mathrm{d}x$，其中 $A_i = \int_a^b \rho(x) l_i(x) \mathrm{d}x, i = 0,1,\cdots,n. f(x) = p_n(x) + r_n(x)$，于是

$$\int_a^b \rho(x) f(x) \mathrm{d}x = \int_a^b \rho(x) \sum_{i=0}^n l_i(x) f(x_i) \mathrm{d}x + \int_a^b \rho(x) r_n(x) \mathrm{d}x,$$

则

$$\int_a^b \rho(x) f(x) \mathrm{d}x = \sum_{i=0}^n A_i f(x_i) + \int_a^b \rho(x) r_n(x) \mathrm{d}x.$$

设 $f(x)$ 是次数不超过 n 的多项式，则 $f(x) \equiv p_n(x)$. 这意味着 $r_n(x) \equiv 0$，于是 $\int_a^b \rho(x) r_n(x) \mathrm{d}x = 0$. 从而 $\int_a^b \rho(x) f(x) \mathrm{d}x = \sum_{i=0}^n A_i f(x_i)$. 故形如式（4.1）的求积公式至少具有 n 次代数精度.

充分性. 设形如式（4.1）的求积公式至少具有 n 次代数精度. 因为拉格朗日插值基函数 $l_j(x) \in P_n, j = 0,1,\cdots,n,$ 所以

$$\int_a^b \rho(x) l_j(x) \mathrm{d}x = \sum_{i=0}^n A_i l_j(x_i) = A_j, j = 0,1,\cdots,n.$$

故求积公式（4.1）是插值型求积公式.

例 4.1 试确定求积公式

$$\int_0^h f(x) \mathrm{d}x \approx A_0 f(0) + A_1 f(h) + A_2 f'(0), \tag{4.5}$$

使其具有尽可能高的代数精度.

解 式（4.5）有 3 个待定参数 A_0, A_1, A_2，将 $f(x) = 1, x, x^2$ 代入式（4.5），得

$$h = A_0 + A_1, \frac{h^2}{2} = A_1 h + A_2, \frac{h^3}{3} = A_1 h^2,$$

解得 $A_0 = \frac{2}{3}h, A_1 = \frac{h}{3}, A_2 = \frac{h^2}{6}$. 于是式（4.5）变为

$$\int_0^h f(x) \mathrm{d}x \approx \frac{h}{6}\left[4f(0) + 2f(h) + hf'(0)\right]. \tag{4.6}$$

直接验证，当 $f(x) = x^3$ 时，式（4.6）的左边=$\frac{1}{4}h^4$，右边=$\frac{1}{3}h^4$. 故求积公式（4.6）的最高代数精度 $d = 2$.

习题 4.2

1. 确定下列求积公式中的待定参数，使代数精度尽量高，并指明所构造出的求积公式

所具有的代数精度.

（1）$\int_{-2h}^{2h} f(x)\mathrm{d}x \approx A_{-1}f(-h) + A_0 f(0) + A_1 f(h)$.

（2）$\int_{-h}^{h} f(x)\mathrm{d}x \approx A_1 f(-h) + A_0 f(0) + A_1 f(h)$.

2. 求近似公式 $\int_0^1 f(x)\mathrm{d}x \approx \frac{1}{3}\left[2f\left(\frac{1}{4}\right) - f\left(\frac{1}{2}\right) + 2f\left(\frac{3}{4}\right)\right]$ 的代数精度.

3. 确定 $\int_0^2 f(x)\mathrm{d}x \approx f(x_1) + f(x_2)$ 的插值节点及求积系数，使其具有尽可能高的代数精度.

4.3　等距插值节点的求积公式

4.3.1　牛顿-柯特斯公式

定义 4.4　设 $[a,b]$ 是一个有限区间，$x_i = x_0 + ih\,(i = 0,1,\cdots,n)$，其中 $h = \frac{b-a}{n}$，权函数 $\rho(x) \equiv 1$. 称等距插值节点的插值型求积公式

$$\int_a^b f(x)\mathrm{d}x \approx (b-a)\sum_{i=0}^{n} C_i^{(n)} f(x_i) \tag{4.7}$$

为 n 阶牛顿-柯特斯（**Newton-Cotes**）公式. 其中

$$C_i^{(n)} = \frac{(-1)^{n-i}}{i!(n-i)!n}\int_0^n \prod_{j=0, j\neq i}^{n} (t-j)\mathrm{d}t, i = 0,1,\cdots,n \tag{4.8}$$

称为**柯特斯系数**.

事实上，因为式（4.7）是插值型求积公式，所以它可以写成

$$\int_a^b f(x)\mathrm{d}x \approx \sum_{i=0}^{n} A_i f(x_i),$$

且其求积系数为

$$A_i = \int_a^b l_i(x)\mathrm{d}x = \int_a^b \frac{\omega(x)}{(x-x_i)\omega'(x_i)}\mathrm{d}x, i = 0,1,\cdots,n.$$

令 $x = a + th$，则

$$\omega(x) = h^{n+1}t(t-1)\cdots(t-n), \omega'(x_i) = (-1)^{n-i}\, i!(n-i)!h^n,$$

于是

$$\begin{aligned} A_i &= \frac{(-1)^{n-i}h}{i!(n-i)!}\int_0^n t(t-1)\cdots(t-i+1)(t-i-1)\cdots(t-n)\mathrm{d}t \\ &= (b-a)\frac{(-1)^{n-i}}{i!(n-i)!n}\int_0^n \prod_{j=0, j\neq i}^{n}(t-j)\mathrm{d}t. \end{aligned}$$

记 $A_i = (b-a)C_i^{(n)}, i = 0,1,\cdots,n$，得牛顿-柯特斯公式（4.7）及相应的柯特斯系数公式（4.8）.

4.3.2 几种常用的牛顿-柯特斯公式

称 2 个插值节点的牛顿-柯特斯公式

$$\int_a^b f(x)\mathrm{d}x \approx \frac{b-a}{2}\left[f(a)+f(b)\right] \tag{4.9}$$

为**梯形公式**，相应的柯特斯系数为 $C_0^{(1)}=C_1^{(1)}=\frac{1}{2}$，并记 $T=\frac{b-a}{2}\left[f(a)+f(b)\right]$，直接验算知，梯形公式具有 1 次代数精度.

称 3 个插值节点的牛顿-柯特斯公式

$$\int_a^b f(x)\mathrm{d}x \approx \frac{b-a}{6}\left[f(a)+4f(c)+f(b)\right], c=\frac{a+b}{2} \tag{4.10}$$

为**辛普森公式**，相应的柯特斯系数为 $C_0^{(2)}=\frac{1}{6},C_1^{(2)}=\frac{2}{3},C_2^{(2)}=\frac{1}{6}$，并记

$$S=\frac{b-a}{6}\left[f(a)+4f(c)+f(b)\right].$$

直接验算知，辛普森公式具有 3 次代数精度.

称 4 个插值节点的牛顿-柯特斯公式

$$\int_a^b f(x)\mathrm{d}x \approx \frac{b-\alpha}{90}\left[7f(x_0)+32f(x_1)+12f(x_2)+32f(x_3)+7f(x_4)\right] \tag{4.11}$$

为**柯特斯公式**，其中 $x_i=\alpha+ih, h=\frac{b-\alpha}{4}, i=0,1,2,3,4$．相应的柯特斯系数为

$$C_0^{(4)}=\frac{7}{90},C_1^{(4)}=\frac{16}{45},C_2^{(4)}=\frac{2}{15},C_3^{(4)}=\frac{16}{45},C_4^{(4)}=\frac{7}{90},$$

并记

$$C=\frac{b-\alpha}{90}\left[7f(x_0)+32f(x_1)+12f(x_2)+32f(x_3)+7f(x_4)\right].$$

直接验算知，柯特斯公式具有 4 次代数精度.

定理 4.2 当 n 是偶数时，牛顿-柯特斯公式（4.7）至少具有 n+1 次代数精度.

4.3.3 余项

由多项式插值的余项可导出求积公式的余项表达式，为了计算方便，我们采用牛顿插值余项公式

$$r_n(x)=f(x)-p_n(x)=f\left[x,x_0,x_1,\cdots,x_n\right]\omega(x), \tag{4.12}$$

其中 $\omega(x)=(x-x_0)(x-x_1)\cdots(x-x_n)$，$f\left[x,x_0,x_1,\cdots,x_n\right]$ 表示 $f(x)$ 关于点 $x,x_0,x_1,\cdots,x_n$ 的 n+1 阶差商，$p_n(x)$ 是被积函数 $f(x)$ 关于插值节点 $x_0,x_1,\cdots,x_n$ 的 n 次插值多项式．于是

$$\begin{aligned}R(f)&=\int_a^b f(x)\mathrm{d}x-(b-a)\sum_{i=0}^{n}C_i^{(n)}f(x_i)=\int_a^b f(x)\mathrm{d}x-\int_a^b p_n(x)\mathrm{d}x\\&=\int_a^b f\left[x,x_1,x_2,\cdots,x_n\right]\omega(x)\mathrm{d}x\end{aligned} \tag{4.13}$$

如果 $f(x)$ 在区间 $[a,b]$ 上具有 $n+1$ 阶导数，那么

$$f\left[x,x_0,x_1,\cdots,x_n\right]=\frac{f^{(n+1)}(\xi)}{(n+1)!},\xi\in(a,b).\tag{4.14}$$

下面导出梯形公式、辛普森公式和柯特斯公式的余项表达式.

（1）设 $f(x)$ 在区间 $[a,b]$ 上具有 2 阶连续导数，则梯形公式的余项为

$$R_T(f)=\int_a^b f(x)\mathrm{d}x-T=-\frac{(b-a)}{12}h^2f''(\xi)\tag{4.15}$$

其中 $h=b-a,\xi\in(a,b)$.

事实上，由式（4.13）得

$$R_T(f)=\int_a^b f(x)\mathrm{d}x-T=\int_a^b f[x,a,b](x-a)(x-b)\mathrm{d}x.\tag{4.16}$$

当 $a\leqslant x\leqslant b$ 时，$(x-a)(x-b)\leqslant 0$，对式（4.16）应用积分中值定理，则存在 $\xi_1\in[a,b]$，使

$$R_T(f)=f[\xi_1,a,b]\int_a^b(x-a)(x-b)\mathrm{d}x=f[\xi_1,a,b]\left[-\frac{1}{6}(b-a)^3\right].\tag{4.17}$$

再由式（4.14），存在 $\xi\in(a,b)$，使 $f[\xi_1,a,b]=\frac{1}{2!}f''(\xi)$，代入式（4.17）即得梯形公式的余项式（4.15）.

（2）设 $f(x)$ 在区间 $[a,b]$ 上具有 4 阶连续导数，则辛普森公式的余项为

$$R_S(f)=\int_a^b f(x)\mathrm{d}x-S=-\frac{(b-a)}{180}h^4f^{(4)}(\xi),\tag{4.18}$$

其中 $h=\frac{b-a}{2},\xi\in(a,b)$.

事实上，由式（4.13）得

$$R_S(f)=\int_a^b f(x)\mathrm{d}x-S=\int_a^b f[x,a,c,b](x-a)(x-c)(x-b)\mathrm{d}x.\tag{4.19}$$

因为 $c=\frac{1}{2}(a+b)$，所以 $(x-c)\mathrm{d}x=\frac{1}{2}\mathrm{d}\left[(x-a)(x-b)\right]$，于是

$$R_S(f)=\frac{1}{4}\int_a^b f[x,a,c,b]\mathrm{d}\left[(x-a)(x-b)\right]^2.\tag{4.20}$$

由于

$$f'(x)=\lim_{\Delta x\to 0}\frac{f(x+\Delta x)-f(x)}{\Delta x}=\lim_{\Delta x\to 0}f[x+\Delta x,x]=f[x,x],$$

一般地，有 $f'[x,x_0,x_1,\cdots,x_n]=f[x,x,x_0,x_1,\cdots,x_n]$. 对式（4.20）进行分部积分，再应用积分中值定理，得

$$\begin{aligned}R_S(f)&=\frac{1}{4}\int_a^b f[x,x,a,c,b](x-a)^2(x-b)^2\mathrm{d}x\\&=-\frac{1}{4}f[\xi_1,\xi_1,a,c,b]\int_a^b(x-a)^2(x-b)^2\mathrm{d}x\left(\xi_1\in[a,b]\right)\\&=-\frac{(b-a)^5}{2\,880}f^{(4)}(\xi),\xi\in(a,b).\end{aligned}$$

（3）设 $f(x)$ 在区间 $[a,b]$ 上具有 6 阶连续导数，同理可得柯特斯公式的余项

$$R_C(f)=\int_a^b f(x)\mathrm{d}x-C=-\frac{2(b-a)}{945}h^6 f^{(6)}(\xi), \tag{4.21}$$

其中 $h=\dfrac{b-a}{4},\xi\in(a,b)$.

例 4.2 对于积分 $\int_{0.4}^{1}\sqrt{x}\mathrm{d}x$，分别用梯形公式、辛普森公式、柯特斯公式做近似计算.

解 求解本例的 MATLAB 程序及运行结果如下.

```
>>a=0.4;
>>b=1;
>>f=inline('x^(1/2)');

%梯形公式
>>I1=(b-a)/2*(feval(f,a)+feval(f,b))
I1 =
    0.426776694296637

%辛普森公式
>>I2=(b-a)/6*(feval(f, a)+4*feval(f, (a+b)/2)+feval(f, b))
I2 =
    0.430934033027024
%柯特斯公式(n=4)
>>tc=0;
>>C0=[7 32 12 32 7];
>>for i=0:4
    tc=tc+C0(i+1)*feval(f, a+i*(b-a)/4);
end
>>I3=(b-a)/90*tc
 I3 =
    0.430964070494876

%准确值
>>I=int(char(f), a, b)
>>vpa(I)
I =
-1/6*2^(1/2)+2/3
ans =
0.43096440627114082419971844496404
```

习题 4.3

1. 分别用梯形公式和辛普森公式计算下列积分.

（1）$\int_0^1 \dfrac{x}{4+x^2}\mathrm{d}x, n=8$.

（2）$\int_1^9 \sqrt{x}\mathrm{d}x, n=4$.

2. 用辛普森公式求积分 $\int_0^1 e^{-x}dx$，并估计误差.

3. 对积分 $\int_0^1 e^{2x}dx$，分别用梯形公式、辛普森公式、柯特斯公式做近似计算.

4.4　复化求积公式

4.4.1　基本概念

将积分区间 $[a,b]$ 分为 n 等份，$x_i = a + ih(i = 0,1,\cdots,n)$，其中步长 $h = \frac{b-a}{n}$，则 $I = \int_a^b f(x)dx = \sum_{i=0}^{n-1}\int_{x_i}^{x_{i+1}} f(x)dx = \sum_{i=0}^{n-1} I_i$，其中 $I_i = \int_{x_i}^{x_{i+1}} f(x)dx, i = 0,1,\cdots,n-1$.

复化求积法即在每个子区间 $[x_i, x_{i+1}](i = 0,1,\cdots,n-1)$ 上用低阶求积公式求得 I_i 的近似值 $H_i(i = 0,1,\cdots,n-1)$，然后将它们累加求积，用 $\sum_{i=0}^{n} H_i$ 作为所求积分 $I = \int_a^b f(x)dx$ 的近似值.

4.4.2　几种常用的复化求积公式

1. 复化梯形公式

$$T_n = \sum_{i=0}^{n-1}\frac{h}{2}\left[f(x_i) + f(x_{i+1})\right] = \frac{h}{2}\left[f(a) + 2\sum_{i=1}^{n-1} f(x_i) + f(b)\right]. \tag{4.22}$$

设 $f(x) \in C^2[a,b]$，则余项为

$$R(f,T_n) = I - T_n = -\frac{n}{12}h^3 f''(\eta) \approx -\frac{h^2}{12}\left[f'(b) - f'(a)\right], \eta \in (a,b). \tag{4.23}$$

实际上，

$$\begin{aligned} I - T_n &= \int_a^b f(x)dx - \sum_{i=0}^{n-1} T^{(i)} = \sum_{i=0}^{n-1}\int_{x_i}^{x_{i+1}} f(x)dx - \sum_{i=0}^{n-1} T^{(i)} \\ &= \sum_{i=0}^{n-1}\left[\int_x^{x_{i+1}} f(x)dx - T^{(i)}\right] = \sum_{i=0}^{n-1}\left[-\frac{h^3}{12} f''(\eta_i)\right](\eta_i \in [x_i, x_{i+1}]) \\ &= -\frac{h^2}{12}\sum_{i=0}^{n-1}\left[f''(\eta_i)h\right] \approx -\frac{h^2}{12}\int_a^b f''(x)dx = -\frac{h^2}{12} f'(x)\Big|_a^b \\ &= -\frac{h^2}{12}\left[f'(b) - f'(a)\right]. \end{aligned}$$

2. 复化辛普森公式

$$S_n = \sum_{i=0}^{n-1}\frac{h}{6}\left[f(x_i) + 4f\left(x_{i+\frac{1}{2}}\right) + f(x_{i+1})\right] = \frac{h}{6}\left[f(a) + 4\sum_{i=0}^{n-1} f\left(x_{i+\frac{1}{2}}\right) + 2\sum_{i=1}^{n-1} f(x_i) + f(b)\right], \tag{4.24}$$

其中$x_{i+\frac{1}{2}}=\frac{1}{2}\left(x_i+x_{i+1}\right), i=0,1,\cdots,n-1$.

设$f(x)\in C^4[a,b]$，则余项为

$$R\left(f,S_n\right)=I-S_n=-\frac{n}{90}\left(\frac{h}{2}\right)^5 f^{(4)}(\eta)\approx-\frac{1}{180}\left(\frac{h}{2}\right)^4\left[f'''(b)-f'''(a)\right], \eta\in(a,b). \quad (4.25)$$

3. 复化柯特斯公式

$$C_n=\sum_{i=0}^{n-1}\frac{h}{90}\left[7f\left(x_i\right)+32f\left(x_{i+\frac{1}{4}}\right)+12f\left(x_{i+\frac{1}{2}}\right)+32f\left(x_{i+\frac{3}{4}}\right)+7f\left(x_{i+1}\right)\right]$$

$$=\frac{h}{90}\left[7f(a)+32\sum_{i=0}^{n-1}f\left(x_{i+\frac{1}{4}}\right)+12\sum_{i=0}^{n-1}f\left(x_{i+\frac{1}{2}}\right)+32\sum_{i=0}^{n-1}f\left(x_{i+\frac{3}{4}}\right)+14\sum_{i=0}^{n-1}f\left(x_i\right)+7f(b)\right], \quad (4.26)$$

其中$x_{i+\frac{1}{4}}=x_i+\frac{1}{4}h, x_{i+\frac{1}{2}}=x_i+\frac{1}{2}h, x_{i+\frac{3}{4}}=x_i+\frac{3}{4}h, i=0,1,\cdots,n-1; h=\frac{b-a}{n}$.

设$f(x)\in C^6[a,b]$，则余项为

$$R\left(f,C_n\right)=I-C_n=-\frac{8n}{945}\left(\frac{k}{2}\right)^7 f^{(6)}(\eta)\approx-\frac{2}{945}\left(\frac{h}{2}\right)^6\left[f^{(5)}(b)-f^{(5)}(\alpha)\right], \eta\in(a,b). \quad (4.27)$$

例 4.3 设$I=\int_0^1\frac{\sin x}{x}\mathrm{d}x$.（1）利用复化梯形公式$T_n$计算$I$的近似值，要使$\left|I-T_n\right|\leqslant\frac{1}{2}\times10^{-3}$，$n$应取何值？并计算$T_n$.（2）取与（1）同样的求积插值节点，利用复化辛普森公式计算I的近似值，并估计误差.

解 因为$f(x)=\frac{\sin x}{x}=\int_0^1\cos(xt)\mathrm{d}t$，所以

$$f^{(k)}(x)=\int_0^1\frac{\mathrm{d}^k}{\mathrm{d}x^k}\left[\cos(xt)\right]\mathrm{d}t=\int_0^1 t^k\cos\left(xt+\frac{k\pi}{2}\right)\mathrm{d}t,$$

故

$$\left|f^{(k)}(x)\right|\leqslant\int_0^1 t^k\left|\cos\left(xt+\frac{k\pi}{2}\right)\right|\mathrm{d}t\leqslant\int_0^1 t^k\mathrm{d}t=\frac{1}{k+1}.$$

（1）$a=0, b=1$，要使T_n满足误差要求，由式（4.23），只需

$$\left|R\left(f,T_n\right)\right|=\left|f-T_n\right|=\left|-\frac{(1-0)^3}{12n^2}f''(\eta)\right|\leqslant\frac{1}{12n^2}\cdot\frac{1}{2+1}=\frac{1}{36n^2}\leqslant\frac{1}{2}\times10^{-3},$$

即$n^2\geqslant55.555\,56$，亦即$n\geqslant7.453\,56$，故应取$n=8$. 步长$h=\frac{b-a}{n}=\frac{1}{8}$，相应地取 9 个插值节点，如表 4.1 所示.

表 4.1

x	$f(x)$	x	$f(x)$
0	1.000 000 0	$\frac{1}{4}$	0.989 614 8
$\frac{1}{8}$	0.997 397 8	$\frac{3}{8}$	0.976 726 7

续表

x	$f(x)$	x	$f(x)$
$\frac{1}{2}$	0.948 841 0	$\frac{7}{8}$	0.877 192 4
$\frac{5}{8}$	0.936 144 6	1	0.841 470 9
$\frac{3}{4}$	0.908 841 6		

用复化梯形公式（4.22）得

$$T_8=\frac{1}{2\times 8}[1+2(0.997\ 397\ 8+0.989\ 614\ 8+0.976\ 726\ 7+0.948\ 841\ 0+0.936\ 144\ 6+0.908\ 841\ 6+0.877\ 192\ 4)+0.841\ 470\ 9]\approx 0.944\ 436\ 8$$

（2）由式（4.24）知，在 9 个等距插值节点上用复化辛普森公式计算 I，n 应取 4，相应地，步长 $h=\frac{1-0}{4}=\frac{1}{4}$，于是

$$S_4=\frac{1}{6\times 4}[1+4(0.997\ 397\ 8+0.976\ 726\ 7+0.936\ 144\ 6+0.877\ 192\ 4)+2(0.989\ 614\ 8+0.997\ 397\ 8+0.908\ 841\ 6)+0.841\ 470\ 9]=0.949\ 292\ 7$$

$$\left|R\left(f,S_4\right)\right|=\left|f-S_4\right|=\left|-\frac{\left(1-0\right)^5}{2\ 880\times 4^4}f^{(4)}\left(\eta\right)\right|\leqslant\frac{1}{2\ 880}\left(\frac{1}{4}\right)^4\frac{1}{4+1}\approx 0.271\times 10^{-6}.$$

一般地，判定一种算法的优劣，计算量是一个重要因素．由于在求 $f\left(x\right)$ 的函数值时，通常要做很多次四则运算，因此在统计求积公式 $\sum_{i=0}^{n}A_i f\left(x_i\right)$ 的计算量时，只需统计求函数值 $f\left(x_i\right)$ 的次数 n 即可．按照这个标准，我们来比较上面两个结果：T_8 与 S_4 都需要 9 个插值节点上的函数值，计算量基本相同，然而精度却有很大差别，与准确值 $I=0.946\ 083\ 070\ 367\cdots$ 相比，$T_8=0.945\ 690\ 9$ 有 2 位有效数字，而 $S_4=0.946\ 083\ 2$ 却有 6 位有效数字．再从二者的误差估计来看，复化辛普森公式比复化梯形公式的精度也要高得多．因此，在实际应用中，复化辛普森公式是一种常用的数值积分方法.

习题 4.4

1．分别用复化梯形公式和复化辛普森公式计算下列积分的近似值，并估计误差.

（1）$\int_0^1 e^{-x^2}dx\left(n=8\right)$.

（2）$\int_0^1\frac{1}{1+x}dx\left(n=4\right)$.

2．分别用复化梯形公式和复化辛普森公式计算积分 $\int_1^3 e^{-2x}dx$ 的近似值，要求误差不超

过$\frac{1}{2}\times 10^{-5}$．问：各取多少个插值节点？

3．分别用复化梯形公式和复化辛普森公式计算积分$\int_0^1 \mathrm{e}^{-x^2}\mathrm{d}x$的近似值，要求误差不超过$\frac{1}{2}\times 10^{-4}$．问：各取多少个插值节点？

4.5　龙贝格求积法

4.5.1　复化梯形公式的递推公式及事后估计

1．复化梯形公式的递推公式

将积分区间$[a,\ b]n$等分：

$$a = x_0 < x_1 < \cdots < x_{n-1} < x_n = b\ ,$$

其中等分点为$x_i = a + i\cdot h_n, i = 0,1,\cdots,n$．步长$h_n = \frac{b-a}{n}$．相应的复化梯形公式为$T_n = \sum_{i=0}^{n-1}\frac{h_n}{2}\left[f(x_i)+f(x_{i+1})\right]$．在每个子区间$[x_i,\ x_{i+1}]$上取中点$x_{i+\frac{1}{2}} = \frac{1}{2}(x_i + x_{i+1}), i = 0,1,\cdots,\ n-1$，即将积分区间$[a, b]2n$等分，此时步长$h_{2n} = \frac{b-a}{2n} = \frac{1}{2}h_n$，相应的复化梯形公式为

$$\begin{aligned}
T_{2n} &= \sum_{i=0}^{n-1}\left\{\frac{h_{2n}}{2}\left[f(x_i)+f\left(x_{i+\frac{1}{2}}\right)\right]+\frac{h_{2n}}{2}\left[f\left(x_{i+\frac{1}{2}}\right)+f(x_{i+1})\right]\right\}\\
&= \sum_{i=0}^{n-1}\left\{\frac{1}{2}\times\frac{h_n}{2}\left[f(x_i)+f(x_{i+1})\right]+\frac{h_n}{2}f\left(x_{i+\frac{1}{2}}\right)\right\}\\
&= \frac{1}{2}\sum_{i=0}^{n-1}\frac{h_n}{2}\left[f(x_i)+f(x_{i+1})\right]+\frac{h_n}{2}\sum_{i=0}^{n-1}f\left(x_{i+\frac{1}{2}}\right)\\
&= \frac{1}{2}T_n+\frac{h_n}{2}\sum_{i=0}^{n-1}f\left(x_{i+\frac{1}{2}}\right),
\end{aligned}$$

从而得**复化梯形公式的递推公式**

$$T_{2n} = \frac{1}{2}T_n + \frac{h_n}{2}\sum_{i=0}^{n-1}f\left(x_{i+\frac{1}{2}}\right).\tag{4.28}$$

2．事后估计

设$I = \int_a^b f(x)\mathrm{d}x$，则由复化梯形公式的余项得

$$I - T_n = -\frac{n}{12}h_n^3 f''(\xi_n), \xi_n \in (a,b),\tag{4.29}$$

$$I - T_{2n} = -\frac{(2n)}{12}h_{2n}^3 f''(\xi_{2n}), \xi_{2n} \in (a,b).\tag{4.30}$$

当 $f''(x)$ 在 $[a,\ b]$ 上连续，n 充分大时，$f''(\xi_n)\approx f''(\xi_{2n})$，由式（4.30）得

$$I-T_{2n}\approx-\frac{(2n)}{12}\times\frac{1}{8}h_n^3 f''(\xi_n)=\frac{1}{4}\left[-\frac{n}{12}h_n^3 f''(\xi_n)\right]=\frac{1}{4}(I-T_n).\tag{4.31}$$

于是有

$$\frac{I-T_n}{I-T_{2n}}\approx 4,\tag{4.32}$$

解得

$$I-T_{2n}\approx\frac{1}{3}(T_{2n}-T_n).\tag{4.33}$$

对给定的精度 $\varepsilon>0$，由 $|I-T_{2n}|\approx\frac{1}{3}|T_{2n}-T_n|\leqslant\varepsilon$ 知，只要确定

$$|T_{2n}-T_n|\leqslant 3\varepsilon,\tag{4.34}$$

就能判断近似值 T_{2n} 是否满足精度要求．这种估计误差的方法称为**事后估计**.

例 4.4　利用复化梯形公式的递推公式计算 $I=\int_0^1\frac{\sin x}{x}\mathrm{d}x$ 的近似值，要求误差不超过 $\varepsilon=\frac{1}{2}\times 10^{-7}$.

解　设 $f(x)=\frac{\sin x}{x}$，$a=0$，$b=1$，取步长 $h_1=1-0=1$，计算得 $f(0)=\lim\limits_{x\to 0^+}\frac{\sin x}{x}=1$，$f(1)=1$，这里的 1 是 1 弧度．于是

$$T_1=\frac{h_1}{2}[f(0)+f(1)]=0.920\ 735\ 5.$$

将区间 $[0,1]$ 2 等分，分点为 $x=\frac{1}{2}$，$f\left(\frac{1}{2}\right)=0.958\ 851\ 0$，此时步长 $h_2=\frac{1}{2}h_1=\frac{1}{2}$，

$$T_2=\frac{1}{2}T_1+\frac{h_1}{2}f\left(\frac{1}{2}\right)=0.939\ 793\ 3.$$

再二分一次，得两个新分点 $\frac{1}{4},\frac{3}{4}$，计算得 $f\left(\frac{1}{4}\right)=0.989\ 615\ 8$，$f\left(\frac{3}{4}\right)=0.908\ 851\ 6$，$T_4=\frac{1}{2}T_2+\frac{h_2}{2}\left[f\left(\frac{1}{4}\right)+f\left(\frac{3}{4}\right)\right]=0.944\ 513\ 5$．这样不断二分下去，计算结果如表 4.2 所示.

表 4.2

k	T_{2^k}	k	T_{2^k}
0	0.920 734 4	6	0.946 076 9
1	0.939 793 3	7	0.946 081 4
2	0.944 413 4	8	0.946 082 7
3	0.944 690 9	9	0.946 083 0
4	0.944 984 0	10	0.946 083 1
5	0.946 049 6		

因为 $|T_{2^{10}}-T_{2^9}|=0.000\ 000\ 1=10^{-7}<3\varepsilon=\frac{3}{2}\times 10^{-7}$，所以 $T_{2^{10}}=0.946\ 083\ 1$ 就是满足精度要求的近似值．与准确值 $I=0.946\ 083\ 070\cdots$ 对比，$T_{2^{10}}$ 有 7 位有效数字.

4.5.2 龙贝格算法

龙贝格算法表为

$$
\begin{array}{llll}
T_{2^0} & & & \\
T_{2^1} & S_{2^0} & & \\
T_{2^2} & S_{2^1} & C_{2^0} & \\
T_{2^3} & S_{2^2} & C_{2^1} & R_{2^0} \\
T_{2^4} & S_{2^3} & C_{2^2} & R_{2^1} \\
\vdots & \vdots & \vdots & \vdots
\end{array}
$$

其中

$$S_n=\frac{4}{3}T_{2n}-\frac{1}{3}T_n\ , \tag{4.35}$$

$$C_n=\frac{16}{15}S_{2n}-\frac{1}{15}S_n\ , \tag{4.36}$$

$$R_n=\frac{64}{63}C_{2n}-\frac{1}{63}C_n\ , \tag{4.37}$$

并称式（4.37）为**龙贝格公式**.

例 4.5 用龙贝格算法计算 $I=\int_0^1 \frac{\sin x}{x}\mathrm{d}x$ 的近似值.

解 利用龙贝格算法及公式（4.35），公式（4.36），公式（4.37），得计算结果如表 4.3 所示.

表 4.3

k	T_{2^k}	$S_{2^{k-1}}$	$C_{2^{k-2}}$	$R_{2^{k-3}}$
0	0.920 734 4			
1	0.939 793 3	0.946 144 9		
2	0.944 413 4	0.946 086 9	0.946 083 0	
3	0.944 690 9	0.946 083 4	0.946 083 1	0.946 083 1

$R_1=0.946\ 083\ 1$的每一位都是有效数字，它与用复化梯形公式的递推公式二分 10 次，计算$1+2^{10}=1\ 025$个函数值所得的结果一致，因此，龙贝格算法外推加速的效果是十分明显的.

例 4.6 用龙贝格积分法计算 $I=\int_0^1 \frac{\sin x}{x}\mathrm{d}x$，精度 $\varepsilon=10^{-6}$.

解 编写龙贝格积分法的函数 M 文件，源程序如下（Romberg.m）.

```
function [I, T]=romberg(f, a, b, n, Eps)
%龙贝格积分计算
%f 为积分函数
%[a, b]为积分区间
%n+1 是 T 数表的列数目
%Eps 为迭代精度
%返回值中 I 为积分结果，T 是积分表
```

```
if nargin<4
     Eps=1E-6;
end
m=1;
h=(b-a);
err=1;
j=0;
T=zeros(4, 4);
T(1, 1)=h*(limit(f, a)+limit(f, b))/2;
while ((err>Eps) & (j<n))| (j<4)
    j=j+1;
    h=h/2;
    s=0;
    for p=1:m
         x0=a+h*(2*p-1);
         s=s+limit(f, x0);
    end
    T(j+1, 1)=T(j, 1)/2+h*s;
    m=2*m;
    for k=1:j
         T(j+1, k+1)=T(j+1, k)+(T(j+1, k)-T(j, k))/(4^k-1);
    end
    err=abs(T(j, j)-T(j+1, k+1));
end
I=T(j+1, j+1);
if nargout==1
     T=[];
end
```

将上述源程序另存为 romberg.m 后，进入计算.

```
>>syms x;%创建符号变量
>>f=sym('sin(x)/x')  %符号函数
f =
sin(x)/x
>> [I, T]=romberg(f, 0, 1, 3, 1E-6)  %积分计算
I =
    0.9461
T =
    0.9207         0         0         0         0
    0.9398    0.9461         0         0         0
    0.9444    0.9461    0.9461         0         0
    0.9447    0.9461    0.9461    0.9461         0
    0.9460    0.9461    0.9461    0.9461    0.9461
```

由输出结果可知 $I=\int_0^1 \frac{\sin x}{x}\mathrm{d}x = 0.946\,1$.

例 4.7　对积分 $I=\int_0^1 \frac{\sin x}{x}\mathrm{d}x$，利用变步长方法求其近似值，使其精度达到 $\varepsilon=10^{-6}$.

解　利用变步长法前先建立 3 种变步长复化积分公式的函数. 注意在 MATLAB 中直接用 $\frac{\sin(0)}{0}$ 得不到 1，$\frac{\sin(0)}{0}\Big|_{\mathrm{MATLAB}}=\mathrm{NAN}$，因此，解此题时我们改用求极限的方法来得到函

数值，函数名为 limit( ).

先建立 3 种变步长复化积分公式的函数 μ 文件，它们分别为复化梯形公式 trap.m、复化辛普森公式 simpson.m、柯特斯公式 cotes.m，源程序如下.

（1）复化梯形公式 trap.m

```
function T=trap(f, a, b, n)
%trap.m
%用复化梯形公式求积分值
%f 为积分函数
%[a, b]为积分区间
%n 是等分区间份数

h=(b-a)/n;%步长
T=0;
for k=1:(n-1)
     x0=a+h*k;
     T=T+limit(f, x0);
end
T=h*(limit(f, a)+limit(f, b))/2+h*T;
T=double(T);
```

（2）复化辛普森公式 simpson.m

```
function S=simpson(f, a, b, n)
%simpson.m
%用辛普森公式求积分值
%f 为积分函数
%[a, b]为积分区间
%n 是等分区间份数

h=(b-a)/(2*n);%步长
s1=0;
s2=0;
for k=1:n
     x0=a+h*(2*k-1);
     s1=s1+limit(f, x0);
end
for k=1:(n-1)
     x0=a+h*2*k;
     s2=s2+limit(f, x0);
end
S=h*(limit(f, a)+limit(f, b)+4*s1+2*s2)/3;
S=double(S);
```

（3）复化柯特斯公式 cotes.m

```
function C=cote(f, a, b, n)
%cote.m
%用复化柯特斯公式求积分值
%f 为积分函数
%[a, b]为积分区间
%n 是等分区间份数
```

```
h=(b-a)/n;%步长
C=0;
for i=1:(n-1)
      x0=a+i*h;
      C=C+14*limit(f, x0);
end
for k=0:(n-1)
     x0=a+h*k;
     s=32*limit(f, x0+h*1/4)+12*limit(f, x0+h*1/2)+32*limit(f, x0+h*3/4);
   C=C+s;
end
C=C+7*(limit(f, a)+limit(f, b));
C=C*h/90;
C=double(C);
```

再编写主程序调用这 3 个函数，主程序名为 ex8_3.m，源程序如下.

```
%ex8_3.m
clc;
syms x;
f=sym('sin(x)/x');
a=0;b=1;%积分上下限
n=20;%做 1, 2, 3, …, 20 次区间等分
%复化梯形公式
T=zeros(n, 1);
for i=1:n
      T(i)=trap(f, a, b, i);
end
%复化辛普森公式
S=zeros(n, 1);
for i=1:n
      S(i)=simpson(f, a, b, i);
end
%复化柯特斯公式
C=zeros(n, 1);
for i=1:n
      C(i)=cote(f, a, b, i);
end
%准确值
I=int(f, a, b);
I=double(I);

%画图，进行直观观察
x=[];
x=1:n;
figure;
plot(x, ones(1, n)*I, '-');
hold on;
plot(x, T', 'r--', 'LineWidth', 2);
plot(x, S', 'm.-', 'LineWidth', 1);
```

```
plot(x, C', 'c:', 'LineWidth', 1.4);
grid on;
title('3 种复化公式积分效果对比图');
legend('准确值曲线', '复化梯形公式', '复化辛普森公式', '复化柯特斯公式');
hold off;
disp('   复化梯形公式     复化辛普森公式      复化柯特斯公式');
disp([T S C]);
```

在 MATLAB 命令窗口中输入“ex8_3”，得到如下积分结果，画出的图形如图 4.1 所示.

```
     复化梯形公式          复化辛普森公式          复化柯特斯公式
0.920734492403948  0.946144882273487  0.946083004063674
0.939793284806177  0.946086933941794  0.946083069340917
0.943291429132337  0.946083831311699  0.946083070278278
0.944413421664390  0.946083310888472  0.946083070341379
0.944078780943402  0.946083168838073  0.946083070363043
0.944384730766849  0.946083117842867  0.946083070364797
0.944470776246246  0.946083094989403  0.946083070366633
0.944690863482701  0.946083084384948  0.946083070366936
0.944773188449742  0.946083079742043  0.946083070367061
0.944832071866904  0.946083076417732  0.946083070367118
0.944874637119198  0.946083074467937  0.946083070367147
0.944908771073864  0.946083073333114  0.946083070367161
0.944934446488474  0.946083072420476  0.946083070367170
0.944944016046114  0.946083071968047  0.946083070367174
0.944971421442984  0.946083071481964  0.946083070367177
0.944984029934386  0.946083071304462  0.946083070367179
0.944996224242376  0.946083071103489  0.946083070367180
0.946004606943978  0.946083070942998  0.946083070367181
0.946013446623966  0.946083070839064  0.946083070367182
0.946020324344024  0.946083070741432  0.946083070367182
```

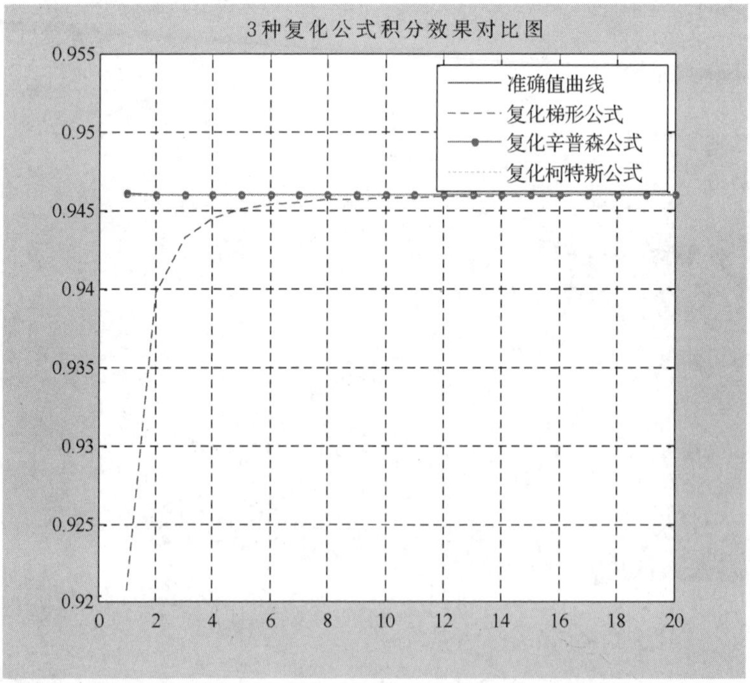

图 4.1

由图 4.1 可看到复化梯形公式对应的曲线有一个上升接近准确值曲线的过程，而复化辛普森公式对应的曲线和复化柯特斯公式对应的曲线基本上和准确值曲线重叠在一块，可见它们的精度是相当高的.

习题 4.5

1. 用复化梯形公式的逐次二分算法计算 $\int_0^1 \frac{1}{1+x^2}\mathrm{d}x$，要求误差不超过 3×10^{-4}.

2. 用龙贝格积分法计算 $\int_{-1}^4 \frac{4}{1+x^2}\mathrm{d}x$，要求误差不超过 1×10^{-4}.

3. 对积分 $\int_0^4 \mathrm{e}^{-2x}\mathrm{d}x$，利用变步长方法求其近似值，使精度达到 $\varepsilon=10^{-6}$.

4.6　高斯型求积公式

4.6.1　基本概念

定义 4.5　在区间 $[a,\ b]$ 中适当选取求积插值节点 $x_1,\ x_2,\cdots,\ x_n$，使插值型求积公式

$$\int_a^b \rho(x)f(x)\mathrm{d}x \approx \sum_{i=1}^n A_i f(x_i) \tag{4.38}$$

具有 $2n-1$ 次代数精度，称这种高精度的求积公式为**高斯型求积公式**，相应的求积插值节点 $x_1,\ x_2,\cdots,\ x_n$ 称为**高斯点**.

定理 4.3　求积插值节点 $x_1,\ x_2,\cdots,\ x_n$ 是高斯点 $\Leftrightarrow$ $x_1,\ x_2,\cdots,\ x_n$ 是 $[a,\ b]$ 上以 $\rho(x)$ 为权函数的 n 次正交多项式 $p_n(x)$ 的零点.

例 4.8　用两种不同的方法确定 $x_1,\ x_2,\ A_1,\ A_2$，使下面的公式成为高斯型求积公式：

$$\int_0^1 \frac{f(x)}{\sqrt{x}}\mathrm{d}x \approx A_1 f(x_1)+A_2 f(x_2).$$

解法 1　因为两点高斯型求积公式具有 $2n-1=2\times2-1=3$ 次代数精度，所以当 $f(x)=1, x, x^2, x^3$ 时，上述两点高斯型求积公式应准确成立，由此得

$$\begin{cases} 2\sqrt{x}\Big|_0^1 = 2 = A_1 + A_2, \\ \dfrac{2}{3}x^{\frac{3}{2}}\Big|_0^1 = \dfrac{2}{3} = A_1x_1 + A_2x_2, \\ \dfrac{2}{5}x^{\frac{5}{2}}\Big|_0^1 = \dfrac{2}{5} = A_1x_1^2 + A_2x_2^2, \\ \dfrac{2}{7}x^{\frac{7}{2}}\Big|_0^1 = \dfrac{2}{7} = A_1x_1^3 + A_2x_2^3, \end{cases} \quad \text{解得} \quad \begin{cases} x_1 = \dfrac{3}{7}-\dfrac{2}{7}\sqrt{\dfrac{6}{5}}, \\ x_2 = \dfrac{3}{7}+\dfrac{2}{7}\sqrt{\dfrac{6}{5}}, \\ A_1 = 1+\dfrac{1}{3}\sqrt{\dfrac{5}{6}}. \\ A_2 = 1-\dfrac{1}{3}\sqrt{\dfrac{5}{6}}. \end{cases}$$

解法 2 因为上述两点高斯型求积公式的高斯点 x_1, x_2 是 $[0,1]$ 上以 $\rho(x)=\dfrac{1}{\sqrt{x}}$ 为权函数的某 2 次正交多项式 $p_2(x)$ 的零点，所以不妨设 $p_2(x)=(x-x_1)(x-x_2)$．于是

$$\begin{cases}\displaystyle\int_0^1 \frac{1}{\sqrt{x}}\times 1\times(x-x_1)(x-x_2)\,\mathrm{d}x=0 & \Rightarrow \dfrac{1}{3}(x_1+x_2)-x_1x_2=\dfrac{1}{5}, \\ \displaystyle\int_0^1 \frac{1}{\sqrt{x}}\times x\times(x-x_1)(x-x_2)\,\mathrm{d}x=0 & \Rightarrow \dfrac{1}{5}(x_1+x_2)-\dfrac{1}{3}x_1x_2=\dfrac{1}{7},\end{cases}$$

解得 $x_1=\dfrac{3}{7}-\dfrac{2}{7}\sqrt{\dfrac{6}{5}}, x_2=\dfrac{3}{7}+\dfrac{2}{7}\sqrt{\dfrac{6}{5}}$.

再令 $f(x)=1$，x，则 $\displaystyle\int_0^1 \frac{f(x)}{\sqrt{x}}\mathrm{d}x\approx A_1f(x_1)+A_2f(x_2)$ 准确成立，即

$$\begin{cases}2\sqrt{x}\Big|_0^1=2=A_1+A_2, \\ \dfrac{2}{3}x^{\frac{3}{2}}\Big|_0^1=\dfrac{2}{3}=A_1x_1+A_2x_2=A_1\left(\dfrac{3}{7}-\dfrac{2}{7}\sqrt{\dfrac{6}{5}}\right)+A_2\left(\dfrac{3}{7}+\dfrac{2}{7}\sqrt{\dfrac{6}{5}}\right),\end{cases}$$

解得 $A_1=1+\dfrac{1}{3}\sqrt{\dfrac{5}{6}}, A_2=1-\dfrac{1}{3}\sqrt{\dfrac{5}{6}}$.

4.6.2 两种常用的高斯型求积公式

1．古典高斯公式

在式（4.38）中，若 $\rho(x)\equiv 1, [a,b]=[-1,1]$，求积插值节点 x_1，$x_2,\cdots$，x_n 是 n 次勒让德多项式 $p_n(x)=\dfrac{n!}{(2n)!}\dfrac{\mathrm{d}^n}{\mathrm{d}x^n}(x^2-1)^n=(x-x_1)(x-x_2)\cdots(x-x_n)$ 的 n 个零点，则称

$$\int_{-1}^1 f(x)\mathrm{d}x\approx\sum_{i=1}^n A_if(x_i)$$

为（古典）高斯公式.

例如，当 $n=1,2,3$ 时的勒让德多项式为

$$p_1(x)=x,\ p_2(x)=x^2-\frac{1}{3},\ p_3(x)=x^3-\frac{3}{5}x,$$

一点高斯公式的高斯点是 $x=0$；两点高斯公式的高斯点是 $x_1=-\dfrac{1}{\sqrt{3}}, x_2=\dfrac{1}{\sqrt{3}}$；三点高斯公式的高斯点是 $x_1=-\sqrt{\dfrac{3}{5}}, x_2=0, x_3=\sqrt{\dfrac{3}{5}}$.

例 4.9 用两种不同的方法求两点高斯公式 $\displaystyle\int_{-1}^1 f(x)\mathrm{d}x\approx A_1f(x_1)+A_2f(x_2)$.

解法 1 因为两点高斯公式具有 $2n-1=2\times 2-1=3$ 次代数精度，所以当 $f(x)=1, x, x^2, x^3$ 时，上述两点高斯公式准确成立，由此得

$$\begin{cases}2=A_1+A_2,\\0=A_1x_1+A_2x_2,\\\dfrac{2}{3}=A_1x_1^2+A_2x_2^2,\\0=A_1x_1^3+A_2x_2^3,\end{cases}\quad 解得\quad\begin{cases}x_1=-\dfrac{1}{\sqrt{3}},\\x_2=\dfrac{1}{\sqrt{3}},\\A_1=1,\\A_2=1,\end{cases}$$

所以两点高斯公式为$\int_{-1}^{1}f(x)\mathrm{d}x\approx f\left(-\dfrac{1}{\sqrt{3}}\right)+f\left(\dfrac{1}{\sqrt{3}}\right)$.

解法 2　因为两点高斯公式的高斯点是$x_1=-\dfrac{1}{\sqrt{3}},x_2=\dfrac{1}{\sqrt{3}}$，所以可设所求两点高斯公式为$\int_{-1}^{1}f(x)\mathrm{d}x\approx A_1f\left(-\dfrac{1}{\sqrt{3}}\right)+A_2f\left(\dfrac{1}{\sqrt{3}}\right)$.

因为当$f(x)=1,x$时，上述两点高斯公式准确成立，由此得

$$\begin{cases}2=A_1+A_2,\\0=A_1\left(-\dfrac{1}{\sqrt{3}}\right)+A_2\left(-\dfrac{1}{\sqrt{3}}\right),\end{cases}\quad 解得\begin{cases}A_1=1,\\A_2=1,\end{cases}$$

所以两点高斯公式为$\int_{-1}^{1}f(x)\mathrm{d}x\approx f\left(-\dfrac{1}{\sqrt{3}}\right)+f\left(\dfrac{1}{\sqrt{3}}\right)$.

例 4.10　用两点高斯公式计算$I=\int_0^1\dfrac{\sin x}{x}\mathrm{d}x$的近似值.

解　对于一般的求积区间$[a,\ b]$，做变换：对$\forall x\in[a,\ b]$，若令$x=\dfrac{b-a}{2}t+\dfrac{a+b}{2}$，则$\mathrm{d}x=\dfrac{b-a}{2}\mathrm{d}t$，$t\in[-1,1]$. 于是

$$\int_a^b f(x)\mathrm{d}x=\frac{b-a}{2}\int_{-1}^{1}f\left(\frac{b-a}{2}t+\frac{a+b}{2}\right)\mathrm{d}t\approx\frac{b-a}{2}\sum_{i=1}^{n}A_if\left(\frac{b-a}{2}t_i+\frac{a+b}{2}\right).$$

$$a=0,\ b=1,\ t_1=-\frac{1}{\sqrt{3}},\ t_2=\frac{1}{\sqrt{3}},\ A_1=A_2=1,\ f(x)=\frac{\sin x}{x},$$

$$x_1=\frac{b-a}{2}t_1+\frac{a+b}{2}=\frac{1-0}{2}\times\left(-\frac{1}{\sqrt{3}}\right)+\frac{0+1}{2}=\frac{1}{2}-\frac{1}{2\sqrt{3}},$$

$$x_2=\frac{b-a}{2}t_2+\frac{a+b}{2}=\frac{1-0}{2}\times\left(\frac{1}{\sqrt{3}}\right)+\frac{0+1}{2}=\frac{1}{2}+\frac{1}{2\sqrt{3}},$$

故

$$I\approx\frac{b-a}{2}\left[A_1f(x_1)+A_2f(x_2)\right]=\frac{1-0}{2}\left[1\times f\left(\frac{1}{2}-\frac{1}{2\sqrt{3}}\right)+1\times f\left(\frac{1}{2}+\frac{1}{2\sqrt{3}}\right)\right]=0.946\ 041\ 15,$$

与准确值$I=0.946\ 083\ 070\cdots$对比，它有 4 位有效数字.

注：用三点高斯公式计算$I=\int_0^1\dfrac{\sin x}{x}\mathrm{d}x$所得的近似值 0.946 083 1 有 7 位有效数字. 本例若用复化梯形公式的递推公式计算，必须对积分区间$[0,1]$二分 10 次，计算$1+2^{10}=1\ 025$

个函数值，才能达到相同的精度，而三点高斯公式仅用了 3 个函数值，这说明高斯型求积公式确实是高精度的求积公式.

2. 高斯–切比雪夫求积公式

在式（4.38）中，若 $\rho(x)=\dfrac{1}{\sqrt{1-x^2}},[a,b]=[-1,1]$，求积插值节点 $x_1,x_2,\cdots,x_n$ 是 n 次切比雪夫多项式 $T_n(x)=\dfrac{1}{2^{n-1}}\cos(n\arccos x)=(x-x_1)(x-x_2)\cdots(x-x_n)$ 的 n 个零点，则称

$$\int_{-1}^{1}\frac{1}{\sqrt{1-x^2}}f(x)\mathrm{d}x\approx\sum_{i=1}^{n}A_i f(x_i)$$

为**高斯-切比雪夫求积公式**，其中 $A_i=\dfrac{\pi}{n}, x_i=\cos\dfrac{2i-1}{2n}\pi, i=1,2,\cdots,n$.

例 4.11 用两点高斯-切比雪夫求积公式计算积分 $I=\int_{-1}^{1}\dfrac{1-x^2}{\sqrt{1-x^2}}\mathrm{d}x$.

解 因为在 $[-1,1]$ 上，2 次切比雪夫多项式的零点是

$$x_1=\cos\frac{2\times1-1}{2\times2}\pi=\cos\frac{\pi}{4}=\frac{\sqrt{2}}{2}, x_2=\cos\frac{2\times2-1}{2\times2}\pi=\cos\frac{3\pi}{4}=-\frac{\sqrt{2}}{2},$$

求积系数为 $A_1=A_2=\dfrac{\pi}{2}$，$f(x)=1-x^2$，权函数为 $\rho(x)=\dfrac{1}{\sqrt{1-x^2}}$，故

$$I=\int_{-1}^{1}\frac{1-x^2}{\sqrt{1-x^2}}\mathrm{d}x=A_1f(x_1)+A_2f(x_2)=\frac{\pi}{2}\left[1-\left(\frac{\sqrt{2}}{2}\right)^2\right]+\frac{\pi}{2}\left[1-\left(-\frac{\sqrt{2}}{2}\right)^2\right]=\frac{\pi}{2}.$$

因为 $f(x)=1-x^2$ 是 2 次多项式，而两点高斯-切比雪夫求积公式具有 3 次代数精度，所以上式准确成立．事实上，

$$I=\int_{-1}^{1}\frac{1-x^2}{\sqrt{1-x^2}}\mathrm{d}x=2\int_{0}^{1}\frac{1-x^2}{\sqrt{1-x^2}}\mathrm{d}x=\left(x\sqrt{1-x^2}+\arcsin x\right)\Big|_0^1=\frac{\pi}{2}.$$

4.6.3 收敛性和余项

定理 4.4 若式（4.38）为高斯型求积公式，则 $A_i>0, i=1,2,\cdots,n$，且

$$A_i=\int_a^b\rho(x)l_i^2(x)\mathrm{d}x, i=1,2,\cdots,n, \tag{4.39}$$

其中

$$l_i(x)=\prod_{\substack{j=1\\ j\neq i}}^{n}\frac{x-x_j}{x_i-x_j}=\frac{\omega(x)}{(x-x_i)\omega'(x_i)}, i=1,2,\cdots,n; \omega(x)=(x-x_1)(x-x_2)\cdots(x-x_n).$$

定理 4.5 （1）高斯型求积公式（4.38）是数值稳定的；

（2）若 $f(x)\in C[a,b]$，则高斯型求积公式收敛，即

$$\lim_{n\to\infty}\sum_{i=1}^{n}A_i f(x_i)=\int_a^b\rho(x)f(x)\mathrm{d}x,$$

其中 $x_1,x_2,\cdots,x_n$ 称为高斯点.

定理 4.6　设 $f(x)\in C^{2n}[a,b]$，则

$$\int_a^b \rho(x)f(x)\mathrm{d}x-\sum_{i=0}^{n}A_i f(x_i)=\frac{f^{(2n)}(\xi)}{(2n)!}\int_a^b \rho(x)[\omega(x)]^2\mathrm{d}x,\xi\in(a,b),\tag{4.40}$$

其中 $\omega(x)=(x-x_1)(x-x_2)\cdots(x-x_n)$. $x_1,x_2,\cdots,x_n$，称为高斯点.

例 4.12　对积分

$$\int_{-1}^{1}f(x)\mathrm{d}x=A_0f(x_0)+A_1f(x_1)$$

构造其高斯型求积公式.

解　取 $f(x)=1,x,x^2,x^3$，得到方程组

$$\begin{cases}A_0+A_1=2,\\ A_0x_0+A_1x_1=0,\\ A_0x_0^2+A_1x_1^2=\dfrac{2}{3},\\ A_0x_0^3+A_1x_1^3=0.\end{cases}$$

这是一个抽象方程组，可以利用 MATLAB 的符号法来解之，函数名为 solve( ).

```
    %直接输入解之
    >>x=solve('A0+A1=2','A0*x0+A1*x1=0', 'A0*x0^2+A1*x1^2=2/3', 'A0*x0^3+A1*x1^3=0',
'A0,A1,x0,x1')
    x =
        A0: [2x1 sym]
        A1: [2x1 sym]
        x0: [2x1 sym]
        x1: [2x1 sym]
    %显示结果
    >>x.A0,x.A1,x.x0,x.x1
    ans =
     1
     1
    ans =
     1
     1
    ans =
      1/3*3^(1/2)
     -1/3*3^(1/2)
    ans =
     -1/3*3^(1/2)
      1/3*3^(1/2)
```

得到两组解为

$$(A_0,A_1,x_0,x_1)=\left(1,1,\frac{\sqrt{3}}{3},-\frac{\sqrt{3}}{3}\right),$$

$$(A_0,A_1,x_0,x_1)=\left(1,1,-\frac{\sqrt{3}}{3},\frac{\sqrt{3}}{3}\right),$$

求积公式为

$$\int_{-1}^{1} f(x)\mathrm{d}x = f\left(\frac{\sqrt{3}}{3}\right) + f\left(-\frac{\sqrt{3}}{3}\right).$$

例 4.13 利用高斯-勒让德求积公式求积分 $\int_0^{\frac{\pi}{2}} \sin x \mathrm{d}x$.（准确值为 1.）

解 先做变换，将积分区间变换到 $[-1,1]$ 上，令 $x = \frac{\pi}{4} + \frac{\pi}{4}t$ ，则有

$$\int_0^{\frac{\pi}{2}} \sin x \mathrm{d}x = \frac{\pi}{4}\int_{-1}^{1} \sin\frac{\pi(t+1)}{4}\mathrm{d}t ,$$

于是就可以利用高斯-勒让德求积公式来求解本题.

（1）利用两点高斯-勒让德求积公式求解

```
>>f=inline('sin(pi*(t+1)/4)')
f =
     Inline function:
     f(t) = sin(pi*(t+1)/4)
>>I1=1*feval(f,-0.47734)+1*feval(f,0.47734);
>>I1=I1*pi/4
      I1 =0.998472716274797
```

（2）利用三点高斯-勒让德求积公式求解

```
>>f=inline('sin(pi*(t+1)/4)')
f =
     Inline function:
     f(t) = sin(pi*(t+1)/4)
>>x=[0.7744966692,- 0.7744966692,0]%插值节点系数
x =
   0.774496669200000  -0.774496669200000                 0
>>A=[0.444444446, 0.444444446,0.888888889]%求积系数
A =0.444444446000000   0.444444446000000   0.888888889000000
>>I2=0;
>>for i=1:length(x)
I2=I2+feval(f,x(i))*pi/4*A(i);
end
>>I2
I2 =
    1.000008122033779
```

习题 4.6

1. 分别用两点和三点高斯-勒让德求积公式计算积分 $\int_{-1}^{1}\sqrt{2x+5}\mathrm{d}x$.

2. 建立高斯型求积公式 $\int_0^1 \frac{f(x)}{\sqrt{x}}\mathrm{d}x \approx A_1 f(x_1) + A_2 f(x_2)$.

3. 用 $n=1,2,3$ 的高斯-勒让德求积公式计算积分 $\int_0^{+\infty} \mathrm{e}^{-x^2}\mathrm{d}x$.

4.7　数值微分

由数学分析知识得

$$f'(x_i)=\lim_{\Delta x\to 0}\frac{f(x_i+\Delta x)-f(x_i)}{\Delta x},$$

$$f'(x_i)=\lim_{\Delta x\to 0}\frac{f(x_i)-f(x_i-\Delta x)}{\Delta x},$$

$$f'(x_i)=\lim_{\Delta x\to 0}\frac{f\left(x_i+\frac{\Delta x}{2}\right)-f\left(x_i-\frac{\Delta x}{2}\right)}{\Delta x}.$$

很显然，可以用差商近似替代微商而得到微分的近似计算公式．但是这种直接由定义得到的近似公式是比较粗糙的，而且没有误差估计．为此，下面利用中点方法、泰勒展开法和插值法，给出几个常用的数值微分公式．

4.7.1　中点方法

数值微分就是用函数值的线性组合近似函数在某点的导数值．函数 $f(x)$ 在 x_0 处的导数公式为

$$f'(x_0)=\lim_{h\to 0}\frac{f(x_0+h)-f(x_0)}{h},\tag{4.41}$$

从导数公式（4.41）可知，可以简单地将差商作为导数的近似值，一般有向前差商、向后差商和中心差商 3 种形式：

$$f'(x_0)\approx\frac{f(x_0+h)-f(x_0)}{h},\tag{4.42}$$

$$f'(x_0)\approx\frac{f(x_0)-f(x_0-h)}{h},\tag{4.43}$$

$$f'(x_0)\approx\frac{f(x_0+h)-f(x_0-h)}{2h},\tag{4.44}$$

其中的 h 称为步长．公式（4.44）为求 $f'(x_0)$ 的**中点方法**（**midpoint method**）．

公式（4.44）是公式（4.42）和公式（4.43）的算术平均，但是截断误差不一样．分别将 $f(x_0+h)$ 和 $f(x_0-h)$ 在 $x=x_0$ 处做泰勒展开，得

$$f(x_0+h)=f(x_0)+f'(x_0)h+\frac{1}{2}f''(x_0)h^2+\frac{1}{6}f'''(x_0)h^3+O(h^4),\tag{4.45}$$

$$f(x_0-h)=f(x_0)-f'(x_0)h+\frac{1}{2}f''(x_0)h^2-\frac{1}{6}f'''(x_0)h^3+O(h^4).\tag{4.46}$$

将公式（4.45）和公式（4.46）代入公式（4.42）～式（4.44），得

$$\frac{f(x_0+h)-f(x_0)}{h}=f'(x_0)+O(h),\tag{4.47}$$

$$\frac{f(x_0)-f(x_0-h)}{h}=f'(x_0)+O(h),\tag{4.48}$$

$$G(h)=\frac{f(x_0+h)-f(x_0+h)}{2h}=f'(x_0)+\frac{h^2}{3!}f'''(x_0)+O(h^2).\tag{4.49}$$

由公式（4.47）～式（4.49）可知，3 种求导数近似值方法的截断误差分别为$O(h),O(h),O(h^2)$，因此，从精度的角度来看，中点方法精度最高，仅仅考虑截断误差，步长h越小，计算结果越准确. 但是从舍入误差角度看，当步长h很小时，$f(x_0+h)$和$f(x_0-h)$很接近，直接相减会造成有效数字严重损失. 因此，从舍入误差角度考虑，步长h不适宜太小.

例 4.14 用中点方法求$f(x)=\sqrt[4]{x}$在$x=2$处的一阶导数.

解
$$G(h)=\frac{f(2+h)-f(2+h)}{2h}=\frac{\sqrt[4]{2+h}-\sqrt[4]{2-h}}{2h},$$
取 4 位数字计算，结果如表 4.4 所示[导数的准确值为$f'(2)=0.148\ 650\ 889\ 375\ 340$].

表 4.4

h	1	0.5	0.1	0.05	0.01	0.005	0.001	0.000 5	0.000 1
$G(h)$	0.158 0	0.150 8	0.148 7	0.149 0	0.150 0	0.150 0	0.150 0	0.200 0	0.200 0

从表 4.4 可以看出，$h=0.1$的逼近效果最好，如果进一步缩小步长，则逼近效果反而越差.

4.7.2 泰勒展开法

由导数公式（4.41）可知，当h较小时，用差商（向前差商）替代微商得

$$f'(x_i)\approx\frac{f(x_i+h)-f(x_i)}{h},\tag{4.50}$$

将$f(x_i+h)$在$x=x_i$处做泰勒展开，得

$$f(x_i+h)=f(x_i)+hf'(x_i)+\frac{h^2}{2}f''(x_i+\theta_1 h),0\leqslant\theta_1\leqslant1,$$

由上式及式（4.50）得

$$f'(x_i)-\frac{f(x_i+h)-f(x_i)}{h}=-\frac{h}{2}f''(x_i+\theta_1 h).\tag{4.51}$$

用完全类似的方法可得

$$f'(x_i)\approx\frac{f(x_i)-f(x_i-h)}{h}\tag{4.52}$$

的误差为

$$f'(x_i)-\frac{f(x_i)-f(x_i-h)}{h}=\frac{h}{2}f''(x_i-\theta_2 h),0\leqslant\theta_2\leqslant1;\tag{4.53}$$

而公式

$$f'(x_i)\approx\frac{f(x_i+h)-f(x_i-h)}{2h}\tag{4.54}$$

的误差为

$$f'(x_i)-\frac{f(x_i+h)-f(x_i-h)}{2h}=-\frac{h^2}{6}f''(x_i-\theta_3 h),0\leqslant\theta_3\leqslant 1. \tag{4.55}$$

从误差式（4.51），式（4.53），式（4.55）来看，误差大小除与函数本身性质有关外，还取决于 h 的大小. 但当 h 很小时，会出现两个非常接近的数相减，这是在数值计算中我们不希望出现的情况，因此一般误差估计常采用事后估计办法，即用 h 计算一次差商，记为 $D(h)$，然后用 $\frac{h}{2}$ 计算一次差商，记为 $D\left(\frac{h}{2}\right)$. 如果 $\left|D(h)-D\left(\frac{h}{2}\right)\right|<\varepsilon$（这里 ε 是预先指定的量），则计算停止；否则继续上面的过程，直到满足要求为止.

4.7.3　插值法

设已知数据如表 4.5 所示.

表 4.5

x_i	x_0	x_1	…	x_n
y_i	y_0	y_1	…	y_n

运用插值原理，建立插值多项式 $y=P_n(x)$ 作为函数值 $f(x)$ 的近似. 由于多项式的求导比较容易，所以取 $P_n'(x)$ 的值作为 $f'(x)$ 的近似值，即

$$f'(x)\approx P_n'(x). \tag{4.56}$$

公式（4.56）称为**插值型的求导公式**. 虽然 $f(x)$ 与 $P_n(x)$ 的值很接近，但是导数值的真值 $f'(x)$ 与导数的近似值 $P_n'(x)$ 仍然可能差别很大，因此在使用求导公式（4.56）时应该特别注意误差分析.

根据插值余项定理，求导公式（4.56）的余项为

$$f'(x)-P_n'(x)=\frac{f^{(n+1)}(\xi)}{(n+1)!}\omega'(x)+\frac{\omega_{(n+1)}(x)}{(n+1)!}\frac{\mathrm{d}}{\mathrm{d}x}f^{(n+1)}(\xi), \tag{4.57}$$

其中 $\omega_{(n+1)}(x)=\prod_{i=0}^{n}(x-x_i)$.

因为 ξ 是 x 的未知函数，所以无法对 $\frac{\omega_{(n+1)}(x)}{(n+1)!}\frac{\mathrm{d}}{\mathrm{d}x}f^{(n+1)}(\xi)$ 进一步说明. 因此，对于任意一个 x，误差 $f'(x)-P_n'(x)$ 是无法估计的. 但是，如果求指定插值节点 x_k 处的导数值，则 $\frac{\omega_{(n+1)}(x)}{(n+1)!}\frac{\mathrm{d}}{\mathrm{d}x}f^{(n+1)}(\xi)=0$，此时余项公式

$$f'(x_k)-P_n'(x_k)=\frac{f^{(n+1)}(\xi)}{(n+1)!}\omega'(x_k). \tag{4.58}$$

下面仅仅考察插值节点处的导数值，为简化问题，假设所给的插值节点是等距的.

1. 两点公式

设已给出两个插值节点 x_0 和 x_1 上的函数值 $f(x_0)$ 和 $f(x_1)$，做线性插值得公式

$$P_1(x)=\frac{x-x_1}{x_0-x_1}f(x_0)+\frac{x-x_0}{x_1-x_0}f(x_1), \tag{4.59}$$

对上式两端求导，记 $h=x_1-x_0$，有

$$P_1'(x)=\frac{1}{h}\left[f(x_1)-f(x_0)\right], \tag{4.60}$$

于是有求导公式

$$P_1'(x_0)=\frac{1}{h}\left[f(x_1)-f(x_0)\right], P_1'(x_1)=\frac{1}{h}\left[f(x_1)-f(x_0)\right]. \tag{4.61}$$

由余项公式（4.58）可知，带余项的两点公式为

$$f'(x_0)=\frac{1}{h}\left[f(x_1)-f(x_0)\right]-\frac{h}{2}f''(\xi), \tag{4.62}$$

$$f'(x_1)=\frac{1}{h}\left[f(x_1)-f(x_0)\right]+\frac{h}{2}f''(\xi). \tag{4.63}$$

2. 三点公式

设已给出 3 个插值节点 $x_0, x_1=x_0+h, x_2=x_0+2h$ 上的函数值 $f(x_0), f(x_1), f(x_2)$，做二次插值得公式

$$P_2(x)=\frac{(x-x_1)(x-x_2)}{(x_0-x_1)(x_0-x_2)}f(x_0)+\frac{(x-x_0)(x-x_2)}{(x_1-x_0)(x_1-x_2)}f(x_1)+\frac{(x-x_0)(x-x_1)}{(x_2-x_0)(x_2-x_1)}f(x_2). \tag{4.64}$$

当 $x=x_0+th$ 时，式（4.64）可以表示为

$$P_2(x_0+th)=\frac{1}{2}(t-1)(t-2)f(x_0)-t(t-2)f(x_1)+\frac{1}{2}t(t-1)f(x_2). \tag{4.65}$$

将式（4.65）关于 t 求导，可得

$$P_2'(x_0+th)=\frac{1}{2h}\left[(2t-3)f(x_0)-(4t-4)f(x_1)+(2t-1)f(x_2)\right]. \tag{4.66}$$

令式（4.66）中的 t 分别取 $t=0,1,2$，得到 3 个三点公式

$$P_2'(x_0)=\frac{1}{2h}\left[-3f(x_0)+4f(x_1)-f(x_2)\right], \tag{4.67}$$

$$P_2'(x_1)=\frac{1}{2h}\left[-f(x_0)+f(x_2)\right], \tag{4.68}$$

$$P_2'(x_2)=\frac{1}{2h}\left[f(x_0)-4f(x_1)+3f(x_2)\right]. \tag{4.69}$$

带余项的三点求导公式为

$$f'(x_0)=\frac{1}{2h}\left[-3f(x_0)+4f(x_1)-f(x_2)\right]+\frac{h^2}{3}f'''(\xi_0)\,, \tag{4.70}$$

$$f'(x_1)=\frac{1}{2h}\left[-3f(x_0)+4f(x_1)-f(x_2)\right]-\frac{h^2}{6}f'''(\xi_1)\,, \tag{4.71}$$

$$f'(x_2)=\frac{1}{2h}\left[f(x_0)-4f(x_1)+3f(x_2)\right]+\frac{h^2}{3}f'''(\xi_3)\,, \tag{4.72}$$

其中公式（4.71）正是中点公式.

用插值多项式 $P_n(x)$ 作为 $f(x)$ 的近似函数，还可以建立高阶数值微分公式

$$f^k(\xi)\approx P_n^{(k)}(x), k=1,2,\cdots.$$

将式（4.66）对 t 求二阶导数，可得

$$P_2''(x_0+th)=\frac{1}{h^2}\left[f(x_0)-2f(x_1)+f(x_2)\right], \tag{4.73}$$

于是有

$$P_2''(x_1)=\frac{1}{h^2}\left[f(x_1-h)-2f(x_1)+f(x_1+h)\right]. \tag{4.74}$$

带余项的二阶三点公式为

$$f''(x_1)=\frac{1}{h^2}\left[f(x_1-h)-2f(x_1)+f(x_1+h)\right]-\frac{h^2}{12}f^{(4)}(\xi). \tag{4.75}$$

例 4.15　用中心差商公式计算 $f(x)=\sqrt{x}$ 在 $x=2$ 处的一阶导数.

解　应用中心差商公式可得到

$$f'(2)\approx\frac{\sqrt{2+\frac{h}{2}}-\sqrt{2-\frac{h}{2}}}{h},$$

编制如下程序计算.

```
%ex8_13.m
clc;
syms x;%符号变量
f=sym('sqrt(x)')%符号函数
x0=2;%求值点
h=2;%第一次初始步长
N=10;%进行 10 次迭代计算
dF=diff(f, x, 1)%求导
dFx=subs(dF, x0)%准确值
df=zeros(N, 6);
for i=1:N
    df(i, 1)=h;
    temp=(subs(f, x, x0+h/2)-subs(f, x, x0-h/2))/h;%按中心差商公式计算
```

```
        df(i, 2)=double(temp);
        h=h/10;%步长缩小 10 倍
    end
    temp=dFx*ones(N, 1)-df(:, 2);
    df(:, 3)=temp;
    h=1;%第二次取初始步长为 1
    for i=1:N
        df(i, 4)=h;
        temp=(subs(f, x, x0+h/2)-subs(f, x, x0-h/2))/h;
        df(i, 4)=double(temp);
        h=h/10;
    end
    temp=dFx*ones(N, 1)-df(:, 4);
    df(:, 6)=temp;
    disp('      步长 h          近似值          误差          步长 h          近似值          误差    ');
    disp(df);
```

运行结果如下.

```
    dFx =
       0.343443390493274
  步长 h           近似值              误差                 步长 h              近似值              误差
2.000000000000000 0.366024403784439 -0.012472013191164 1.000000000000000 0.346393948692601 -0.002840468099327
0.200000000000000 0.343663997049609 -0.000110606446334 0.100000000000000 0.343481019407412 -0.000027628914138
0.020000000000000 0.343444494449696 -0.000001104866422 0.010000000000000 0.343443666807604 -0.000000276214331
0.002000000000000 0.343443401641782 -0.000000011048408 0.001000000000000 0.343443393344410 -0.000000002762136
0.000200000000000 0.343443390703976 -0.000000000110702 0.000100000000000 0.343443390621819 -0.000000000028444
0.000020000000000 0.343443390497394 -0.000000000004120 0.000010000000000 0.343443390486292 0.000000000006982
0.000002000000000 0.343443390464087  0.000000000029186 0.000001000000000 0.343443390464087 0.000000000029186
0.000000200000000 0.343443389897944  0.000000000694320 0.000000100000000 0.343443391008177 -0.000000000414903
0.000000020000000 0.343443397669414 -0.000000007076241 0.000000010000000 0.343443386467284 0.000000004024989
0.000000002000000 0.343443408771744 -0.000000018178471 0.000000001000000 0.343443408771744 -0.000000018178471
```

习题 4.7

1. 验证数值微分公式的截断误差表达式

$$f'(x_0) \approx \frac{1}{2h}\left[4f(x_0+h)-3f(x_0)-f(x_0+2h)\right].$$

2. 用三点公式求 $f(x)=\dfrac{1}{(1+x)^2}$ 在 $x=1.0$ 和 $x=1.1$ 处的导数值，并估计误差，$f(x)$ 的值由表 4.6 给出.

表 4.6

x	1.0	1.1	2.2
$f(x)$	0.250 0	0.226 8	0.206 6

3. 已知 $f(x)$ 的数值如表 4.7 所示.

表 4.7

x	2.1	2.2	2.3	2.4	2.5
$f(x)$	11.132 1	12.346 3	13.257 9	15.414 4	17.207 4

分别用两点和三点数值微分公式计算 $x = 2.3$ 处的一阶和二阶导数值.

本章参考答案

第 5 章　常微分方程数值解法

5.1　问题的提出

在自然科学和工程技术领域，很多问题往往需要通过常微分方程来描述，如机械振动、天文学中研究星体运动、空间技术中研究物体飞行、生物种群的演化及商品供求关系等，因此，求出常微分方程的解非常重要．但是能用解析方法求出精确解的常微分方程不多，对于非线性方程更是如此．有的常微分方程即使能求出解析解，但是如果表达式复杂也不方便计算．因此，数值方法成为求解微分方程的常用方法．

最简单的常微分方程初值问题是

$$\begin{cases} \dfrac{\mathrm{d}y}{\mathrm{d}x} = f\left(x, y\right), a \leqslant x \leqslant b, \\ y\left(x_0\right) = y_0, \end{cases} \tag{5.1}$$

其中 $f\left(x,y\right)$ 是定义在 $\left[a,b\right]\times\mathbf{R}$ 上的函数，$y\left(x_0\right)=y_0$ 是初值条件．

定理 5.1　如果 $f\left(x,y\right)$ 在区域 $D=\{\left(x,y\right)|a\leqslant x\leqslant b,|y|<\infty\}$ 内连续，且存在实数 $L>0$，使得

$$\left|f(x,y_1)-f(x,y_2)\right| \leqslant L\left|y_1-y_2\right|, \forall y_1, y_2 \in R$$

则 $\forall\ x_0 \in [a,b], y_0 \in R$，当 $\forall\ x_0 \in [a,b]$ 时常微分方程初值问题（5.1）存在唯一的连续可微解 $y(x)$；

因为求数值解是求微分方程的解 $y\left(x\right)$ 的近似值，所以总假定微分方程的解存在且唯一，即初值问题（5.1）中的 $f\left(x,y\right)$ 满足定理的条件．

初值问题（5.1）的数值解法，就是寻求解 $y\left(x\right)$ 在区间 $\left[a,b\right]$ 上的一系列点

$$x_1 < x_2 < x_3 < \cdots < x_n < \cdots$$

上的近似值 $y_1, y_2, \cdots, y_n, \cdots$．记 $h_i = x_i - x_{i-1}\left(i=1,2,\cdots\right)$，其表示相邻两个节点的间距，称为步长．

求微分方程数值解的主要问题：

（1）如何将微分方程 $\dfrac{\mathrm{d}y}{\mathrm{d}x}=f\left(x,y\right)$ 离散化，并建立求其数值解的递推公式；

（2）递推公式的局部截断误差、数值解 y_n 与精确解 $y\left(x_n\right)$ 的误差估计；

（3）递推公式的稳定性与收敛性．

5.2　解常微分方程初值问题的欧拉方法

欧拉（Euler）方法是最早的解决一阶常微分方程初值问题的一种数值方法，虽然它不够精确，很少被采用，但是它在某种程度上反映了数值方法的基本思想和特征，所以下面首先介绍它．

5.2.1　欧拉方法

考虑初值问题（5.1），为了求得它在等距离散点 $x_1 < x_2 < \cdots < x_n < \cdots$ 上的数值解，首先将式（5.1）离散化. 设 $h = x_i - x_{i-1}\left(i = 1,2,\cdots\right)$，将式（5.1）离散化的方法有泰勒（Taylor）展开法、数值微分法及数值积分法.

如果在点 x_n 将 $y\left(x_{n+1}\right) = y\left(x_n + h\right)$ 做泰勒展开，得

$$y\left(x_{n+1}\right) = y\left(x_n\right) + hy'\left(x_n\right) + \frac{h^2}{2!}y''\left(\xi_n\right), \xi_n \in \left(x_n, x_{n+1}\right), \tag{5.2}$$

那么当 h 充分小时，略去误差项 $\frac{h^2}{2}y''\left(\xi_n\right)$，用 y_n 近似替代 $y\left(x_n\right)$，用 y_{n+1} 近似替代 $y\left(x_{n+1}\right)$，并注意到 $y'\left(x_n\right) = f\left[x_n, y\left(x_n\right)\right]$，便得

$$\begin{cases} y_0 = y\left(x_0\right), \\ y_{n+1} = y_n + hf\left(x_n, y_n\right), n = 0,1,\cdots,N-1, \end{cases} \tag{5.3}$$

其中 $x_n = x_0 + nh, h = \frac{b-a}{N}$. 用式（5.3）求解初值问题（5.1）的方法称为**欧拉方法**.

如果利用差商近似替代微商，那么可得

$$\frac{y\left(x_{n+1}\right) - y\left(x_n\right)}{h} \approx y'\left(x_n\right) = f\left[x_n, y\left(x_n\right)\right] \tag{5.4}$$

在式（5.4）中若用 y_n 近似替代 $y\left(x_n\right)$，用 y_{n+1} 近似替代 $y\left(x_{n+1}\right)$，同样得到递推公式（5.3）.

如果在 $\left[x_n, x_{n+1}\right]$ 上对 $y' = f\left[x, y\left(x\right)\right]$ 积分，得

$$y\left(x_{n+1}\right) - y\left(x_n\right) = \int_{x_n}^{x_{n+1}} f\left[x, y\left(x\right)\right]\mathrm{d}x, \tag{5.5}$$

那么对上式右端积分用左矩形求积公式，并用 y_n 近似替代 $y\left(x_n\right)$，用 y_{n+1} 近似替代 $y\left(x_{n+1}\right)$，也可得到递推公式（5.3）.

我们知道，在 xOy 平面上，微分方程 $\frac{\mathrm{d}y}{\mathrm{d}x} = f\left(x,y\right)$ 的解称为积分曲线，积分曲线上一点 $\left(x,y\right)$ 的切线斜率等于函数 $f\left(x,y\right)$ 的值. 如果在 D 中每一点，都画上一条以 $f\left(x,y\right)$ 在这点的值为斜率并指向 x 增加方向的有向线段，即在 D 上作一个由方程 $\frac{\mathrm{d}y}{\mathrm{d}x} = f\left(x,y\right)$ 确定的方向场，那么方程的解 $f = y\left(x\right)$，从几何上看，就是位于此方向场中的曲线，它在所经过的每一点的切线方向都与方向场的该点的方向相一致.

如图 5.1 所示，从初始点 $P_0\left(x_0,y_0\right)$ 出发，过这点的积分曲线为 $y = y\left(x\right)$，斜率为 $f\left(x_0,y_0\right)$. 设在 $x = x_0$ 附近 $y\left(x\right)$ 可用过 P_0 点的切线近似表示，切线方程为 $y = y_0 + f\left(x_0,y_0\right)\left(x - x_0\right)$. 当 $x = x_1$ 时，$y\left(x_1\right)$ 的近似值为 $y_0 + f\left(x_0,y_0\right)\left(x_1 - x_0\right)$，并记为 y_1，这就得到 $x = x_1$ 时计算 $y\left(x_1\right)$ 的近似公式

$$y = y_1 + f\left(x_1,y_1\right)\left(x - x_1\right).$$

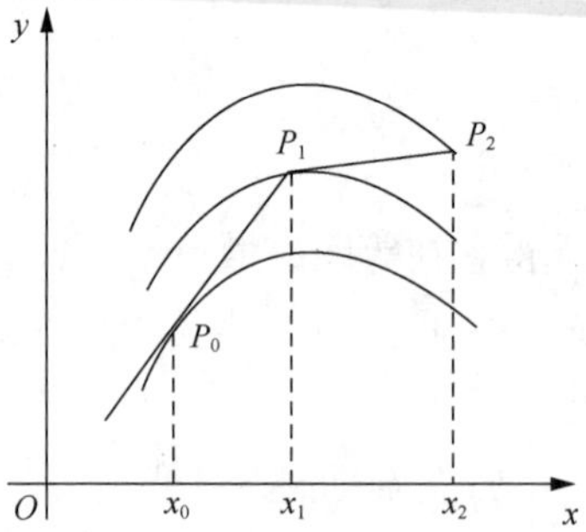

图 5.1

当 $x=x_2$ 时，$y(x_2)$ 的近似值为 $y_1+f(x_1,y_1)(x_2-x_1)$，并记为 y_2．于是就得到当 $x=x_2$ 时计算 $y(x_2)$ 的近似公式

$$y_2=y_1+f(x_1,y_1)(x_2-x_1).$$

重复上面方法，一般可得当 $x=x_{n+1}$ 时计算 $y(x_{n+1})$ 的近似公式

$$y_{n+1}=y_n+f(x_n,y_n)(x_{n+1}-x_n).$$

如果令 $h=x_i-x_{i-1}(i=1,2,\cdots)$，则上面公式就是递推公式（5.3）．将 $P_0,P_1,\cdots,P_N$ 连接起来，就得到一条折线，所以欧拉方法又称为**折线法**.

由递推公式（5.3）可以看出，已知 y_0 便可算出 y_1．已知 y_1，便可算出 y_2，如此继续下去，这种只用前一步的值 y_k 便可计算出 y_{k+1} 的递推公式称为**单步法**.

若在式（5.5）中，其右边的积分由数值积分的右矩形公式近似，并用 y_n 替代 $y(x_n)$，用 y_{n+1} 替代 $y(x_{n+1})$，则可得到

$$\begin{cases}y_0=y(x_0),\\ y_{n+1}=y_n+hf(x_{n+1},y_{n+1}),\end{cases}\tag{5.6}$$

称式（5.6）为**后退欧拉公式**.

递推公式（5.3）是关于 y_{n+1} 的一个直接计算公式，是显式的；而公式（5.6）右端是含有 y_{n+1} 的一个函数方程，因此是隐式的，也是单步法.

若在公式（5.5）中，其右边积分用数值梯形积分公式近似，并用 y_n 替代 $y(x_n)$，用 y_{n+1} 替代 $f(x_{n+1})$，则可得到**梯形方法公式**

$$y_{n+1}=y_n+\frac{h}{2}\left[f(x_n,y_n)+f(x_{n+1},y_{n+1})\right].\tag{5.7}$$

梯形方法同后退欧拉方法一样都是隐式单步法．对于隐式方法，通常采用迭代法.

对后退欧拉方法，先用欧拉方法计算 y_{n+1}，并将它作为初始值 $y_{n+1}^{(0)}$，即 $y_{n+1}^{(0)}=y_n+hf(x_n,y_n)$，再把它代入式（5.6）的右端，便得到后退欧拉方法的迭代公式为

$$\begin{cases}y_{n+1}^{(0)}=y_n+hf(x_n,y_n),\\ y_{n+1}^{(k+1)}=y_n+hf\left[x_{n+1},y_{n+1}^{(k)}\right],k=0,1,\cdots.\end{cases}\tag{5.8}$$

同样地，仍用欧拉方法提供初始值，梯形方法的迭代公式为

$$\begin{cases} y_{n+1}^{(0)} = y_n + hf(x_n, y_n), \\ y_{n+1}^{(k+1)} = y_n + \dfrac{h}{2}[f(x_n, y_n) + f[x_{n+1}, y_{n+1}^{(k)}], k = 0,1,\cdots. \end{cases} \tag{5.9}$$

5.2.2　误差分析

首先讨论欧拉方法的误差．不妨假定在计算 y_{n+1} 时用到前面一步的值是准确值 $y(x_n)$，即 $y_n = y(x_n)$．利用算法由 $y(x_n)$ 计算出的 $y(x_{n+1})$ 的近似值为 y_{n+1}，则 $y(x_{n+1}) - \tilde{y}_{n+1}$ 称为**局部截断误差**，也就是计算一步所产生的误差，记为 T_{n+1}．

将 $y(x_{n+1})$ 在 x_n 处做泰勒展开：

$$y(x_{n+1}) = y(x_n + h) = y(x_n) + hf[x_n, y(x_n)] + \frac{h^2}{2!}y''(\xi),\ x_n < \xi < x_{n+1}.$$

由递推公式（5.3）得

$$\tilde{y}_{n+1} = y_n + hf(x_n, y_n) = y(x_n) + hf[x_n, y(x_n)].$$

上面两式相减得

$$T_{n+1} = y(x_{n+1}) - \tilde{y}_{n+1} = \frac{h^2}{2}y''(\xi). \tag{5.10}$$

若 $y(x)$ 在解的存在区间 $[a,b]$ 上充分光滑，且记 $M_2 = \max\limits_{x\in[a,b]}|y''(x)|$，则欧拉方法的局部截断误差为

$$|T_{n+1}| \leqslant M_2\frac{h^2}{2} = O(h^2). \tag{5.11}$$

计算 y_{n+1} 时（$n=0$ 除外），一般用到的不是 $y(x_n)$，而是近似值 y_n，因为每一步计算除局部截断误差外，还应考虑前一步不准确而引起的误差．我们称这种误差为**总体截断误差或方法误差**．总体截断误差有一个积累过程，它与计算步数有关．把第 n 步的总体截断误差记为 $e_n = y(x_n) - y_n$．对任意的第 $n+1$ 步有

$$|e_{n+1}| = |y(x_{n+1}) - y_{n+1}| \leqslant |y(x_{n+1}) - \tilde{y}_{n+1}| + |\tilde{y}_{n+1} - y_{n+1}|.$$

由式（5.10）知 $|y(x_{n+1}) - \tilde{y}_{n+1}| = |T_{n+1}|$，故只须估计 $|\tilde{y}_{n+1} - y_{n+1}|$．

$$\begin{aligned} |\tilde{y}_{n+1} - y_{n+1}| &= |y(x_n) + hf[x_n, y(x_n)] - y_n - hf(x_n, y_n)| \\ &\leqslant |y(x_n) - y_n| + h|f[x_n, y(x_n)] - f(x_n, y_n)|. \end{aligned}$$

因为 $f(x,y)$ 关于 y 满足利普希茨条件，所以

$$|\tilde{y}_{n+1} - y_{n+1}| \leqslant |e_n| + hL|e_n| = (1+hL)|e_n|,$$

这里 L 是利普希茨常数．综上所述，

$$|e_{n+1}| \leqslant |T_{n+1}| + (1+hL)|e_n|. \tag{5.12}$$

式（5.12）给出了第 $n+1$ 步总体截断误差与第 n 步总体截断误差之间的关系，它对一切 n

都成立．特别地，当 $n=0$ 时，$|e_1|\leqslant|T_1|+(1+hL)|e_0|$，由式（5.1）知，$e_0=y(x_0)-y_0=0$，因此，

$$\begin{aligned}|e_n|&\leqslant|T_n|+(1+hL)|e_{n-1}|\\&\leqslant|T_n|+(1+hL)\left[|T_{n-1}|+(1+hL)|e_{n-2}|\right]\\&=|T_n|+(1+hL)|T_{n-1}|+(1+hL)^2|e_{n-2}|\leqslant\cdots\\&\leqslant|T_n|+(1+hL)|T_{n-1}|+(1+hL)^2|T_{n-2}|+\cdots+(1+hL)^{n-1}|T_1|,\end{aligned}$$

利用式（5.11）得

$$|e_n|\leqslant\sum_{k=0}^{n-1}(1+hL)^k|T_{n-k}|=O(h^2)\sum_{k=0}^{n-1}(1+hL)^k=\frac{(1+hL)^n-1}{1+hL-1}O(h^2)=O(h).\tag{5.13}$$

这说明在区间 $[x_0,x_N]$ 上用欧拉方法求初值问题（5.1）的数值解，若取步长 $h=\dfrac{x_N-x_0}{N}$，则在 $x_n\,(n=1,\cdots,N)$ 各点上的总体截断误差为 $|e_n|=O(h)$.

这表明当 $h\to0$ 时，$e_n\to0$，也就是说当 h 充分小时，近似值 y_n 能和 $y(x_n)$ 充分接近，即数值解是收敛的.

对后退欧拉方法，类似上面的讨论可知，其局部截断误差为

$$y(x_{n+1})-y_{n-1}=-\frac{h^2}{2}y''(x_n)+O(h^3),$$

即局部截断误差关于 h 是二阶的，整体截断误差关于 h 是一阶的.

梯形方法公式（5.7）是将式（5.5）中右边积分用梯形求积公式得到的，而梯形方法公式（5.7）的截断误差为 $-\dfrac{h^3}{12}y'''(\xi_n)$，$x_n<\xi_n<x_{n+1}$，因此，梯形方法公式（5.7）的局部截断误差关于 h 是三阶的，总体截断误差关于 h 是二阶的.

可以证明：对后退欧拉方法的迭代公式（5.8），如果 h 充分小，使 $0<hL<1$，那么迭代过程是收敛的；对梯形方法的迭代公式（5.9），如果 h 充分小，使 $0<\dfrac{hL}{2}<1$，那么迭代过程也是收敛的（这里 L 是利普希茨常数）.

5.2.3 改进的欧拉方法

梯形方法的迭代公式（5.9）比欧拉方法精度高，但其计算较复杂，在应用公式（5.9）进行计算时，每迭代一次，都要重新计算函数 $f(x,y)$ 的值，且还要判断何时可以终止或转下一步计算．为了控制计算量和简化计算方法，通常只迭代一次就转入下一步计算．具体地说，我们先用欧拉公式求得一个初步的近似值 $\overline{y_{n+1}}$，称其为预测值，然后用公式（5.9）做一次迭代得 y_{n+1}，即将 $\overline{y_{n+1}}$ 校正一次．这样建立的预测-校正方法称为改进的欧拉方法.

预测：

$$\overline{y_{n+1}}=y_n+hf(x_n,y_n).$$

校正：

$$y_{n+1}=y_n+\frac{h}{2}\left[f\left(x_n,y_n\right)+f\left(x_{n+1},\overline{y_{n+1}}\right)\right]. \tag{5.14}$$

这个计算公式也可以表示为

$$\begin{cases} y_p=y_n+hf(x_n,y_n), \\ y_c=y_n+hf(x_{n+1},y_p), \\ y_{n+1}=\dfrac{1}{2}(y_p+y_c). \end{cases}$$

例 5.1　取步长 $h=0.1$，分别用欧拉方法及改进的欧拉方法求解初值问题

$$\begin{cases} \dfrac{\mathrm{d}y}{\mathrm{d}x}=-y\left(1+xy\right), \quad 0\leqslant x\leqslant 1, \\ y\left(0\right)=1. \end{cases}$$

解　这个初值问题的准确解为 $y\left(x\right)=\dfrac{1}{\left(2\mathrm{e}^x-x-1\right)}$. 根据题设知

$$f\left(x,y\right)=-y\left(1+xy\right).$$

（1）用欧拉方法的计算式为

$$y_{n+1}=y_n-0.1\times\left[y_n\left(1+x_ny_n\right)\right],$$

由 $y_0=y\left(0\right)=1$，得

$$y_1=1-0.1\times\left[1\times\left(1+0\times 1\right)\right]=0.9,$$

$$y_2=0.9-0.1\times\left[0.9\times\left(1+0.1\times 0.9\right)\right]=0.801\ 9,$$

这样继续计算下去，其结果如表 5.1 所示.

（2）用改进的欧拉方法的计算式为

$$\begin{cases} y_p=y_n-0.1\times[y_n(1+x_ny_n)], \\ y_c=y_n-0.1\times[y_p(1+x_{n+1}y_p)], \\ y_{n+1}=\dfrac{1}{2}(y_p+y_c), \end{cases}$$

由 $y_0=y\left(0\right)=1$，得

$$\begin{cases} y_p=1-0.1\times\left[1\times\left(1+0\times 1\right)\right]=0.9, \\ y_c=1-0.1\times\left[0.9\times\left(1+0.1\times 0.9\right)\right]=0.901\ 9, \\ y_1=\dfrac{1}{2}\left(0.9+0.901\ 9\right)=0.900\ 95, \end{cases}$$

$$\begin{cases} y_p=0.900\ 95-0.1\times\left[0.900\ 95\times\left(1+0.1\times 0.900\ 95\right)\right]\approx 0.802\ 74, \\ y_c=0.900\ 95-0.1\times\left[0.802\ 74\times\left(1+0.2\times 0.802\ 74\right)\right]\approx 0.807\ 79, \\ y_2=\dfrac{1}{2}\left(0.802\ 74+0.807\ 79\right)=0.805\ 26, \end{cases}$$

这样继续计算下去，其结果如表 5.1 所示.

表 5.1

	欧拉方法	改进的欧拉方法	准确值
x_n	y_n	y_n	$y(x_n)$
0.1	0.900 000 0	0.900 950 0	0.900 623 5
0.2	0.801 900 0	0.805 263 2	0.804 631 1
0.3	0.708 849 1	0.715 327 9	0.714 429 8
0.4	0.622 890 2	0.632 565 1	0.631 452 9
0.5	0.545 081 5	0.557 615 3	0.556 346 0
0.6	0.475 717 7	0.490 551 0	0.489 180 0
0.7	0.414 567 5	0.431 068 1	0.429 644 5
0.8	0.361 080 1	0.378 639 7	0.377 204 5
0.9	0.314 541 8	0.332 627 8	0.331 212 9
1.0	0.274 183 3	0.292 359 3	0.290 988 4

从表 5.1 可以看出，欧拉方法的计算结果只有 2 位有效数字，而改进的欧拉方法有 3 位有效数字，这表明改进的欧拉方法的精度比欧拉方法高.

习题 5.2

1．考虑常微分方程初值问题$\begin{cases}\dfrac{\mathrm{d}y}{\mathrm{d}x}=-2x,\\ y(0)=1,\end{cases}$使用欧拉方法，计算 $x=1$ 时对应的 y 值，步长为 0.1.

2．考虑常微分方程初值问题$\begin{cases}\dfrac{\mathrm{d}y}{\mathrm{d}x}=-2y,\\ y(0)=3,\end{cases}$使用改进的欧拉方法，计算 x=1 时对应的 y 值，步长为 0.5.

3．取步长 h=0.1，分别用欧拉方法和改进的欧拉方法求解初值问题$\begin{cases}\dfrac{\mathrm{d}y}{\mathrm{d}x}=xy,\\ y(0)=1.\end{cases}$

5.3　龙格-库塔方法

上一节介绍的欧拉方法、梯形方法及改进的欧拉方法都是单步法，即计算 y_{n+1} 时，只用到 y_n. 欧拉方法及后退的欧拉方法的局部截断误差是 $O(h^2)$，总体截断误差是 $O(h)$，梯形方法的总体截断误差是 $O(h^2)$. 一个方法的总体截断误差若为 $O(h^p)$，则我们称它为 ***p* 阶方法**. 总体截断误差和局部截断误差的关系是

$$\text{总体截断误差} = O(h^{-1}) \times \text{局部截断误差}.$$

一般地，方法的总体截断误差阶越高，该方法的精度也越高.

在上一节我们利用 $y(x_{n+1})$ 在点 x_0 的泰勒展开式的前两项导出欧拉公式. 很自然地，我们想到：若将 $y(x_{n+1})$ 在点 x_0 的泰勒展开式多取几项，则有希望获得高阶方法. 但是直接利用泰勒展开式取多项的办法，需要计算 $f(x,y)$ 的高阶导数，计算量较大. 因此，在建立龙格-库塔（Runge-Kutta）方法时不采用求高阶导数的办法，而是计算不同点上的函数值，然后对这些值做线性组合，构造近似公式，把近似公式和解的泰勒展开式相比较，使它们在前面的若干项相同，从而使近似公式达到一定的阶.

5.3.1　二阶龙格-库塔方法

我们已经知道欧拉方法每一步只计算一次 $f(x,y)$ 的值，总体截断误差为 $O(h)$，它的计算公式可以写成

$$\begin{cases} y_{n+1} = y_n + hk_1 \ (y_0\text{已知}), \\ k_1 = f(x_n, y_n). \end{cases}$$

而改进的欧拉方法，每迭代一步要计算两个函数的值，其总体误差为 $O(h^2)$，它的计算公式可改写成

$$\begin{cases} y_{n+1} = y_n + \dfrac{h}{2}k_1 + \dfrac{h}{2}k_2, \\ k_1 = f(x_n, y_n), \\ k_2 = f(x_n + h, y_n + hk_1). \end{cases}$$

以计算两次函数值为例，设一般计算公式为

$$\begin{cases} y_{n+1} = y_n + h(c_1k_1 + c_2k_2), \\ k_1 = f(x_n, y_n), \\ k_2 = f(x_n + ph, y_n + qhk_1). \end{cases} \tag{5.15}$$

适当选择参数 c_1, c_2, p, q 的值，使在 $y(x_n) = y_n$ 的假设下，截断误差 $y(x_{n+1}) - y_{n+1}$ 的阶尽可能高. 为此，将 $y_{n+1} = y_n + h(c_1k_1 + c_2k_2)$ 在点 (x_n, y_n) 做泰勒展开，因为

$$k_1 = f[x_n, y(x_n)] = y'(x_n),$$

k_2 的展开式为

$$k_2 = f[x_n, y(x_n)] + ph\frac{\partial f}{\partial x}[x_n, y(x_n)] + qhk_1\frac{\partial f}{\partial y}[x_n, y(x_n)] +$$

$$\frac{1}{2!}\left(ph\frac{\partial}{\partial x}+qkh\frac{\partial}{\partial y}\right)^2 f\left[x_n,y\left(x_n\right)\right]+\cdots$$

$$=f\left[x_n,y\left(x_n\right)\right]+ph\frac{\partial}{\partial x}f\left[x_n,y\left(x_n\right)\right]+qhf\left[x_n,y\left(x_n\right)\right]\frac{\partial}{\partial y}\left[x_n,y\left(x_n\right)\right]+O\left(h^3\right),$$

所以

$$y_{n+1}=y\left(x_n\right)+\left(c_1+c_2\right)hf\left(x_n,y_n\right)+c_2ph^2\left[f_x\left(x_n,y_n\right)+\frac{q}{p}f_y\left(x_n,y_n\right)f\left(x_n,y_n\right)\right]+O\left(h^3\right).\quad(5.16)$$

再将 $y\left(x_{n+1}\right)$ 在 $x=x_n$ 做泰勒展开，有

$$y\left(x_{n+1}\right)=y\left(x_n\right)+hy'\left(x_n\right)+\frac{h^2}{2!}\left[f_x\left(x_n,y_n\right)+f_y\left(x_n,y_n\right)f\left(x_n,y_n\right)\right]+O\left(h^3\right).\quad(5.17)$$

若要求局部截断误差达到 $O\left(h^3\right)$，则通过比较上面两式知，参数 c_1,c_2,p,q 必须满足

$$c_1+c_2=1,c_2p=\frac{1}{2},c_2q=\frac{1}{2},$$

这是 4 个未知量、3 个方程的方程组，因此解不唯一．当我们选取 $c_1=c_2=\frac{1}{2},p=q=1$ 时，式（5.16）和式（5.17）的前 3 项完全一致．将参数值代入式（5.16）便得到**二阶龙格-库塔方法**（简记为**二阶 R-K 方法**）的一种迭代方法

$$\begin{cases}y_{n+1}=y_n+\frac{h}{2}k_1+\frac{h}{2}k_2,\\k_1=f\left(x_n,y_n\right),\\k_2=f\left(x_n+h,y_n+hk_1\right),\end{cases}\quad(5.18)$$

它的局部截断误差为 $O\left(h^2\right)$．式（5.18）实际上就是改进的欧拉方法（5.14）.

若取 $c_1=0,c_2=1,p=q=\frac{1}{2}$，则得到二阶 R-K 方法的又一种迭代公式

$$\begin{cases}y_{n+1}=y_n+hk_2,\\k_1=f\left(x_n,y_n\right),\\k_2=f\left(x_n+\frac{h}{2},y_n+\frac{h}{2}k_1\right),\end{cases}$$

或写成

$$y_{n+1}=y_n+hf\left[x_n+\frac{h}{2},y_n+\frac{1}{2}hf\left(x_n,y_n\right)\right].\quad(5.19)$$

式（5.18）和式（5.19）都是显式单步二阶公式.

可以证明，不论这 4 个参数如何选择，都不能使局部截断误差达到 $O(h^4)$．这说明在计算两次函数值的情况下，局部截断误差的阶最高为 $O(h^3)$，要再提高阶就必须增加计算函数值的次数.

5.3.2　三阶及四阶龙格-库塔方法

为了提高方法的精度，考虑每步计算 3 次函数 $f(x,y)$ 的值．根据两次计算函数值的做法，很自然地取 y_{n+1} 的形式为

$$\begin{cases} y_{n+1} = y_n + h(c_1k_1 + c_2k_2 + c_3k_3), \\ k_1 = f(x_n, y_n), \\ k_2 = f(x_n + a_1h, y_n + b_{21}hk_1), \\ k_3 = f(x_n + a_2h, y_n + b_{31}hk_1 + b_{32}hk_2). \end{cases}$$

适当选择参数 $c_1, c_2, c_3, a_1, a_2, a_3, b_{21}, b_{31}, b_{32}$，使截断误差 $y(x_{n+1}) - y_{n+1}$ 的阶尽可能高．由于在推导公式时只考虑局部截断误差，故设 $y_n = y(x_n)$．类似前面二阶 R-K 公式的推导方法，将 y_{n+1} 在 (x_n, y_n) 处做泰勒展开，然后将 $y(x_{n+1})$ 在 $x = x_n$ 处做泰勒展开（这里不详细写出展开式），只要两个展开式的前 4 项相同，便有 $y(x_{n+1}) - y_{n+1} = O(h^4)$，而要两个展开式的前 4 项相同，参数必须满足

$$\begin{gathered} c_1 + c_2 + c_3 = 1, a_1 = b_{21}, a_3 = b_{31} + b_{32} \\ a_1c_2 + a_2c_3 = \frac{1}{2}, a_1^2c_2 + a_2^2c_3 = \frac{1}{3}, a_1c_3b_{32} = \frac{1}{6}. \end{gathered} \tag{5.20}$$

这是 8 个未知数、6 个方程的方程组，解不是唯一的，可以得到很多公式．当我们取方程组的一组解为 $a_1 = \frac{1}{2}, a_2 = 1, b_{21} = \frac{1}{2}, b_{31} = -1, b_{32} = 2, c_1 = \frac{1}{6}, c_2 = \frac{2}{3}, c_3 = \frac{1}{6}$ 时，就得到一种常用的**三阶 R-K** 公式

$$\begin{cases} y_{n+1} = y_n + \frac{h}{6}(k_1 + 4k_2 + k_3), \\ k_1 = f(x_n, y_n), \\ k_2 = f\left(x_n + \frac{h}{2}, y_n + \frac{h}{2}k_1\right), \\ k_3 = f(x_n + h, y_n - hk_1 + 2hk_2). \end{cases} \tag{5.21}$$

从上面导出公式（5.21）的过程知，它的局部截断误差为 $O(h^4)$．

如果每步计算 4 次函数 $f(x,y)$ 的值，完全类似地，可以导出局部截断误差为 $O(h^5)$ 的四阶 R-K 公式．详细推导过程这里略去，只给出结果

$$\begin{cases} y_{n+1} = y_n + \frac{1}{6}(k_1 + 2k_2 + 2k_3 + k_4), \\ k_1 = f(x_n, y_n), \\ k_2 = f\left(x_n + \frac{h}{2}, y_n + \frac{h}{2}k_1\right), \\ k_3 = f\left(x_n + \frac{1}{2}h, y_n + \frac{h}{2}k_2\right), \\ k_4 = f(x_n + h, y_n + hk_3). \end{cases} \tag{5.22}$$

公式（5.22）就是一种常用的**四阶 R-K** 公式，也称为**标准（或经典）四阶 R-K 方法**.

三阶、四阶 R-K 公式都是单步显式公式.

例 5.2 用经典四阶 R-K 方法计算

$$\begin{cases} \dfrac{\mathrm{d}y}{\mathrm{d}x} = y - \dfrac{2x}{y}, & x \in [0,1], \\ y(0) = 1. \end{cases}$$

解 编写 MATLAB 程序如下.

```
>>>>经典四阶 R-K 公式做数值计算
clc;
F='y-2*x/y';
a=0;
b=1;
h=0.1;
n=(b-a)/h;
X=a:h:b;
Y=zeros(1, n+1);
Y(1)=1;
for i=1:n
    x=X(i);
    y=Y(i);
    K1=h*eval(F);
    x=x+h/2;
    y=y+K1/2;
    K2=h*eval(F);
    x=x;
    y=Y(i)+K2/2;
    K3=h*eval(F);
    x=X(i)+h;
    y=Y(i)+K3;
    K4=h*eval(F);
    Y(i+1)=Y(i)+(K1+2*K2+2*K3+K4)/6;
end

>>>>准确解
temp=[];
f=dsolve('Dy=y-2*x/y', 'y(0)=1', 'x');
df=zeros(1, n+1);
for i=1:n+1
    temp=subs(f, 'x', X(i));
    df(i)=double(vpa(temp));
end
disp('步长  经典四阶 R-K 方法  准确值');
disp([X', Y', df']);
%画图观察效果
figure;
plot(X, df, 'k*', X, Y, '--r');
grid on;
title('经典四阶 R-K 方法解常微分方程');
legend('准确值', '经典四阶 R-K 方法');
```

运行上述程序，得到如下结果.

步长	经典四阶 R-K 方法	准确值
0	1.000000000000000	1.000000000000000
0.100000000000000	1.095445531693094	1.095445115010332
0.200000000000000	1.183216745505993	1.183215956619923
0.300000000000000	1.264912228340392	1.264911064067352
0.400000000000000	1.341642353750372	1.341640786499874
0.500000000000000	1.414215577890085	1.414213562373095
0.600000000000000	1.483242222771993	1.483239697419133
0.700000000000000	1.549196452302143	1.549193338482967
0.800000000000000	1.612455349658987	1.612451549659710
0.900000000000000	1.673324659016256	1.673320053068151
1.000000000000000	1.732056365165566	1.732050807568877

画出的函数图形如图 5.2 所示.

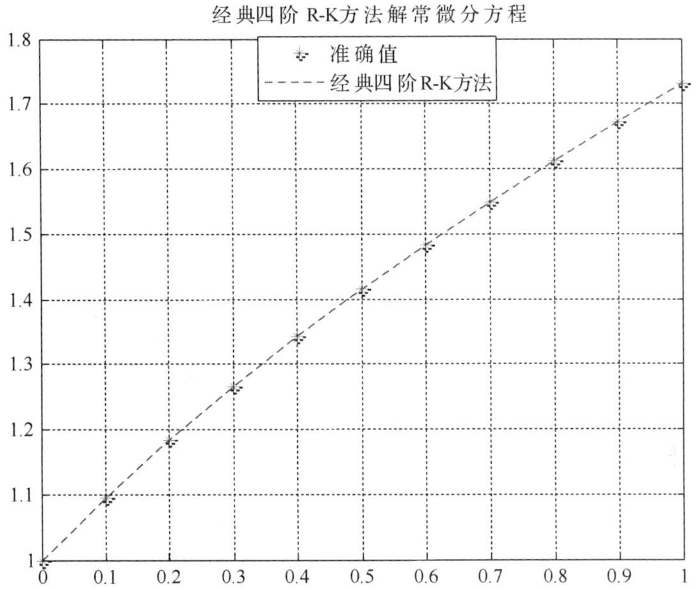

图 5.2

例 5.3　试用欧拉方法、改进的欧拉方法及经典四阶 R-K 方法在不同步长下计算初值问题

$$\begin{cases} \dfrac{\mathrm{d}y}{\mathrm{d}x} = -y(1+xy), 0 \leqslant x \leqslant 1, \\ y(0)=1 \end{cases}$$

在 0.2,0.4,0.8,1.0 处的近似值，并比较它们的数值结果.

解　对上述 3 种方法，每执行一步所需计算 $f(x,y)=-y(1+xy)$ 的次数分别为 1,2,4. 为了公正起见，上述 3 种方法的步长之比应为 1∶2∶4. 因此，在用欧拉方法、改进的欧拉方法及经典四阶 R-K 方法计算 0.2,0.4,0.8,1.0 处的近似值时，它们的步长应分别取为 0.05,0.1,0.2，以使 3 种方法的计算量大致相等.

欧拉方法的计算公式为

$$y_{n+1} = y_n - 0.05\left[y_n\left(1+x_n y_n\right)\right].$$

改进的欧拉方法的计算格式为

$$\begin{cases} y_p = y_n - 0.1\left[y_n\left(1 + x_n y_n\right)\right], \\ y_c = y_n - 0.1\left[y_p\left(1 + x_{n+1} y_p\right)\right], \\ y_{n+1} = \dfrac{1}{2}\left(y_p + y_c\right). \end{cases}$$

经典四阶 R-K 方法的计算公式为

$$\begin{cases} y_{n+1} = y_n + \dfrac{0.2}{6}\left(k_1 + 2k_2 + 2k_3 + k_4\right), \\ k_1 = -y_n\left(1 + x_n y_n\right), \\ k_2 = -\left(y_n + \dfrac{0.2}{2}k_1\right)\left[1 + \left(x_n + \dfrac{0.2}{2}\right)\left(y_n + \dfrac{0.2}{2}k_1\right)\right], \\ k_3 = -\left(y_n + \dfrac{0.2}{2}k_2\right)\left[1 + \left(x_n + \dfrac{0.2}{2}\right)\left(y_n + \dfrac{0.2}{2}k_2\right)\right], \\ k_4 = -\left(y_n + 0.2k_3\right)\left[1 + \left(x_n + 0.2\right)\left(y_n + 0.2k_3\right)\right]. \end{cases}$$

初始值均为 $y_0 = y(0) = 1$，计算结果如表 5.2 所示.

表 5.2

	欧拉方法（步长 h=0.05）	改进的欧拉方法（步长 h=0.1）	四阶经典 R-K 方法（步长 h=0.2）	精确解
x_n	y_n	y_n	y_n	$y(x_n)$
0.2	0.803 186 6	0.805 263 2	0.804 636 3	0.804 631 1
0.4	0.627 177 7	0.632 565 1	0.631 465 3	0.631 452 9
0.8	0.369 303 6	0.378 639 7	0.377 224 9	0.377 204 5
1.0	0.282 748 2	0.292 359 3	0.291 008 6	0.290 988 4

从表 5.2 可以看出，在计算量大致相等的情况下，用欧拉方法计算的结果只有 2 位有效数字，用改进的欧拉方法计算的结果有 3 位有效数字，而用经典四阶 R-K 方法计算的结果有 5 位有效数字，这与理论分析是一致的. 例 5.2 和例 5.3 的计算结果说明，在解决实际问题时，选择恰当的算法是非常必要的.

需要指出的是，经典四阶 R-K 方法基于泰勒展开式，因而要求解具有足够的光滑性. 如果解的光滑性差，使用经典四阶 R-K 方法求得的数值解的精度，可能不如改进的欧拉方法精度高. 因此，在实际计算时，要根据具体问题的特性，选择合适的算法.

5.3.3 变步长的龙格-库塔方法

上面导出的 R-K 方法都是定步长的，单从每一步来看，步长 h 越小，局部截断误差也越小，但随着步长的减小，在一定范围内要进行的步数就会增加，而步数增加不仅增加计算量，还有可能引起舍入误差的积累过大. 由于 R-K 方法是单步法，每一步计算步长都是独立的，所以步长的选择具有较大的灵活性. 因此，根据实际问题的具体情况合理选择每一步的步长是非常有意义的. 下面我们来建立变步长的 R-K 公式.

以经典四阶 R-K 公式为例进行说明，从基点 x_0 出发，先选一个步长 h，利用公式（5.22）求出的近似值记为 $y_1^{(h)}$，由于公式的局部截断误差为 $O(h^5)$，所以有

$$y(x_1)-y_1^{(h)}=ch^5, \tag{5.23}$$

其中 c 为常数. 然后将步长 h 进行折半，即取步长为 $\frac{h}{2}$，从基点 x_0 出发，到 $\frac{x_0+x_1}{2}$ 算一步，由 $\frac{x_0+x_1}{2}$ 到 x_1 再算一步，将求得的近似值记为 $y_1^{\left(\frac{h}{2}\right)}$，因此有

$$y(x_1)-y_1^{\left(\frac{h}{2}\right)}\approx 2c\left(\frac{h}{2}\right)^5 \tag{5.24}$$

由式（5.23）及式（5.24）得

$$\frac{y(x_1)-y_1^{\left(\frac{h}{2}\right)}}{y(x_1)-y_1^{(h)}}\approx\frac{1}{16}$$

一般地，从 x_n 出发，照上面的做法也可得到

$$\frac{y(x_{n+1})-y_{n+1}^{\left(\frac{h}{2}\right)}}{y(x_{n+1})-y_{n+1}^{(h)}}\approx\frac{1}{16}$$

或写成

$$y(x_{n+1})-y_{n+1}^{\left(\frac{h}{2}\right)}\approx\frac{1}{15}\left(y_{n+1}^{\left(\frac{h}{2}\right)}-y_{n+1}^{(h)}\right) \tag{5.25}$$

式（5.25）是事后估计式，记

$$\varDelta=\left|y_{n+1}^{\left(\frac{h}{2}\right)}-y_{n+1}^{(h)}\right|, \tag{5.26}$$

对给定的步长 h，若 $\varDelta>\varepsilon$（ε 是预先指定的精度），说明步长 h 太大，应折半进行计算，直至 $\varDelta<\varepsilon$ 为止，这时取 $y_{n+1}^{\left(\frac{h}{2}\right)}$ 作为近似值；如果 $\varDelta<\varepsilon$，则将步长 h 加倍，直到 $\varDelta<\varepsilon$ 为止，这时再将步长折半一次，就把这次所得结果作为近似值.

变步长的 R-K 方法的计算步骤如下.

设误差上限为 ε，误差最小下限为 $\frac{\varepsilon}{M}$，$M>1$，步长最大值为 h_0，从 x_n 出发进行计算. 步长为 h.

（1）用步长 h 和 R-K 公式计算 $y_{n+1}^{(h)}$，用步长 $\frac{h}{2}$ 计算两步得 $y_{n+1}^{\left(\frac{h}{2}\right)}$，并计算 $\varDelta$.

（2）若 $\varDelta<\varepsilon$，说明步长过大，应将 h 折半，返回（1）重新计算；

（3）若 $\varDelta<\frac{\varepsilon}{M}$，说明步长过小，在下一步将 h 放大，但不超过 h_0.

这种通过加倍和减半处理步长的 R-K 方法就称为变步长 R-K 方法. 从表面上看，为了选择步长，每一步的计算量增加了，但从总体考虑还是合算的.

习题 5.3

1. 取步长 $h=0.2$，用经典四阶 R-K 方法求解下列初值问题：

（1）$\begin{cases} y'=x+y, 0<x<1, \\ y(0)=1; \end{cases}$ （2）$\begin{cases} y'=\dfrac{3y}{1+x}, 0<x<1, \\ y(0)=1. \end{cases}$

2. 证明对任意参数 t，下列 R-K 公式是二阶的.

$$\begin{cases} y_{n+1}=y_n+\dfrac{h}{2}(k_2+k_3); \\ k_1=f(x_n,y_n); \\ k_2=f(x_n+th, y_n+thk_1); \\ k_3=f\left[x_n+(1-t)h, y_n+(1-t)hk_1\right] \end{cases}$$

3. 用经典四阶 R-K 方法计算 $\begin{cases} \dfrac{\mathrm{d}y}{\mathrm{d}x}=\dfrac{3y}{1+x}, x\in[0,1], \\ y(0)=1. \end{cases}$

5.4 线性多步法

上一节介绍的 R-K 方法是单步法，计算 y_{n+1} 时，只用到 y_n，而已知信息 y_{n-1}, y_{n-2} 等没有被直接利用. 可以设想，如果充分利用已知信息 $y_{n-1}, y_{n-2}, \cdots$ 来计算 y_{n+1}，那么不但有可能提高精度，而且大大减少了计算量，这就是构造所谓线性多步法的基本思想. 构造 R-K 公式时利用了泰勒展开式，本节利用数值积分公式来构造线性多步法公式. 为清晰简明起见，这里只介绍简单的线性多步法，至于一般情形可完全类似推导出来.

考虑如下形式的求解公式：

$$y_{n+1}=\sum_{i=0}^{k-1}\alpha_i y_{n-i}+h\sum_{i=-1}^{k-1}\beta_i f_{n-i} \tag{5.27}$$

其中 $f_i\equiv f(x_j,y_j)$，$\alpha_i\,(i=0,1,\cdots,k-1)$ 和 $\beta_j\,(j=-1,0,\cdots,k-1)$ 为与 n 无关的常数. 由于按公式（5.27）计算 y_{n+1} 时，需要知道 $y_n, y_{n-1}, \cdots, y_{n-k+1}$ 这 k 个值，所以称为 ***k* 步法**. 又 $y_{n-i}\,(i=0,1,\cdots,k-1)$ 及 $f_{n-1}\,(i=-1,0,\cdots,k-1)$ 都是线性的，所以称式（5.27）为**线性多步**（这里是 k 步）**法**.

当 $\beta_{-1}=0$ 时，公式中不含 f_{n+1}，这时公式是显式的；当 $\beta_{-1}\neq 0$ 时，公式为隐式的.

我们知道常微分方程初值问题（5.1）与积分

$$y(x_{n+1})=y(x_n)+\int_{x_n}^{x_{n+1}} f\left[t,y(t)\right]\mathrm{d}t \tag{5.28}$$

是等价的. 对 $\dfrac{\mathrm{d}y}{\mathrm{d}x}=f\left[x,y(x)\right]$ 做多项式插值，利用插值型求积公式，便可得到相应的线性多步法公式. 下面我们讨论最简单的多步法——亚当姆斯（Admas）方法.

5.4.1　亚当姆斯显式与隐式公式

为了导出求常微分方程初值问题（5.1）的数值解法，我们将式（5.28）右边积分的被积函数用插值多项式来近似替代. 从插值角度来看，插值多项式次数越高越精确，但不能过高（因为高次插值会出现龙格现象）. 这里，我们取三次插值多项式. 插值节点除 x_n , x_{n+1} 外，通常还要在 $\left[x_n, x_{n+1}\right]$ 内再取两点作为插值节点，但取区间 $\left[x_n, x_{n+1}\right]$ 内的点时，函数值又不知道. 由于已知 $y_{n-1}, y_{n-2}, y_{n-3}, \cdots$,所以我们取插值节点， $x_{n-2}, x_{n-1}, x_n, x_{n+1}$ ，做三次插值多项式

$$
\begin{aligned}
p_3(t)= & \frac{(t-x_n)(t-x_{n-1})(t-x_{n-2})}{(x_{n+1}-x_n)(x_{n+1}-x_{n-1})(x_{n+1}-x_{n-2})} f\left[x_{n+1}, y(x_{n+1})\right]+ \\
& \frac{(t-x_{n+1})(t-x_{n-1})(t-x_{n-2})}{(x_n-x_{n+1})(x_n-x_{n-1})(x_n-x_{n-2})} f\left[x_n, y(x_n)\right]+ \\
& \frac{(t-x_{n+1})(t-x_n)(t-x_{n-2})}{(x_{n-1}-x_{n+1})(x_{n-1}-x_n)(x_{n-1}-x_{n-2})} f\left[x_{n-1}, y(x_{n-1})\right]+ \\
& \frac{(t-x_{n+1})(t-x_{n-1})(t-x_{n-1})}{(x_{n-2}-x_{n+1})(x_{n-2}-x_n)(x_{n-2}-x_{n-1})} f\left[x_{n-2}, y(x_{n-2})\right] \\
= & \frac{1}{6h^3}(t-x_n)(t-x_{n-1})(t-x_{n-2}) f\left[x_{n+1}, y(x_{n+1})\right]- \\
& \frac{1}{2h^3}(t-x_{n+1})(t-x_{n-1})(t-x_{n-2}) f\left[x_n, y(x_n)\right]+ \\
& \frac{1}{2h^3}(t-x_{n+1})(t-x_n)(t-x_{n-2}) f\left[x_{n-1}, y(x_{n-1})\right]- \\
& \frac{1}{6h^3}(t-x_{n+1})(t-x_n)(t-x_{n-1}) f\left[x_{n-2}, y(x_{n-2})\right],
\end{aligned} \tag{5.29}
$$

其中 $h=x_i-x_{i-1}(i=n+1, n, n-1)$.

插值余项为

$$
r_3(t)=\frac{F^{(4)}(\xi)}{4!}(t-x_{n+1})(t-x_n)(t-x_{n-1})(t-x_{n-2}), \tag{5.30}
$$

其中， $F(x)=f\left[x, y(x)\right], x_{n-2}<\xi<x_{n+1}$ 故有

$$
f\left[t, y(t)\right]=p_3(t)+r_3(t). \tag{5.31}
$$

将式（5.31）代入式（5.28）右端的积分，并略去 $r_3(t)$ ，令 $t=x_n+uh$ ，再将 $y(x_{n-2}), y(x_{n-1})$, $y(x_n), y(x_{n+1})$ 分别用近似值 y_{n-2} , y_{n-1} , y_n , y_{n+1} 表示，得

$$
\begin{aligned}
y_{n+1}= & y_n+\frac{1}{6} h f(x_{n+1}, y_{n+1}) \int_0^1 u(u+1)(u+2) \mathrm{d} u- \\
& \frac{1}{2} h f(x_n, y_n) \int_0^1(u-1)(u+1)(u+2) \mathrm{d} u- \\
& \frac{1}{2} h f(x_{n-1}, y_{n-1}) \int_0^1(u-1) u(u+2) \mathrm{d} u- \\
& \frac{1}{6} h f(x_{n-2}, y_{n-2}) \int_0^1(u-1) u(u+1) \mathrm{d} u \\
= & y_n+\frac{1}{24} h\left[9 f(x_{n+1}, y_{n+1})+19 f(x_n, y_n)-5 f(x_{n-1}, y_{n-1})+f(x_{n-2}, y_{n-2})\right].
\end{aligned} \tag{5.32}
$$

式（5.32）称为**四阶隐式亚当姆斯（外推）公式**.

若插值节点取为 $x_n, x_{n-1}, x_{n-2}, x_{n-3}$，则三次插值多项式为

$$\begin{aligned}\overline{p_3}(t)=&\frac{1}{6h^3}(t-x_{n-1})(t-x_{n-2})(t-x_{n-3})f\left[x_n,y(x_n)\right]-\\&\frac{1}{2h^3}(t-x_n)(t-x_{n-2})(t-x_{n-3})f\left[x_{n-1},y(x_{n-1})\right]+\\&\frac{1}{2h^3}(t-x_n)(t-x_{n-1})(t-x_{n-3})f\left[x_{n-2},y(x_{n-2})\right]-\\&\frac{1}{6h^3}(t-x_n)(t-x_{n-1})(t-x_{n-2})f\left[x_{n-3},y(x_{n-3})\right],\end{aligned}$$

插值余项为

$$\overline{r_3}(t)=\frac{1}{4!}F^{(4)}(\xi)(t-x_n)(t-x_{n+1})(t-x_{n-2})(t-x_{n-3}),\ x_{n-3}<\xi<x_n,$$

于是有

$$f\left[t,y(t)\right]=\overline{p_3}(t)+\overline{r_3}(t).\tag{5.33}$$

将式（5.33）代入式（5.28）右端，略去余项，积分，并用 y_i 近似替代 $y(x_i)$,$(i=n-3,n-2,n-1,n)$，便得

$$y_{n+1}=y_n+\frac{1}{24}h[55f(x_n,y_n)-59f(x_{n-1},y_{n-1})+37f(x_{n-2},y_{n-2})-9f(x_{n-3},y_{n-3})].\tag{5.34}$$

这就是**四阶显式亚当姆斯（内插）公式**.

由余项表示式（5.30）得四阶隐式亚当姆斯公式的截断误差为

$$T_{n+1}=\int_{x_n}^{x_{n+1}}\frac{1}{24}F^{(4)}(\xi)(t-x_{n+1})(t-x_n)(t-x_{n-1})(t-x_{n-2})\mathrm{d}t.$$

令 $t=x_n+uh$，由第二积分中值定理得

$$\begin{aligned}T_{n+1}&=\int_{x_n}^{x_{n+1}}\frac{1}{24}F^{(4)}(\xi)(t-x_{n+1})(t-x_n)(t-x_{n-1})(t-x_{n-2})\mathrm{d}u\\&=-\frac{19}{720}h^5y^{(5)}(\eta),x_{n-2}<\eta<x_{n+1}.\end{aligned}\tag{5.35}$$

这表明四阶隐式亚当姆斯公式的局部截断误差为 $O(h^5)$.

同理可得四阶显式亚当姆斯公式的截断误差为

$$T_{n+1}=\frac{251}{720}h^5y^{(5)}(\eta),x_{n-3}<\eta<x_n\ ;\tag{5.36}$$

四阶显式亚当姆斯公式的局部截断误差也为 $O(h^5)$.

5.4.2 初始值的计算

在公式（5.32）和公式（5.34）中，需要多个初始值才能进行计算，如用公式（5.32）计算 y_{n+1} 时就需要知道 y_n, y_{n-1}, y_{n-2}，而常微分方程初值问题（5.1）只提供了一个初始值，还有两个初始值需要用其他方法来获得. 因此，一般来说，线性多步法不是自动开始的方法. 因为微分方程的初始值在定解时起重要作用，所以补充的初始值精度要高一些. 对四

阶亚当姆斯公式而言（隐式的或显式的），局部截断误差为$O(h^5)$，因此用于补充初始值的其他方法的局部截断误差应不低于$O(h^5)$，否则由于初始值不准确，会影响最后的结果. 对四阶亚当姆斯公式而言，最常用的补充初始值的方法是经典四阶 R-K 方法，最好用较小步长（如$\frac{h}{2}$）来计算亚当姆斯公式中所缺少的初始值. 还可以用泰勒展开法，如将$y(x)$在$x=x_0$处做泰勒展开，有

$$y(x)=y(x_0)+y'(x_0)(x-x_0)+\frac{1}{2!}y''(x_0)(x-x_0)^2+\cdots,$$

取它的前若干项，使余项满足精度要求.

四阶显式亚当姆斯公式，在补充缺少的初始值后就可计算了. 每步只算一个函数值，局部截断误差可达到$O(h^5)$，这是单步法难以达到的. 而隐式亚当姆斯公式，每步需要解一个非线性方程，与显式亚当姆斯公式相比，在计算上增加了许多困难. 但是隐式亚当姆斯的精度及稳定性比显式亚当姆斯公式好得多（同阶的显式亚当姆斯公式与隐式亚当姆斯公式相比）.

5.4.3　预测-校正方法

在实际应用中，为了保留隐式亚当姆斯公式的优点，一般将显式亚当姆斯公式与隐式亚当姆斯公式联合使用，用显式 Adams 公式提供预测值，用隐式亚当姆斯公式加以校正，这样，既不用求解非线性方程，又能达到较高的精度. 这种方法称为预测-校正方法. **一般亚当姆斯预测-校正过程**是

$$\begin{cases} y_{n+1}^{(0)}=y_n+\frac{h}{24}[55f(x_n,y_n)-59f(x_{n-1},y_{n-1})+37f(x_{n-2},y_{n-2})-9f(x_{n-3},y_{n-3})], \\ y_{n+1}^{(k+1)}=y_n+\frac{h}{24}\left[9f\left(x_{n+1},y_{n+1}^{(k)}\right)+19f(x_n,y_n)-5f(x_{n-1},y_{n-1})+f(x_{n-2},y_{n-2})\right], \end{cases} \tag{5.37}$$

其中$y_i'=f(x_i,y_i),i=n,n-1,n-2,n-3$.

公式（5.37）表明一般亚当姆斯预测-校正过程就是用显式亚当姆斯公式给出较好的近似值，再用隐式亚当姆斯公式进行迭代. 可以证明，在一定条件下，

$$y_{n+1}^{(k)}\to y_{n+1}(k\to\infty),$$

于是，在迭代几次后，可取$y_{n+1}^{(k)}$作为y_{n+1}的近似值.

在实际应用中，我们希望用隐式 Adams 公式迭代时，迭代的次数不要太多，如果不进行迭代则最好. 为此，仿照改进的欧拉方法，我们也可以构造下列**亚当姆斯预测-校正公式**.

预测：

$$\overline{y}'_{n+1}=y_n+\frac{h}{24}[55f(x_n,y_n)-59f(x_{n-1},y_{n-1})+37f(x_{n-2},y_{n-2})-9(x_{n-3},y_{n-3})],$$

校正：

$$y_{n+1}=y_n+\frac{h}{24}[9f(x_{n+1},\overline{y}_{n+1})+19f(x_n,y_n)-5f(x_{n-1},y_{n-1})+f(x_{n-2},y_{n-2})]. \tag{5.38}$$

上述预测-校正公式是四步法，它在计算 y_{n+1} 时不但要用到前一步的信息 y_n, y'_n，而且要用到更前面 3 步的信息 $y'_{n-1}, y'_{n-2}, y'_{n-3}$，因此它不能自行启动．在实际计算时，可借助某种单步法，如经典四阶 R-K 方法，来提供启动值 y_1, y_2, y_3．

一般来说，亚当姆斯预测-校正公式（5.38）虽然计算量小，但其精度比一般亚当姆斯预测-校正过程（5.37）要低．为了改善简单亚当姆斯预测-校正公式（5.38）的精度，我们通过对显式及隐式亚当姆斯公式进行误差分析，得到下列修正的亚当姆斯预测–校正公式.

用四阶显式亚当姆斯公式做预测，第 n 步得到的结果为 $y_{n+1}^{(p)}$；用四阶隐式亚当姆斯公式计算，第 n 步得到结果为 y_{n+1}^{c}．由式（5.35）及式（5.36）得

$$T_{n+1}^{p} = y(x_{n+1}) - y_{n+1}^{p} = \frac{251}{720} h^5 y^{(5)}(\eta_1), x_{n-3} < \eta_1 < x_n;$$

$$\overline{T}_{n+1}^{c} = y(x_{n+1}) - y_{n+1}^{c} = -\frac{19}{720} h^5 y(\eta_2), x_{n-2} < \eta_2 < x_{n+1}. \tag{5.39}$$

将两式相减，得

$$y_{n+1}^{c} - y_{n+1}^{p} = \frac{19}{720} h^5 y^{(5)}(\eta_2) + \frac{251}{720} h^5 y^{(5)}(\eta_1).$$

假定解 $y(x)$ 的五阶导数 $y^{(5)}(x)$ 在求解区间内连续，且变化不大，则在 $[x_{n-3}, x_{n+1}]$ 内必存在一点 η，使

$$\frac{19}{720} h^5 y(\eta_2) + \frac{251}{720} h^5 y^{(5)}(\eta_1) = \frac{270}{720} h^5 y^{(5)}(\eta),$$

于是

$$h^5 y^{(5)}(\eta) = \frac{720}{270}\left(y_{n+1}^{c} - y_{n+1}^{p}\right).$$

这样就得到

$$y(x_{n+1}) - y_{n+1}^{p} \approx \frac{251}{270}\left(y_{n+1}^{c} - y_{n+1}^{p}\right),$$

$$y(x_{n+1}) - y_{n+1}^{c} \approx -\frac{19}{270}\left(y_{n+1}^{c} - y_{n+1}^{p}\right). \tag{5.40}$$

式（5.40）是式（5.39）两个公式的修正公式，由此可给出**修正的亚当姆斯预测-校正公式**.

预测：$y_{n+1}^{p} = y_n + \dfrac{h}{24}\left(55 f_n - 59 f_{n-1} + 37 f_{n-2} - 9 f_{n-3}\right).$

修正：$\overline{y}_{n+1} = y_{n+1}^{p} + \dfrac{251}{270}\left(y_n^{c} - y_n^{p}\right).$

求 f:

$$m'_{n+1} = f\left(x_{n+1}, m_{n+1}\right). \tag{5.41}$$

校正：$y_{n+1}^{c} = y_n + \dfrac{h}{24}\left[9 f(x_{n+1}, \overline{y}_{n+1}) + 19 f_n - 5 f_{n-1} + f_{n-2}\right].$

修正：$y_{n+1} = y_{n+1}^{c} - \dfrac{19}{270}\left(y_{n+1}^{c} - y_{n+1}^{p}\right).$

求导：$y'_{n+1} = f\left(x_{n+1}, y_{n+1}\right).$

修正的亚当姆斯预测-校正公式（5.40）也是四步法，它在计算 y_{n+1} 时要用到前面 4 步的信息 $y_n, y'_n, y'_{n-1}, y'_{n-2}, y'_{n-3}, y_n^{c} - y_n^{p}$，因此它在开始计算之前必须先给出启动值 y_1, y_2, y_3，

$y_3^c - y_3^p$. 同亚当姆斯预测-校正公式（5.38）一样，y_1, y_2, y_3 可用其他四阶单步法（如经典四阶 R-K 方法）提供，而令 $y_3^c - y_3^p = 0$.

由式（5.41）得

$$\left|y_{n+1} - y_{n+1}^c\right| = \frac{19}{270}\left|y_{n+1}^c - y_{n+1}^p\right|. \tag{5.42}$$

因此

$$\left|y_{n+1} - y_{n+1}^c\right| = \frac{19}{270}\left|y_{n+1}^c - y_{n+1}^p\right| < \varepsilon, \tag{5.43}$$

其中 ε 是预先给定的小正数.

由式（5.43）知，若 $\left|y_{n+1}^c - y_{n+1}^p\right|$ 非常小，则说明步长 h 可以放大；若 $\left|y_{n+1}^c - y_{n+1}^p\right|$ 比较大，则说明步长 h 应该减小；若 $\left|y_{n+1}^c - y_{n+1}^p\right|$ 出现突然变化，则可能是计算出现错误，应该进行检查.

例 5.4　利用亚当姆斯四步四阶显式法计算

$$\begin{cases} \dfrac{\mathrm{d}y}{\mathrm{d}x} = y - \dfrac{2x}{y}, x \in [0,1], \\ y(0) = 1. \end{cases}$$

解　前 3 步用经典四阶 R-K 方法启动计算．编制如下求解程序.

```
%用亚当姆斯四步四阶显式法做常微分方程数值计算
%[a, b]为求解区间,h为步长
clc;
F='y-2*x/y';
a=0;
b=1;
h=0.1;
n=(b-a)/h;
X=a:h:b;
Y=zeros(1,n+1);
Y(1)=1;
%以经典四阶 R-K 方法启动
for i=1:3
      x=X(i);
      y=Y(i);
      K1=h*eval(F);
      x=x+h/2;
      y=y+K1/2;
      K2=h*eval(F);
      x=x;
      y=Y(i)+K2/2;
      K3=h*eval(F);
      x=X(i)+h;
      y=Y(i)+K3;
      K4=h*eval(F);
      Y(i+1)=Y(i)+(K1+2*K2+2*K3+K4)/6;
end
```

```
%亚当姆斯四步四阶显式法
for i=4:n
     x=X(i-3);
     y=Y(i-3);
     f1=eval(F);
     x=X(i-2);
     y=Y(i-2);
     f2=eval(F);
     x=X(i-1);
     y=Y(i-1);
     f3=eval(F);
     x=X(i);
     y=Y(i);
     f4=eval(F);
     Y(i+1)=Y(i)+h*(55*f4-59*f3+37*f2-9*f1)/24;
end

%准确解
temp=[];
f=dsolve('Dy=y-2*x/y','y(0)=1','x');
df=zeros(1,n+1);
for i=1:n+1
     temp=subs(f,'x',X(i));
     df(i)=double(vpa(temp));
end
disp('        步长              亚当姆斯四步四阶显式法               准确值');
disp([X',Y',df']);
%画图观察效果
figure;
plot(X,df,'k*',X,Y,'--r');
grid on;
title('用亚当姆斯四步四阶显式法解常微分方程');
legend('准确值','亚当姆斯四步四阶显式法');
```

程序运行结果如下.

步长	亚当姆斯四步四阶显式法	准确值
0	1.000000000000000	1.000000000000000
0.100000000000000	1.095445531693094	1.095445115010332
0.200000000000000	1.183216745505993	1.183215956619923
0.300000000000000	1.264912228340392	1.264911064067352
0.400000000000000	1.341551759049205	1.341640786499874
0.500000000000000	1.414046421479413	1.414213562373095
0.600000000000000	1.483018909732277	1.483239697419133
0.700000000000000	1.548918873971137	1.549193338482967
0.800000000000000	1.612116428793334	1.612451549659710
0.900000000000000	1.672917033446480	1.673320053068151
1.000000000000000	1.731569752635566	1.732050807568877

用亚当姆斯四步四阶显式法求解的结果与准确值的对比如图 5.3 所示.

由图 5.3 可看出线性多步法的精度还是很高的. 它的优点在于每次计算量大大减小，缺点是不能自启动，需要借助其他方法启动.

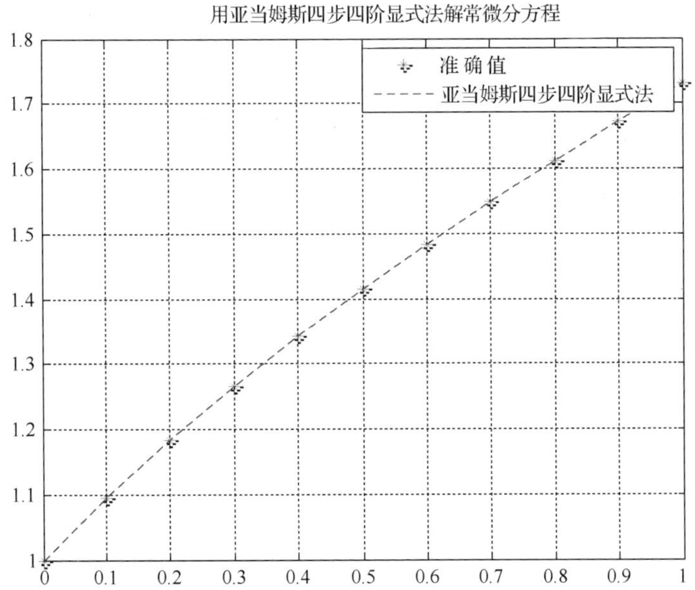

图 5.3

例 5.5　利用亚当姆斯预测-校正公式求解

$$\begin{cases} \dfrac{\mathrm{d}y}{\mathrm{d}x} = y - \dfrac{2x}{y}, x \in [0,1], \\ y(0) = 1. \end{cases}$$

解　前面 3 步还是用经典四阶 R-K 方法启动计算，求解程序如下.

```
%ex9_5.m
%用亚当姆斯预测-校正公式做常微分方程数值计算
%[a,b]为求解区间,h 为步长
clc;
F='y-2*x/y';
a=0;
b=1;
h=0.1;
n=(b-a)/h;
X=a:h:b;
Y=zeros(1,n+1);%亚当姆斯预测值
Y(1)=1;
%以经典四阶 R-K 方法启动
for i=1:3
      x=X(i);
      y=Y(i);
      K1=h*eval(F);
      x=x+h/2;
      y=y+K1/2;
      K2=h*eval(F);
      x=x;
      y=Y(i)+K2/2;
      K3=h*eval(F);
      x=X(i)+h;
      y=Y(i)+K3;
```

```
        K4=h*eval(F);
        Y(i+1)=Y(i)+(K1+2*K2+2*K3+K4)/6;
end
%亚当姆斯预测-校正公式
Y1=Y;%亚当姆斯校正值
for i=4:n
        x=X(i-3);
        y=Y(i-3);
        f1=eval(F);
        x=X(i-2);
        y=Y(i-2);
        f2=eval(F);
        x=X(i-1);
        y=Y(i-1);
        f3=eval(F);
        x=X(i);
        y=Y(i);
        f4=eval(F);
        Y(i+1)=Y(i)+h*(55*f4-59*f3+37*f2-9*f1)/24;%亚当姆斯预测值
        x=X(i+1);
        y=Y(i+1);
        f0=eval(F);
        Y1(i+1)=Y(i)+h*(9*f0+19*f4-5*f3+f2)/24;%校正值
end

%准确解
temp=[];
f=dsolve('Dy=y-2*x/y','y(0)=1','x');
df=zeros(1,n+1);
for i=1:n+1
        temp=subs(f,'x',X(i));
        df(i)=double(vpa(temp));
end
disp('        步长              亚当姆斯预测值            亚当姆斯校正值              准确值');
disp([X',Y',Y1',df']);
%画图观察效果
figure;
plot(X,df,'k*',X,Y,'-.r',X,Y1,'--b');
grid on;
title('用亚当姆斯预测-校正公式解常微分方程');
legend('准确值','亚当姆斯预测值','亚当姆斯校正值');
```

运行上述程序，得到如下结果.

步长	亚当姆斯预测值	亚当姆斯校正值	准确值
0	1.000000000000000	1.000000000000000	1.000000000000000
0.100000000000000	1.095445531693094	1.095445531693094	1.095445115010332
0.200000000000000	1.183216745505993	1.183216745505993	1.183215956619923
0.300000000000000	1.264912228340392	1.264912228340392	1.264911064067352
0.400000000000000	1.341551759049205	1.341641357193254	1.341640786499874
0.500000000000000	1.414046421479413	1.414107280831795	1.414213562373095
0.600000000000000	1.483018909732277	1.483044033257615	1.483239697419133
0.700000000000000	1.548918873971137	1.548934845800237	1.549193338482967
0.800000000000000	1.612116428793334	1.612129054676922	1.612451549659710

```
0.900000000000000   1.672917033446480   1.672925295781879   1.673320053068151
1.000000000000000   1.731569752635566   1.731575065330948   1.732050807568877
```

画出的图形如图 5.4 所示.

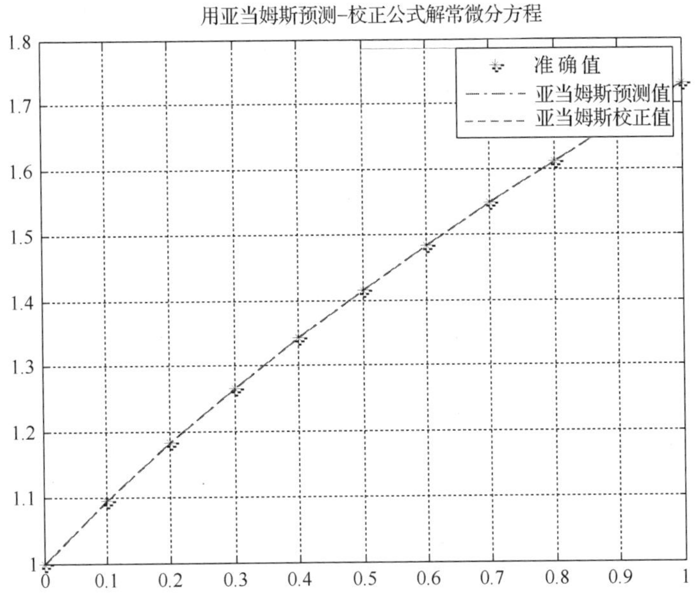

图 5.4

将图 5.4 进行局部放大后得到图 5.5 所示效果图.

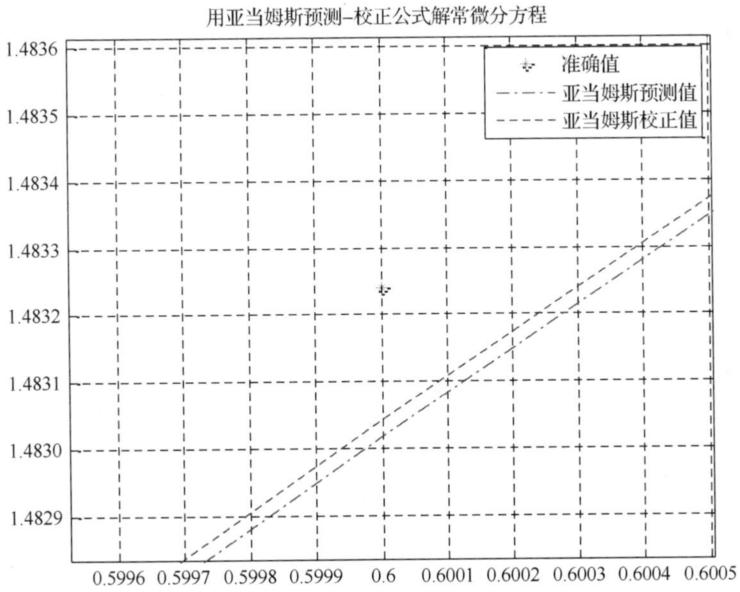

图 5.5

从图 5.5 可以看出，相对预测值，校正值的曲线更接近准确值.

习题 5.4

1. 分别用二阶显式亚当姆斯方法和二阶隐式亚当姆斯方法求解下列问题：$y'=1-y$，$y(0)=0$，取 $h=0.2, y_0=0, y_1=0.181$，计算 $y(1.0)$，并与准确解 $y=1-\mathrm{e}^{-x}$ 做比较.

2. 取步长 $h=0.1$，用亚当姆斯预测-校正公式及修正的亚当姆斯预测-校正公式求解初值问题 $\begin{cases}\dfrac{\mathrm{d}y}{\mathrm{d}x}=-y(1+xy),0\leqslant x\leqslant 1,\\ y(0)=1.\end{cases}$

5.5 收敛性与稳定性

常微分方程初始问题（5.1）数值解法的基本思想是通过某种离散化手段将微分方程转化为差分方程，很自然地，我们要考虑数值解法的收敛性及稳定性. 下面主要考察单步法的收敛性. 前面介绍的欧拉方法及 R-K 方法都是单步法，其计算式都可表示为

$$\begin{cases}y_{n+1}=y_n+h\varphi(x_n,y_n,h),\\ y(x_0)=y_0,\end{cases}\tag{5.44}$$

其中 h 为步长，$x_{n+1}=x_n+h$，y_n 为 $y(x_n)$ 的近似值，$\varphi(x_n,y_n,h)$ 称为单步法的函数，记 $e_n=y(x_n)-y_n$. 所谓方法（5.44）的收敛性，是指当 $x=x_n$ 固定，$h=\dfrac{x_n-x_0}{n}$ 趋于零时，e_n 趋于零. 在前面我们已经证明欧拉方法是收敛的，完全类似地，对于一般单步法，有以下定理.

定理 5.2 若单步法（5.44）具有 p 阶精度，且函数 $\varphi(x,y,h)$ 关于 y 满足利普希茨条件

$$|\varphi(x,y_1,h)-\varphi(x,y_2,h)|\leqslant L_\varphi|y_1-y_2|,\tag{5.45}$$

又初始值 y_0 是准确的，则单步法（5.44）的总体截断误差为

$$y(x_n)-y_n=O(h^p),$$

且当 $h\to 0$ 时，有 $y_n\to y(x)$.

关于多步法的收敛性，证明较为复杂，这里就不介绍了，下面重点介绍方法的稳定性.

在理论上讨论方法的收敛性时，总是假定初始值是准确的，数值方法本身的计算也是准确的，而实际情况并不是这样，事实上，初始数据可能有误差，计算过程中的数字舍入也会引起误差. 这种误差的扰动在计算过程中是否会增长很快，以致影响计算结果？这就是数值方法的稳定性问题. 在选择数值方法时，我们都希望选择误差传播和积累在计算过程中能够控制，甚至逐步衰减的数值方法.

一般地，若一个数值方法在基点 x_n 处的值有扰动，在以后各点 $x_m(m>n)$ 处的值 y_m 产生的偏差均不超过 δ，则称该方法是**稳定的**.

这里说的稳定性是描述当 $h\to 0$ 时误差对计算结果的影响，然而在实际计算中，步长是

固定的，并非充分小. 为了刻画这种情况下的误差传播和积累情况，我们引入绝对稳定性概念，由于绝对稳定性的复杂性，这里仅对试验方程进行讨论.

设试验方程为

$$\frac{\mathrm{d}y}{\mathrm{d}x}=\lambda y\,, \tag{5.46}$$

其中 λ 为常数，其可以是复数. 在把某一解法用于这个试验方程且步长取为 h 时，如果只在计算开始时产生误差，而这误差以后逐步削弱，我们就说这种解法是**绝对稳定的**，而 $\bar{h}$ 的全体称为**绝对稳定区域**. 显然绝对稳定区域越广，这种方法的绝对稳定性越好.

将欧拉公式 $y_{n+1}=y_n+hf\left(x_n,y_n\right)$ 应用于试验方程（5.46），得

$$y_{n+1}=y_n+\lambda h y_n. \tag{5.47}$$

若 y_n 有误差而变为 $\bar{y}_n$，则 y_{n+1} 必然有误差而变为 $\bar{y}_{n+1}$，于是

$$\bar{y}_{n+1}=\bar{y}_n+\lambda h\bar{y}_n. \tag{5.48}$$

式（5.47）减去式（5.48），并记 $e_n=y_n-\bar{y}_n$，得

$$e_{n+1}=y_{n+1}-\bar{y}_{n+1}=\left(1+\lambda h\right)\left(y_n-\bar{y}_n\right)=\left(1+\lambda h\right)e_n\,,$$

因此，

$$\frac{e_{n+1}}{e_n}=1+\lambda h.$$

由此可见，若要求误差不增长，则比值 $\bar{h}=\lambda h$ 必须满足

$$\left|1+\bar{h}\right|\leqslant 1. \tag{5.49}$$

因为 $\bar{h}$ 可以是复数，所以在 $\bar{h}$ 的复平面上，式（5.49）表示的绝对稳定区域是半径为 1、圆心为−1 的圆域内部.

将后退欧拉公式（5.6）应用于试验方程，得

$$y_{n+1}=y_n+\lambda h y_{n+1}\,,$$

e_n 满足

$$e_{n+1}=e_n+\lambda h e_{n+1}\,,$$

由此得

$$e_{n+1}=\frac{e_n}{1-\lambda h}\,,$$

即

$$\frac{e_{n+1}}{e_n}=\frac{1}{1-\lambda h}.$$

由此可知，绝对稳定区域是 $\left|\frac{1}{1-\bar{h}}\right|<1$ 或 $\left|1-\bar{h}\right|>1$，它表示以 1 为半径、1 为圆心的圆的外部.

将二阶 R-K 公式（5.19）应用于试验方程得

$$y_{n+1}\left[1+h\lambda+\frac{(\lambda h)^2}{2}\right]y_n\,,$$

仿上得

$$\frac{e_{n+1}}{e_n}=1+\lambda h+\frac{(\lambda h)^2}{2}.$$

绝对稳定区域由$\left|1+h+\frac{h^2}{2}\right|<1$得到，绝对稳定区间为$-2<h<0$，即$0<h<\frac{\lambda}{2}$. 类似地，可得三阶及四阶 R-K 方法的稳定区域为

$$\left|1+h+\frac{h^2}{2}+\frac{h^3}{6}\right|\leqslant 1 \tag{5.50}$$

及

$$\left|1+h+\frac{h^2}{2}+\frac{h^3}{6}+\frac{h^4}{24}\right|\leqslant 1, \tag{5.51}$$

对于四阶 R-K 方法，绝对稳定区域（5.51）在 h 的复平面内的边界为

$$1+h+\frac{h^2}{2}+\frac{h^3}{6}+\frac{h^4}{24}=e^{\theta}.$$

R-K 方法都具有有限的绝对区域，即对步长 h 都有限制，因此称它是**条件稳定性**.

把亚当姆斯公式（5.32）和公式（5.34）分别应用到试验方程 $y'=\lambda y$ 上，得

$$y_{n+1}=y_n+\frac{\lambda h}{24}\left(9y_{n+1}+19y_n-15y_{n-1}+y_{n-2}\right),$$

$$y_{n+1}=y_n+\frac{\lambda h}{24}\left(55y_n-59y_n+37y_{n-2}-y_{n-3}\right).$$

相应的误差方程为

$$e_{n+1}=e_n+\frac{\lambda h}{24}\left(9e_{n+1}+19e_{n-1}+5e_{n-2}+e_{n-3}\right), \tag{5.52}$$

$$e_{n+1}=e_n+\frac{\lambda h}{24}\left(55e_n-59e_{n-1}+37e_{n-2}-9e_{n-3}\right), \tag{5.53}$$

通过对差分方程（5.52）和方程（5.53）的特征方程的根进行分析，便可得到其稳定区域.

从前面的讨论可以看出，隐式方法的稳定区域，如后退欧拉公式和隐式亚当姆斯公式，比显式欧拉公式和显式亚当姆斯公式的稳定区域大.

5.6 解常微分方程边值问题的差分法

以二阶边值问题为例进行讨论，一般的二阶常微分方程边值问题为

$$y''=f\left(x,y,y'\right),$$

其边值条件为下列 3 种表示形式之一.

（1）第一边值条件：$y\left(a\right)=\alpha$，$y\left(b\right)=\beta$.

（2）第二边值条件：$y'\left(a\right)=\alpha$，$y'\left(b\right)=\beta$.

（3）第三边值条件：$y'\left(a\right)=\alpha_0,y\left(a\right)=\alpha_1,y'\left(b\right)=\beta_0\ y\left(b\right)=\beta_1\,(\alpha_0\geqslant 0,\beta_0\geqslant 0,\alpha_0+\beta_0>0)$.

求边值问题的近似解，有 3 类基本方法：

第一类方法是把边值问题化为初值问题，然后用求初值问题的方法求解；

第二类（重要的）方法是差分法，也就是用差商来代替微分方程及边值条件中的导数，最终化为代数方程组求解；

第三类方法是有限元法.

本节重点介绍二阶线性常微分方程边值问题

$$\begin{cases}\ddot{y}-q(x)y=f(x), a<x<b,\\ y(a)=\alpha, y(b)=\beta\end{cases} \tag{5.54}$$

[其中 $q(x), f(x)$ 在 $[a,b]$ 上连续，且 $q(x)\geqslant 0$]的差分解法.

用**差分法**解微分方程边值问题的步骤如下.

（1）把区间 $[a,b]$ 分成一些等距或不等距的小区间，称之为**单元**.

（2）构造逼近微分方程边值问题的差分格式. 构造差分格式的方法有直接差分法、积分插值法及变分差分法，本节采用直接差分法.

（3）讨论差分格式的解存在的唯一性、收敛性及稳定性.

（4）求解差分格式.

现在来建立相应于边值问题（5.54）的差分格式.

首先把区间 $[a,b]$ N 等分（为简明起见，仅讨论等分的情形；不等分的情形可类似讨论）：

$$a=x_0<x_1<\cdots<x_{N-1}<x_N=b,$$

分点 $x_i=a+ih(i=0,1,\cdots,N)$ 称为**节点**，$h=\dfrac{b-a}{N}$ 为**步长**.

再将微分方程（5.54）在节点 x_i 处离散化：在 $[a,b]$ 的每个内部节点 $x_i(i=1,2,\cdots,N-1)$ 上用数值微分公式

$$y''(x_i)=\frac{y(x_{i+1})-2y(x_i)+y(x_{i-1})}{h^2}-\frac{h^2}{12}y^{(4)}(\xi_i), x_{i-1}<\xi_i<x_i \tag{5.55}$$

代替方程（5.54）中的 $y''(x_i)$，得

$$\frac{y(x_{i+1})-2y(x_i)+y(x_{i-1})}{h^2}-q(x_i)y(x_i)=f(x_i)+R_i(x), \tag{5.56}$$

其中

$$R_i(x)=\frac{h^2}{12}y^{(4)}(\xi_i) \tag{5.57}$$

当 h 充分小时，略去式（5.56）中的 $R_i(x)$，便得到式（5.54）中微分方程的近似方程

$$\frac{y_{i+1}-2y_i+y_{i-1}}{h^2}-q_iy_i=f_i, i=1,2,\cdots,N-1, \tag{5.58}$$

其中 $q_i=q(x_i), f_i=f(x_i)$， y_i 是 $y(x_i)$ 的近似值，式（5.54）中的边值条件可写成

$$y_0=\alpha, y_N=\beta. \tag{5.59}$$

结合式（5.58）和式（5.59），得方程组

$$\begin{cases}y_0=\alpha,\\ \dfrac{y_{i+1}-2y_i+y_{i-1}}{h^2}-q_iy_i=f_i, i=1,2,\cdots,N-1,\\ y_N=\beta,\end{cases} \tag{5.60}$$

即

$$\begin{cases} y_0 = \alpha, \\ y_{i+1} - \left(2 + h^2 q_i\right) y_i + y_{i-1} = h^2 f_i, i = 1,2,\cdots,N-1, \\ y_N = \beta, \end{cases} \tag{5.61}$$

称为逼近边值问题（5.54）的**差分方程组**或**差分格式**，而 $R_i(x)\ i = 1,2,\cdots,N-1$ 称为差分方程（5.58）逼近边值问题（5.54）中方程的**截断误差**，差分格式（5.61）的解 $y_0, y_1, \cdots, y_N$ 称为**差分解**. 由于差分方程（5.58）是由二阶中心差商代替边值问题（5.54）中二阶微商得到的，因此也称式（5.60）为**中心差分格式**.

注：可用解三对角方程组的追赶法求解中心差分格式（5.60）.

定理 5.3 设 $y_0, y_1, \cdots, y_N$ 是给定的一组数，若其满足关系

$$l\left(y_i\right) = \frac{y_{i+1} - 2y_i + y_{i-1}}{h^2} - q_i y_i \geqslant 0, q_i \geqslant 0, i = 1,2,\cdots,N-1, \tag{5.62}$$

且 $y_1, y_2, \cdots, y_{N-1}$ 不全相等，则 $y_0, y_1, \cdots, y_N$ 中正的最大值只能是 y_0 或 y_N；若

$$l\left(y_i\right) \leqslant 0, q_i \geqslant 0, i = 1,2,\cdots,N-1, \tag{5.63}$$

且 $y_1, y_2, \cdots, y_{N-1}$ 不全相等，则 $y_0, y_1, \cdots, y_N$ 中负的最小值只能是 y_0 或 y_N.

证明 只证 $l\left(y_i\right) \geqslant 0$ 的情形，$l\left(y_i\right) \leqslant 0$ 的情形可类似证明.

用反证法. 记 $M = \max\limits_{0 \leqslant i \leqslant N} y_i$，若 M 在 $y_1, y_2, \cdots, y_{N-1}$ 中达到，因为 $y_1, y_2, \cdots, y_{N-1}$ 不全相等，所以存在 $i_0 \left(1 \leqslant i_0 \leqslant N-1\right)$，使 $y_{i_0} = M$，而 y_{i_0-1} 与 y_{i_0+1} 中至少有一个小于 M. 此时

$$l\left(y_{i_0}\right) = \frac{y_{i_0+1} - 2y_{i_0} + y_{i_0-1}}{h^2} - q_{i_0} y_{i_0} < \frac{M - 2M + M}{h^2} - q_{i_0} M = -q_{i_0} M.$$

因为 $q_{i_0} \geqslant 0$，所以 $l\left(y_{i_0}\right) < 0$，这与假设矛盾. 故 $y_0, y_1, \cdots, y_N$ 中正的最大值只能是 y_0 或 y_N. 证毕！

定理 5.4 差分方程组（5.60）[或（5.61）]存在唯一一组解.

证明 由定理 5.3 知，非齐次线性方程组（5.60）对应的齐次线性方程组

$$\begin{cases} y_0 = 0, \\ l\left(y_i\right) = \dfrac{y_{i+1} - 2y_i + y_{i-1}}{h^2} - q_i y_i = 0, i = 1,2,\cdots,N-1, \\ y_N = 0 \end{cases} \tag{5.64}$$

的解 $y_0, y_1, \cdots, y_N$ 中正的最大值和负的最小值只能是 y_0 或 y_N，而 $y_0 = y_N = 0$，故 $y_i = 0$, $i = 1,2,\cdots,N-1$. 即齐次线性方程组（5.63）仅有零解. 故差分方程组（5.60）[或（5.61）]存在唯一一组解. 证毕！

定理 5.5 设 $y_0, y_1, \cdots, y_N$ 是差分方程组（5.60）[或（5.61）]的解，而 $y\left(x_0\right), y\left(x_1\right), \cdots, y\left(x_N\right)$ 是边值问题（5.54）的解 $y(x)$ 在节点 $x_0, x_1, \cdots, x_N$ 处的值，则

$$\left|\varepsilon_i\right| = \left|y\left(x_i\right) - y_i\right| \leqslant \frac{h^2 M_4 (b-a)^2}{96} \tag{5.65}$$

其中 $M_4 = \max\limits_{a \leqslant x \leqslant b} \left|y^{(4)}(x)\right|$. 且当 $h \to 0$ 时，$\varepsilon_i = y\left(x_i\right) - y_i \to 0$. 即当步长 $h \to 0$ 时，差分方程组（5.60）的解收敛到边值问题（5.54）的解.

例 5.6　取步长 $h=0.25$，用差分法解边值问题 $\begin{cases} y''-y+x=0, 0<x<1 \\ y(0)=y(1)=0 \end{cases}$

解　因为 $N=\dfrac{1}{h}=4$，由式（5.60）得差分格式

$$\begin{cases} y_0=0, \\ y_{i-1}-\left(2+h^2\right)y_i+y_{i+1}=-h^2x_i, \quad i=1,2,3, \\ y_4=0. \end{cases}$$

因为 $x_i=x_0+ih=0+i\times 0.25=0.25i, i=1,2,3$，所以上述差分格式具体写出是

$$\begin{cases} y_0=0, \\ y_0-2.062\,5y_1+y_2=-0.015\,625, \\ y_1-2.062\,5y_2+y_3=-0.031\,25, \\ y_2-2.062\,5y_3+y_4=-0.046\,875, \\ y_4=0. \end{cases}$$ 解此方程组得 $$\begin{cases} y_0=0, \\ y_1=0.034\,885\,2, \\ y_2=0.056\,325\,8, \\ y_3=0.050\,036\,5, \\ y_4=0. \end{cases}$$

而原边值问题的准确解为 $\begin{cases} y(0)=0, \\ y(0.25)=0.035\,047\,6, \\ y(0.5)=0.056\,590\,8, \\ y(0.75)=0.050\,275\,8, \\ y(1)=0, \end{cases}$ 由此可知差分格式的解精确到小数点后 3 位. 若要得到更精确的数值解，可用缩小步长 h 的方法来实现.

习题 5.6

1 取 $h=0.25$，用差分法求解边值问题 $\begin{cases} y''+y=0, \\ y(0)=0, y(1)=1.68. \end{cases}$

2 取 $h=0.2$，用差分方法求解边值问题 $\begin{cases} \left(1+x^2\right)y''-xy'-3y=6x-3, \\ y(0)-y'(0)=1, y(1)=2. \end{cases}$

3 取步长 $h=0.25$，用差分法求解边值问题 $\begin{cases} y''-y+x=0, 0<x<1 \\ y(0)=y(1)=0 \end{cases}$

本章参考答案

第 6 章　非线性方程的数值方法

6.1　引言

在工程和科学领域，非线性问题是普遍存在的，对非线性问题的求解要比对线性问题的求解复杂很多. 本章仅讨论针对非线性方程的基本数值方法.

在实际问题中，我们可能会遇到形如 $x^{10}+5x^2-10x=0$ 的多项式方程的求根问题，以及形如 $e^x-10x^2-\ln x=0$ 的超越方程的求根问题. 对上述方程的求根问题，更多的时候只能给出根的一个近似值. 对于方程求近似根，我们将介绍两类方法. 在开始介绍前，首先给出方程根及重根的一个定义.

定义 6.1　设非线性方程 $f(x)=0$，若存在数值 x^*，满足 $f(x^*)=0$，则称 x^* 为方程的一个根，也称作函数 $f(x)$ 的一个零点. 而若函数 $f(x)$ 可写成 $f(x)=(x-x^*)^m\varphi(x)$，且 $\varphi(x^*)\neq 0$，m 为正整数，则称 x^* 为方程的 m 重根，或为函数 $f(x)$ 的 m 重零点. 当 m=1 时，称 x^* 为单根或单零点.

在后面的内容中，我们将看到方程的重根特性会影响迭代方法的选择，也影响迭代法的收敛特性.

6.2　二分法

二分法是一种非常朴素而又直观的非线性方程求根方法，其算法实现依赖于连续函数的介值定理. 其实现思路为将方程 $f(x)=0$ 的求根问题转化为求函数 $f(x)$ 的零点问题. 由连续函数的介值定理，若函数 $f(x)$ 在区间[*a*,*b*]的两个端点异号，则其在区间[*a*,*b*]内一定有零点，即方程 $f(x)=0$ 在区间[*a*,*b*]内至少有一个根. 至于如何确定根的位置，二分法主要通过对区间反复对分来不断缩小根所在的区间范围，以此来给出根的近似位置，即获得根的近似值. 下面通过例子来说明其具体实现方法.

例 6.1　求方程 $x^3-3x^2-10x=0$ 在区间[3,6]内的一个近似根，要求近似根的绝对误差限不超过 0.05.

解　设函数 $f(x)=x^3-3x^2-10x$，则 $f(3)=-30, f(6)=48$，函数在区间[3,6]的两端点取值异号，因此由连续函数的零点定理知，函数在区间[3,6]内至少有一个根. 对区间[3,6]进行对分，先算出此区间的中点 $x_0=4.5$，对分后原区间分成两个小区间[3,4.5]和[4.5,6]，而中点处函数值 $f(x_0)=-14.625$，因此函数在对分后的区间[4.5,6]的两端点处取值异号，从而在新区间[4.5,6]内至少有一个根，新区间长度降为原区间长度的一半.

类似地，可以计算区间[4.5,6]的中点 $x_1=5.25$ ，对分后两区间为[4.5,5.25]和[5.25,6]，而中点处函数值 $f(x_1)=9.515\ 625$ ，因此函数在新的对分区间[4.5,5.25]的两端点取值异号，在[4.5,5.25]内至少有一个根，根所在的区间又减小一半.

如此往复，可以依次确定根所在区间为[4.875,5.25],[4.875,5.062 5],[4.968 75,5.062 5],⋯,且算得的中点依次为 $x_2,x_3,x_4,\cdots$ ，当根在区间[4.968 75,5.062 5]内时，区间中点 $x_4=5.015\ 625$ ，此时 $\left|x_4-x^*\right|<\dfrac{5.062\ 5-4.968\ 75}{2}<0.05$ ，因此，x_4 为根 x^* 的一个近似值.

二分法的算法流程始下.

（1）对函数 $f(x)$，找出根所在的一个初始区间$[a,b]$，即找到两个点 a,b，使函数满足 $f(a)\cdot f(b)<0$. 输入端点 a,b 以及根的绝对误差限 ε 和最大迭代次数 N，设置初始迭代次数 $n=1$.

（2）while $|b-a|>2\varepsilon$：

计算区间$[a,b]$的中点 $c=\dfrac{b+a}{2}$ 及其函数值 $f(c)$.

若 $f(c)=0$ ，则近似根 $x^*=c$ ，程序停止迭代；

否则，若 $f(a)\cdot f(c)<0$ ，令 $b=c$；若 $f(b)\cdot f(c)<0$ ，令 $a=c$.

```
n = n+1;
若 n>N: break;
End
```

（3）近似根 $x^*=(a+b)/2$.

基于 MATLAB 的二分法程序如下.

```
%%%%%%%%%%%%%%% 二分法程序
function Bisection( fun, a, b, eps, N )
%fun 为方程对应的函数，a 和 b 是初始区间的左右端点
% eps 是绝对误差限，N 是最大迭代次数
n = 1; fa = feval(fun, a); fb = feval(fun, b);
if fa * fb > 0
      disp('初始区间选择错误 ');
      return;
end
while abs(b-a)>2*eps
     c = (a+b)/2;
     fa = feval(fun, a);
     fb = feval(fun, b);
     fc = feval(fun, c);
     if abs(fc) < 1.0e-15
         x = c;
         break;
     else
        if fa * fc >0
             a = c;
        else
             b = c;
```

```
        end
    end
    n = n+1;
    if n > N
        break;
    end
end
x = (a+b)/2;
format long
disp('二分法获得的近似根：'); x
disp('分割次数为：'); n
disp('最后分割区间为：'); [a, b]
end
```

例 6.2 求方程 $e^x-10x^2-\ln x=0$ 在区间[0,1]内的一个近似根，要求近似根的绝对误差限不超过 0.05.

解 设函数 $f(x)=e^x-10x^2-\ln x$，由于函数 $f(x)$ 在区间[0,1]的左端点无定义，因此可以在左端点附近取一个值，如取值为 0.01，则新区间为[0.01,1]，函数在此区间的两端点取值异号，可以使用二分法进一步确定根的近似位置. 通过依次迭代，可以得到一个区间分割的列表，如表 6.1 所示.

表 6.1

迭代次数	a	b	c	$f(a)$	$f(b)$	$f(c)$
1	0.01	1	0.505	5.614 22	−7.281 72	−0.210 07
2	0.01	0.505	0.257 5	5.614 22	−0.210 07	1.987 36
3	0.257 5	0.505	0.381 25	1.987 36	−0.210 07	0.974 90
4	0.381 25	0.505	0.443 125	0.974 90	−0.210 07	0.407 87
5	0.443 125	0.505	0.474 062 5	0.407 87	−0.210 07	0.105 57

中点 $c=0.474\ 062\ 5$ 为所求近似根，此时 $\left|c-x^*\right|<\dfrac{0.505-0.443\ 125}{2}<0.05$.

注： 二分法的算法实现简单，能够给出方程的近似根. 但是，使用此方法不能计算方程的偶重根，更无法计算方程的复根. 另外，此方法的收敛性较慢. 因此，在要求较高的数值计算中，此方法并不适用. 但是，此方法可用于给迭代法提供一个初始值.

6.3 迭代法

非线性方程的求根问题主要是通过迭代法来完成的，类似于线性方程组的迭代法，对非线性方程 $f(x)=0$ 的求根可等价转化为求解 $x=\varphi(x)$，即函数 $\varphi(x)$ 的不动点问题. 然后以此来构造迭代公式

$$x_{n+1}=\varphi(x_n),n=0,1,2,\cdots, \tag{6.1}$$

通过给定初始值 x_0，反复使用迭代公式（6.1）依次算出 $x_1,x_2,x_3,\cdots$，进而产生一个迭代序

列$\{x_n\}$. 如果序列$\{x_n\}$收敛到x^*，则x^*为函数$\varphi(x)$的一个不动点，且是函数$f(x)$的一个根. 公式（6.1）称为函数$f(x)$的一个不动点迭代公式，$\varphi(x)$称为迭代函数. 使用公式（6.1）计算函数$f(x)$的根的方法称为不动点迭代法. 不难看出，此方法的关键是迭代函数$\varphi(x)$的构造，为此我们可以构造函数$\varphi(x)=x+k(x)f(x)$，这里的函数$k(x)$是可选的，如选择$k(x)=1$或-1可得到非常简单的迭代公式，或者选择$k(x)=\dfrac{-1}{f'(x)}$可得到牛顿迭代公式. 迭代公式的不同对结果影响很大.

例 6.3　求方程$x^3-3x-4=0$在 3 附近的一个实根.

解　首先构造不同的迭代函数如下：

$$\varphi_1(x)=x^3-2x-4,\varphi_2(x)=\frac{x^3-4}{3},\varphi_3(x)=\frac{2x^3+4}{3x^2-3},$$

$$\varphi_4(x)=\sqrt[3]{3x+4},\varphi_5(x)=\sqrt{\frac{3+4}{x}},\varphi_6(x)=\frac{4}{x^2-3}.$$

对上述几个迭代函数，取同一个初始值$x_0=3$进行迭代计算，得到的迭代序列值以表格列出，如表 6.2 所示.

表 6.2

n	1	2	3	4	5	6	7
φ_1	17	4 875	$1.158\,6\times10^{11}$	$1.555\,1\times10^{33}$	$3.761\,1\times10^{99}$	$5.320\,4\times10^{298}$	$+\infty$
φ_2	7.666 7	$1.488\,8\times10^{2}$	$1.099\,9\times10^{6}$	$4.435\,6\times10^{17}$	$2.908\,9\times10^{52}$	$8.204\,7\times10^{156}$	$+\infty$
φ_3	2.416 7	2.219 4	2.196 1	2.195 8	2.195 8	2.195 8	2.195 8
φ_4	2.351 3	2.227 6	2.202 4	2.197 2	2.196 1	2.195 9	2.195 8
φ_5	2.081 7	2.218 5	2.191 6	2.196 6	2.195 7	2.195 9	2.195 8
φ_6	0.666 7	−1.565 2	−7.271 5	0.080 2	−1.336 2	−3.293 3	0.509 8

可以看出，只有迭代函数$\varphi_3(x),\varphi_4(x),\varphi_5(x)$给出的迭代序列是收敛的，其序列的收敛值为$x^*=2.195\,823\,345\,445\,647\cdots$，且可以看出$\varphi_3(x)$是 6 个函数中收敛最快的函数.

习题 6.3

1. 用二分法计算方程$x^2+3x-8=0$在区间[1,2]内的一个近似根，要求近似根的绝对误差限不超过 0.05.

2. 用二分法计算方程$e^x-x-2=0$在区间[1,2]内的一个近似根，要求近似根的绝对误差限不超过 0.05.

3. 求方程$x^3-x^2-1=0$在 1.5 附近的近似根，要求设计至少 5 种不同的迭代函数，分别求解，并比较其收敛的快慢.

6.4 牛顿迭代法

在上一节的例 6.3 中，可以看到迭代函数的不同对结果影响很大，并且注意到其中的迭代函数 $\varphi_3(x)$ 能够获得收敛序列，实际上这个函数就是本节中将要介绍的牛顿迭代函数. 牛顿迭代函数是一类有固定形式的迭代函数，其通过对原函数的泰勒公式做线性截断而得到，以此获得的迭代序列称为牛顿迭代法.

形如求方程 $f(x)=0$ 的一个近似根问题. 首先对函数 $f(x)$ 在点 x_0 处做泰勒展开，得

$$f(x)=f(x_0)+f'(x_0)(x-x_0)+\frac{f''(x_0)}{2!}(x-x_0)^2+\cdots,$$

保留线性部分，得到 $f(x)\approx f(x_0)+f'(x_0)(x-x_0)$，于是 $f(x)=0$ 的求根问题可转化为对近似公式 $f(x_0)+f'(x_0)(x-x_0)=0$ 求根，在 $f'(x_0)\neq 0$ 时可得到近似根

$$x_1=x_0-\frac{f(x_0)}{f'(x_0)};$$

在点 x_1 处做泰勒展开可求得近似根 x_2，依次进行可得到近似根序列 $\{x_n\}$，且迭代公式为

$$x_{n+1}=x_n-\frac{f(x_n)}{f'(x_n)},n=0,1,2,\cdots. \tag{6.2}$$

公式（6.2）就是牛顿迭代公式，此方法即为牛顿迭代法.

基于 MATLAB 的牛顿迭代法程序如下.

```
%%%%%%%%%
function x=Newton_iter(f, df, x0, eps, N)
%%%%%%%%%%% f 是函数， df 是导函数，x0 是初始值，eps 是误差，N 是最大迭代次数
k=1;
while k<N
    if feval(df, x0)==0
        I=-1;
        break
    else
        x=x0-feval(f, x0)/feval(df, x0);
    end
    if abs(x-x0)<eps
        I=0;
        fprintf('迭代次数为%d, 根为%s', k, x);
        break
    end
    x0=x;
    k=k+1;
end
if k==N
    I=1;
end
if I==0
    fprintf('I=%d 求得满足精度的近似根', I)
end
```

```
    if I==-1
        fprintf('I=%d 因导函数为 0 而中断', I)
    end
    if I==1
        fprintf('I=%d 迭代到最大次数后精度不满足而中断', I)
    end
    end
```

例 6.4　求方程 $e^x - x - 2 = 0$ 在 2.0 附近的根.

解　设函数 $f(x) = e^x - x - 2$，其对应的迭代公式为

$$x_{n+1} = x_n - \frac{e^{x_n} - x_n - 2}{e^{x_n} - 1}, n = 0, 1, 2, \cdots.$$

取初始值 $x_0 = 2.0$，前 6 次的迭代结果如表 6.3 所示.

表 6.3

n	1	2	3	4	5	6
x_n	1.469 552 93	1.207 329 48	1.148 805 63	1.146 198 21	1.146 193 22	1.146 193 22

实际上，牛顿迭代法有明显的几何意义，由迭代公式（6.2）可知，迭代值 x_{n+1} 是曲线 $f(x)$ 在点 $(x_n, f(x_n))$ 处的切线 $y = f(x_n) + f'(x_n)(x - x_n)$ 与 x 轴的交点的横坐标值. 因此，牛顿迭代法所得到的序列实际上是曲线的一系列切线与 x 轴的交点的横坐标值. 图 6.1 所示为牛顿迭代法的几何示意图.

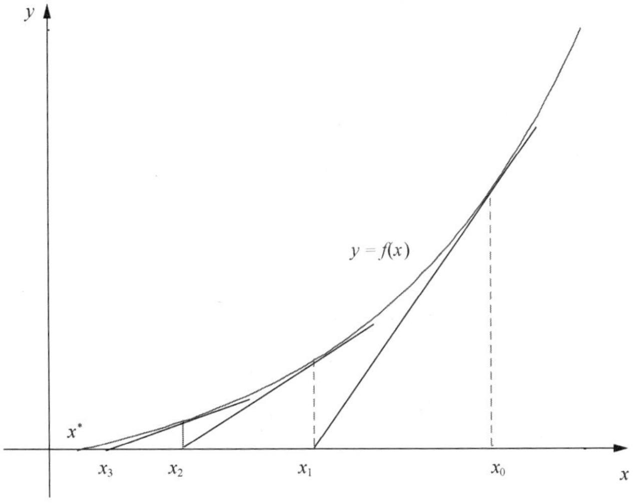

图 6.1

此外，在例 6.4 中，若迭代初始值 $x_0 = -0.5$，可得到前 6 次的迭代结果如表 6.4 所示.

表 6.4

n	1	2	3	4	5	6
x_n	−2.770 747 04	−1.881 718 05	−1.841 553 66	−1.841 405 66	−1.841 405 66	−1.841 405 66

可以发现，迭代序列也呈现出收敛趋势，但是收敛极限并不是 2 附近的一个根，而是方程的一个负根. 可见牛顿迭代法对初始值有明显的依赖性. 此外，如果初始值选择不当，可能会出现迭代发散的情况. 如求解方程 $2-xe^x=0$ 在 1.0 附近的根，若选择初始值为–2.0，则迭代结果如表 6.5 所示.

表 6.5

n	1	2	3
x_n	−18.778 112 197 861 300	$-1.608\,330\,865\,696\,554\times10^{0.7}$	$+\infty$

习题 6.4

1. 使用牛顿迭代法求下列方程的根：

（1）$x^3-3x^2+2=0$ 在 1.0 附近的根；

（2）$2x^3-3x^2+1=0$ 在 1.0 附近的根；

（3）$e^x-2x-2=0$ 在 1.0 附近的根.

2. 使用牛顿迭代法求 $(x-\pi)^2\sin x=0$ 在 π 附近的根，并与二分法的结果做比较.

6.5 弦截法和抛物线法

牛顿迭代法由于其固定的迭代公式而受到青睐，但是对于导函数不易计算的函数，使用此迭代公式也并非易事，本节介绍两种不需要使用函数导数的迭代方法.

6.5.1 弦截法

对于牛顿迭代公式（6.2），为避免计算导函数信息，可使用差商代替微商，即

$$f'(x_n)\approx\frac{f(x_n)-f(x_{n-1})}{x_n-x_{n-1}},$$

由此可得

$$x_{n+1}=x_n-\frac{f(x_n)}{f(x_n)-f(x_{n-1})}(x_n-x_{n-1}),n=1,2,3,\cdots. \tag{6.3}$$

公式（6.3）即为弦截法. 显然，此方法不需要导函数信息，但是使用公式（6.3）需要知道两个迭代初始值. 参照牛顿迭代法的切线特性，弦截法使用的是过两个迭代点的割线与 x 轴的交点作为下一个迭代点，因此，弦截法也称为割线法. 弦代法的几何示意图如图 6.2 所示.

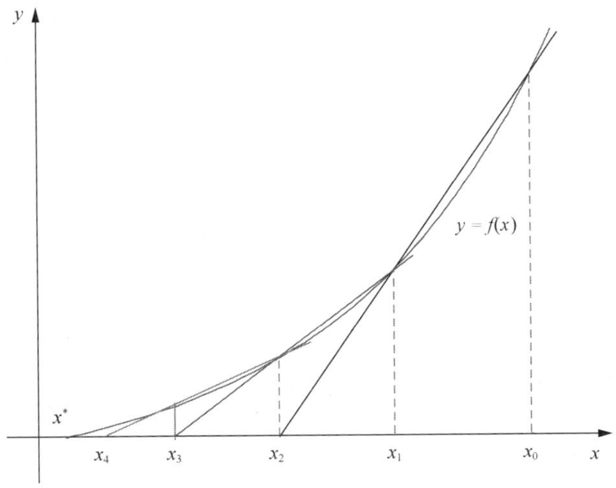

图 6.2

例 6.5　使用弦截法求方程 $\mathrm{e}^x - x - 2 = 0$ 在 2.0 附近的根.

解　设函数 $f(x) = \mathrm{e}^x - x - 2$，其对应的迭代公式为

$$x_{n+1} = x_n - \frac{\mathrm{e}^{x_n} - x_n - 2}{\mathrm{e}^{x_n} - x_n - \mathrm{e}^{x_{n-1}} + x_{n-1}}(x_n - x_{n-1}), n = 1,2,3,\cdots,$$

取初始值 $x_0 = 2.5, x_1 = 2.0$，前 7 次的迭代结果如表 6.6 所示.

表 6.6

n	2	3	4	5	6	7	8
x_n	1.605 321 40	1.336 157 56	1.197 032 53	1.152 650 12	1.146 428 43	1.146 194 33	1.146 193 22

由例 6.5 和例 6.4 可以看出，在弦截法和牛顿迭代法都收敛的情况下，前者的收敛速度慢于后者，弦截法的优势在于不需要导函数的信息.

6.5.2　抛物线法

上一小节介绍的弦截法，可以看作构造过函数曲线上两点的割线与 x 轴的交点，并以此获得迭代公式. 具体地，设函数曲线 $f(x)$ 上有两点 $(x_0, f(x_0))$ 和 $(x_1, f(x_1))$，过此两点的割线为

$$y = f(x_1) + \frac{f(x_1) - f(x_0)}{x_1 - x_0}(x - x_1),$$

其与 x 轴的交点为 $x = x_1 - \dfrac{f(x_1)}{f(x_1) - f(x_0)}(x_1 - x_0)$，并以此构造迭代公式，即为弦截法. 类似地，可以构造过曲线上 3 点的二次插值函数，并计算二次函数与 x 轴的交点来构造迭代公式，这种方法就是抛物线法.

给定函数曲线上 3 点 $(x_0, f(x_0)), (x_1, f(x_1)), (x_2, f(x_2))$，过此 3 点的二次插值多项式为

$$p(x)=f(x_2)+f[x_2,x_1](x-x_2)+f[x_2,x_1,x_0](x-x_2)(x-x_1),$$

对此进行整理，可得

$$p(x)=f(x_2)+\{f[x_2,x_1]+f[x_2,x_1,x_0](x_2-x_1)\}(x-x_2)+f[x_2,x_1,x_0](x-x_2)^2,$$

令 $a=f[x_2,x_1,x_0],b=f[x_2,x_1]+f[x_2,x_1,x_0](x_2-x_1),c=f(x_2)$，则使用求根公式得 $p(x)=0$ 的根为

$$x=x_2+\frac{-b\pm\sqrt{b^2-4ac}}{2a}=x_2-\frac{2c}{b\pm\sqrt{b^2-4ac}},$$

通过选取更接近 x_2 的点，构造新的迭代点 $x_3=x_2-\dfrac{2c}{|b|+\sqrt{b^2-4ac}}\mathrm{sgn}(b)$. 依次进行，可获得迭代序列. 需要指出的是，由于迭代公式中有根号，因此可能会出现复数迭代值.

例 6.6 使用抛物线法求方程 $\mathrm{e}^x-x-2=0$ 在 2.0 附近的根.

解 设函数 $f(x)=\mathrm{e}^x-x-2$，取初始迭代值 $x_0=2.5,x_1=2.0,x_2=1.8$，其对应的迭代公式为

$$x_{n+1}=x_n-\frac{2c}{|b|+\sqrt{b^2-4ac}}\mathrm{sgn}(b),a=f[x_2,x_1,x_0],$$

$$b=f[x_2,x_1]+f[x_2,x_1,x_0](x_2-x_1),c=f(x_2),n=2,3,\cdots,$$

前 6 次的迭代结果如表 6.7 所示.

表 6.7

n	3	4	5	6	7	8
x_n	1.210 006 70+ 0.443 662 92i	1.381 296 54+ 0.037 837 71i	1.153 018 80− 0.022 688 36i	1.146 284 94− 0.000 073 81i	1.146 193 21+ 0.000 000 11i	1.146 193 22+ 0.000 000 00i

习题 6.5

1.（1）使用弦截法求方程 $\ln x-2=0$ 在 5.5 附近的根.

（2）使用牛顿迭代法求（1）中方程的根，和弦截法的结果进行比较，分析原因.

2. 使用抛物线法求解第 1 题和习题 6.4 的第 2 题，并比较求得的结果.

6.6 迭代法的收敛性和误差分析

在前面几节，我们介绍了非线性方程的迭代法，并具体介绍了一类重要的迭代方法——牛顿迭代法. 我们注意到，不管是一般的迭代公式还是牛顿迭代法，其产生迭代序列的收敛性是不确定的. 如前面例题所呈现的，牛顿迭代法与初始值的选择有一定关系，而一般迭代法除了受初始值的影响，还与迭代函数的选择有很大的关系. 关于迭代法的收敛性，有

以下定理.

定理 6.1　若迭代函数 $\varphi(x)$ 是区间 $[a,b]$ 上的连续函数，且满足

（1）任取 $x\in[a,b]$ 时，都有 $\varphi(x)\in[a,b]$；

（2）函数 $\varphi(x)$ 在区间 (a,b) 上可导，且存在小于 1 的正数 L，对任意 $x\in[a,b]$，$|\varphi'(x)|\leqslant L$，则函数 $\varphi(x)$ 在 $[a,b]$ 上有唯一不动点 x^*，且迭代公式（6.1）所产生的迭代序列 $\{x_n\}$ 对任何属于区间 $[a,b]$ 的初始值 x_0 都收敛，并有以下误差估计：

$$|x_n - x^*| \leqslant \frac{L}{1-L}|x_n - x_{n-1}|, \tag{6.4}$$

$$|x_n - x^*| \leqslant \frac{L^n}{1-L}|x_1 - x_0|. \tag{6.5}$$

证明　首先证明不动点是存在且唯一的. 设函数 $\psi(x)=x-\varphi(x)$，则有

$$\psi(a)=a-\varphi(a)\leqslant 0, \psi(b)=b-\varphi(b)\geqslant 0,$$

由零点定理，存在点 $x^*\in[a,b]$，使 $\psi(x^*)=0$，即 $\varphi(x^*)=x^*$，所以存在不动点.

然后给出唯一性的证明. 假定存在另外一个不动点 $x^{**}\in[a,b]$，则

$$|x^*-x^{**}|=|\varphi(x^*)-\varphi(x^{**})|=|\varphi'(\xi)||x^*-x^{**}|\leqslant L|x^*-x^{**}|, \xi\in(a,b),$$

而已知 L 小于 1，所以 $x^*=x^{**}$. 唯一性得证.

接下来，证明迭代序列 $\{x_n\}$ 是收敛的. 任取 $x_0\in[a,b]$，由条件（1），$x_1=\varphi(x_0)\in[a,b]$，所以迭代序列 $\{x_n\}\subset[a,b]$，且

$$\begin{aligned}|x_n-x^*|&=|\varphi(x_n)-\varphi(x^*)|\leqslant L|x_{n-1}-x^*|=L|\varphi(x_{n-2})-\varphi(x^*)|\\&\leqslant L^2|x_{n-2}-x^*|=\cdots\leqslant\cdots\leqslant L^n|x_0-x^*|.\end{aligned}$$

由于 $L\in(0,1)$，所以序列收敛.

最后证明误差估计式（6.4）和（6.5），由于

$$|x_n-x^*|=|x_n-x_{n+1}+x_{n+1}-x^*|\leqslant|x_n-x_{n+1}|+|x_{n+1}-x^*|\leqslant|x_n-x_{n+1}|+L|x_n-x^*|,$$

所以

$$|x_n-x^*|\leqslant\frac{1}{1-L}|x_{n+1}-x_n|\leqslant\frac{L}{1-L}|x_n-x_{n-1}|.$$

又由于 $|x_n-x_{n-1}|\leqslant L|x_{n-1}-x_{n-2}|\leqslant\cdots\leqslant L^{n-1}|x_1-x_0|$，所以

$$|x_n-x^*|\leqslant\frac{L}{1-L}|x_n-x_{n-1}|\leqslant\frac{L^n}{1-L}|x_1-x_0|.$$

注：上述定理给出了迭代序列收敛的一个充分条件，其要求迭代函数的取值范围不能超过给定的定义区间，且要求在定义区间内其导函数的绝对值要小于 1. 条件（1）称为迭代函数的映内性，条件（2）称为迭代函数的压缩性. 一个函数满足映内特性和压缩特性，其必存在唯一的不动点，这样的函数作为迭代函数产生的迭代序列有很好的的收敛特性. 然而在实际问题中，在一个给定区间构造既满足映内性又满足压缩性的函数却非易事，且实际应用上也没有必要要求函数在一个很大的范围内满足这个条件，而是函数只需要在不动点附近满足这两个条件即可产生收敛的迭代序列. 这就是下面定理的内容.

定理 6.2 若 x^* 是迭代函数 $\varphi(x)$ 的不动点，其导函数 $\varphi'(x)$ 在 x^* 的某领域内连续，且满足 $\left|\varphi'(x^*)\right|<1$，则存在 x^* 的某邻域，对于在其内任取的初始值 x_0，产生的迭代序列均收敛.

注： 定理 6.2 仅考虑函数在不动点邻域的性质，迭代函数在不动点邻域存在连续的导函数，且导函数的绝对值小于 1，即可产生收敛的迭代序列. 这个定理是一个针对函数局部性质的充分条件，常称作局部收敛定理. 在实际应用中，不动点一般是未知的，因此这个定理无法直接使用. 实际应用中，常使用二分法给出包含不动点的一个小区间，可视为不动点的一个邻域，然后只要能判断迭代函数在此小区间内的导函数连续，且绝对值小于 1 即可，这一般容易实现.

通过收敛定理，结合例 6.3，可以发现，得到收敛序列的 3 个迭代函数 $\varphi_3(x),\varphi_4(x),\varphi_5(x)$ 在区间[2,3]上均符合收敛定理的条件，而 $\varphi_1(x),\varphi_2(x),\varphi_6(x)$ 均不符合收敛定理的条件.

在实际的数值计算中，我们不仅关注迭代公式的收敛性，同时也关注收敛公式的速度，即快慢问题. 通常用收敛阶来刻画收敛公式的速度.

定义 6.2 假定迭代序列 $\{x_n\}$ 收敛到 x^*，记 $e_n=x^*-x_n$，若存在实数 $p(\geqslant 1)$ 和 $\lambda(>0)$ 满足

$$\lim_{n\to\infty}\frac{|e_{n+1}|}{|e_n|^p}=\lambda\ ,$$

则称序列是 p 阶收敛的. 特别地，$p=1$ 且 $0<\lambda<1$ 时，称序列线性收敛；$p=2$ 时称序列平方收敛. 一般地，$p>1$ 时的收敛统称为超线性收敛.

迭代序列的收敛阶越高，其收敛速度就越快. 然而，一般的迭代方法其收敛阶并不高，为此有以下定理.

定理 6.3 若 x^* 是迭代函数 $\varphi(x)$ 在区间$[a,b]$上的不动点，$\varphi(x)$ 在区间上有映内性，其导函数在区间内连续且 $|\varphi'(x)|\leqslant L\ (L<1)$ 和 $\left|\varphi'(x^*)\right|\neq 0$，则对于在其内任取的初始值 x_0，产生的迭代序列均线性收敛到 x^*.

证明 定理 6.1 已给出收敛性的证明，这里仅证收敛阶是线性的. 为此，设产生的迭代序列为 $\{x_n\}$，由微分中值定理可得

$$x_{n+1}-x^*=\varphi'(\xi_n)(x_n-x^*),\ \ \xi_n \text{ 介于 } x_n \text{ 和 } x^* \text{ 之间.}$$

当 $x_n\to x^*$ 时，$\xi_n\to x^*$，所以

$$\lim_{n\to\infty}\frac{x_{n+1}-x^*}{x_n-x^*}=\lim_{n\to\infty}\varphi'(\xi_n)=\varphi'(x^*)\neq 0\ ,$$

根据定义 6.2，迭代序列线性收敛.

定理 6.3 给出了线性收敛的一个判别法，同时暗示了迭代函数在不动点处的一阶导数为 0 时迭代公式的收敛阶可能会更高. 关于此，我们有以下定理.

定理 6.4 若 x^* 是迭代函数 $\varphi(x)$ 的不动点，其导函数 $\varphi'(x)$ 和 $\varphi''(x)$ 在 x^* 的某邻域内连续，且满足 $\varphi'(x^*)=0,|\varphi''(x)|<M$（$M$ 是常数），则存在 x^* 的某邻域，对于在其内任取的初始值 x_0，产生的迭代序列至少平方收敛于 x^*.

证明　由于$\varphi'\left(x^*\right)=0$且导函数连续，所以存在$x^*$的$\delta$邻域，使任取$x\in\left(x^*-\delta,x^*+\delta\right)$，有$\left|\varphi'(x)\right|<1$，从而由定理 6.2 知，收敛性得证. 然后证收敛阶至少是二阶的. 为此，任取$x_0\in\left(x^*-\delta,x^*+\delta\right)$，产生的迭代序列为$\{x_n\}$，使用泰勒公式

$\varphi(x)=\varphi\left(x^*\right)+\varphi'\left(x^*\right)\left(x-x^*\right)+\dfrac{\varphi''(\xi)}{2!}\left(x-x^*\right)^2$，$\xi$ 介于x和x^*之间，得到

$$\lim_{n\to\infty}\frac{\left|x_{n+1}-x^*\right|}{\left(x_n-x^*\right)^2}=\frac{1}{2}\lim_{n\to\infty}\left|\varphi''(\xi_n)\right|=\frac{1}{2}\left|\varphi''\left(x^*\right)\right|,$$

根据定义 6.2，若$\varphi''\left(x^*\right)\neq 0$，则迭代序列二阶收敛；否则收敛阶更高.

类似定理 6.4，如果迭代函数在不动点处更高阶的导数也是 0，则收敛阶会更高. 这里，不加证明地给出以下定理.

定理 6.5　若x^*是迭代函数$\varphi(x)$的不动点，其p阶导函数$\varphi^{(p)}(x)$在x^*的某邻域内连续，且满足$\varphi'\left(x^*\right)=\varphi''\left(x^*\right)=\cdots=\varphi^{(p-1)}\left(x^*\right)=0$，且$\varphi^{(p)}\left(x^*\right)\neq 0$，则存在$x^*$的某邻域，对于在其内任取的初始值$x_0$，产生的迭代序列$p$阶收敛于$x^*$.

通过上述几个定理，可以判断一个给定的迭代公式是否收敛以及收敛速度问题. 实际问题中，迭代函数的构造并非易事. 牛顿迭代函数是一类给定的迭代函数，其收敛性及收敛速度怎样呢？实际上通过应用上述定理，很容易判断.

定理 6.6　若x^*是$f(x)=0$的一个单根，即$f\left(x^*\right)=0,f'\left(x^*\right)\neq 0$，函数$f(x)$的二阶导函数连续，则在$x^*$的某邻域内任取的初始值$x_0$，产生的迭代序列至少平方收敛.

实际上，对于牛顿迭代法，其迭代函数为$\varphi(x)=x-\dfrac{f(x)}{f'(x)}$，容易算出$\varphi'(x)=\dfrac{f(x)f''(x)}{\left[f'(x)\right]^2}$，所以$\varphi'\left(x^*\right)=0$. 由定理 6.4 可知，牛顿迭代法是至少二阶收敛的. 然而，如果x^*不是$f(x)=0$的单根，而是一个$p(\geqslant 2)$重根，则牛顿迭代法的收敛速度是降低的. 而对于弦截法及抛物线法，其收敛性不及单根下的牛顿迭代法，前者可达到 1.6 阶，后者可达到 1.8 阶.

6.7　迭代加速

对于牛顿迭代法，单根情形下的迭代公式是可以做到至少二阶收敛的，但是重根情形下，牛顿迭代法的收敛速度并不高. 这是因为$\lim\limits_{x\to x^*}\varphi(x)=1-\dfrac{1}{m}$，这里$m$是重根数. 一般情况下，牛顿迭代法处理重根问题的策略为，通过设函数$\mu(x)=\dfrac{f(x)}{f'(x)}$，转化求函数$f(x)$的重根问题为求函数$\mu(x)$的单根问题. 即对函数$\mu(x)$使用牛顿迭代法，构造迭代函数

$$\varphi(x)=x-\frac{\mu(x)}{\mu'(x)},$$

代入函数 $\mu(x)$ 的表达式，得到

$$\varphi(x)=x-\frac{f(x)f'(x)}{\left[f'(x)\right]^2-f(x)f''(x)},\tag{6.6}$$

以式（6.6）构造迭代公式，理论上可以做到二阶收敛，但是需要格外注意舍入误差对结果的影响，因为式（6.6）的分母是两个接近 0 的数相减，结果也接近 0.

对于一般的迭代公式，尤其是线性收敛的迭代公式，要实现其加速收敛的效果，可以采用下面的方式.

对于迭代函数 $\varphi(x)$，在其不动点 x^* 附近可以产生一个迭代序列 $\{x_n\}$，对于相邻的 3 个序列 x_n,x_{n+1},x_{n+2}，使用微分中值定理可得

$$x_{n+1}-x^*=\varphi'(\xi_n)(x_n-x^*)，\ \xi_n \text{ 介于 } x_n \text{ 和 } x^* \text{ 之间},$$

$$x_{n+2}-x^*=\varphi'(\xi_{n+1})(x_{n+1}-x^*)，\ \xi_{n+1} \text{ 介于 } x_{n+1} \text{ 和 } x^* \text{ 之间}.$$

由于 ξ_n 和 ξ_{n+1} 均在 x^* 的邻域内，如果 $\varphi(x)$ 的导函数连续，可近似得到

$$\frac{x_{n+1}-x^*}{x_{n+2}-x^*}\approx\frac{x_n-x^*}{x_{n+1}-x^*},$$

于是又可得到

$$x^*\approx x_n-\frac{\left(x_{n+1}-x^*\right)^2}{x_{n+2}-2x_{n+1}+x^*},$$

因此构造新的迭代函数

$$\psi(x)=x-\frac{\left[\varphi(x)-x\right]^2}{\varphi\left[\varphi(x)\right]-2\varphi(x)+x},\tag{6.7}$$

以式（6.7）构造的迭代公式具有加速收敛的效果，这一方法称为斯特芬森（Steffensen）迭代法.

下面的定理表明此方法确实可以实现加速收敛.

定理 6.7　若 x^* 是迭代函数 $\varphi(x)$ 的不动点，函数 $\varphi(x)$ 二阶导函数连续，且 $\varphi'(x^*)\neq 1$，则在 x^* 的某邻域内任取的不等于 x^* 的初始值 x_0，由斯特芬森迭代函数[式（6.7）]产生的迭代序列至少平方收敛.

证明　首先由式（6.7）中迭代函数 $\psi(x)$ 的构造可知其在 x^* 处无定义，但是使用洛必达法则可以得到

$$\lim_{x\to x^*}\psi(x)=x^*,$$

因此，可以补充定义 $\psi(x^*)=x^*$，此时 $\psi(x)$ 在 x^* 的邻域内是连续的. 使用洛必达法则可以得到

$$\lim_{x\to x^*}\psi'(x)=0=\lim_{x\to x^*}\frac{\psi(x)-\psi(x^*)}{x-x^*},$$

因此，通过补充定义 $\psi'(x^*)=0$，迭代函数 $\psi(x)$ 在 x^* 的邻域内是可微的且导函数连续. 通

过令函数

$$g(x)=\frac{\varphi(x)-x}{\varphi[\varphi(x)]-2\varphi(x)+x},$$

可得

$$\psi'(x)=\begin{cases}1-2g(x)[\varphi'(x)-1]+g^2(x)\{\varphi'[\varphi(x)]\varphi'(x)-2\varphi'(x)+1\}, & x\neq x^*,\\ 0, & x=x^*,\end{cases}$$

且 $\lim\limits_{x\to x^*}g(x)=\dfrac{1}{\varphi'(x^*)-1}$. 通过补充定义 $g(x^*)=\dfrac{1}{\varphi'(x^*)-1}$，可以得到函数 $g(x)$ 是可微的，且有

$$\lim_{x\to x^*}g(x)=\frac{-\varphi''(x^*)[\varphi'(x^*)+1]}{2[\varphi'(x^*)-1]}=\lim_{x\to x^*}\frac{g(x)-g(x^*)}{x-x^*},$$

因此，通过补充定义可得 $g(x)$ 的导函数是连续的. 进一步，可以得到

$$\lim_{x\to x^*}\psi''(x)=\frac{\varphi''(x^*)\varphi'(x^*)}{[\varphi'(x^*)-1]}=\lim_{x\to x^*}\frac{\psi'(x)-\psi'(x^*)}{x-x^*},$$

因此，通过补充定义，可得迭代函数 $\psi(x)$ 在 x^* 的邻域内是二阶可导的且二阶导函数连续. 所以由定理 6.4，迭代函数可以做到至少二阶收敛.

实际上，斯特芬森迭代函数在原始迭代函数是线性收敛时，才有明显的加速收敛效果，对于原始迭代函数已经是平方收敛的，这一迭代函数效果不显著. 此外，对于一些不收敛的迭代函数，通过斯特芬森迭代法的迭代处理也可能变成收敛的.

习题 6.7

1. 使用 Steffensen 迭代法求解习题 6.4 和 6.5，并与之前所用的方法比较收敛性.

2. 分别对方程 $x^m-a=0$ 和 $1-\dfrac{a}{x^m}=0$ 使用牛顿迭代法获得各自的迭代序列 $\{x_n\}$，并以此计算极限 $\lim\limits_{n\to\infty}\dfrac{\sqrt[m]{a}-x_{n+1}}{\left(\sqrt[m]{a}-x_n\right)^2}$.

3. 证明迭代序列

$$x_{n+1}=\frac{x_n\left(x_n^2+3a\right)}{3x_n^2+a},n=0,1,2,\cdots,$$

是计算 $\sqrt{a}$ 的三阶方法. 在初始值接近根时，计算 $\lim\limits_{n\to\infty}\dfrac{\sqrt{a}-x_{n+1}}{\left(\sqrt{a}-x_n\right)^3}$.

4. 设函数 $f(x)$ 二阶可导，x^* 是方程 $f(x)=0$ 的单根，由牛顿迭代法，

$$x_{n+1}=x_n-\frac{f(x_n)}{f'(x_n)},n=0,1,2,\cdots$$

产生的迭代序列$\{x_n\}$收敛到x^*，证明$\lim\limits_{n\to\infty}\frac{x_{n+1}-x_n}{(x_n-x_{n-1})^2}=-\frac{f''(x^*)}{2f'(x^*)}$.

6.8 非线性方程组的迭代方法

前面介绍了一个方程的数值方法，然而在实际问题中，我们常常遇到这样的问题：讨论平面上直线$y=x+a$与单位圆周$x^2+y^2=1$的几何关系．根据问题可建立方程组

$$\begin{cases}x^2+y^2=1,\\y-x=a,\end{cases}$$

不难发现，该方程组并不是线性方程组．对此类方程组的求解，称为非线性方程组的计算．非线性方程组的计算要比线性方程组和单一非线性方程的计算复杂得多．通过对上述方程组的求解，可以发现随着参数a的不同取值，方程组可能有解也可能无解．如当$|a|>\sqrt{2}$时，方程组无解；当$|a|=\sqrt{2}$时，方程组有一组解；当$|a|<\sqrt{2}$时，方程组有两组解．一般情形下，含 n 个方程的 n 元非线性方程组有如下形式：

$$\begin{cases}f_1(x_1,x_2,\cdots,x_n)=0,\\f_2(x_1,x_2,\cdots,x_n)=0,\\\cdots\cdots\\f_n(x_1,x_2,\cdots,x_n)=0.\end{cases}\tag{6.8}$$

这里$f_i(x_1,x_2,\cdots,x_n),i=1,2,\cdots,n$是实值函数，且至少有一个是非线性函数．为方便讨论，记$\boldsymbol{x}=(x_1,x_2,\cdots,x_n)^{\mathrm{T}},F(\boldsymbol{x})=(f_1(\boldsymbol{x}),f_2(\boldsymbol{x}),\cdots,f_n(\boldsymbol{x}))^{\mathrm{T}}$，则此方程组可记为

$$F(\boldsymbol{x})=\mathbf{0}.\tag{6.9}$$

方程组（6.9）的计算，可以类似单一非线性方程的计算，构造不动点迭代公式，首先转化方程组（6.9）为$\boldsymbol{x}=\Phi(\boldsymbol{x})$，然后以此构建迭代公式

$$\boldsymbol{x}^{(k+1)}=\Phi\left[\boldsymbol{x}^{(k)}\right],\tag{6.10}$$

若向量序列$\{\boldsymbol{x}^{(k)}\},k=1,2,\cdots$收敛到向量$\boldsymbol{x}^*$，则$\boldsymbol{x}^*$是方程组（6.9）的一个解．类似于单一非线性方程的情形，对于非线性方程组的迭代序列是否收敛，有以下定理．

定理 6.8 若迭代函数$\Phi(\boldsymbol{x}):D\subset R^n\to R^n$在闭区域$D_0$上满足

（1）$\Phi(\boldsymbol{x})$在D_0有映内性；

（2）$\Phi(\boldsymbol{x})$在D_0有压缩性，即存在小于 1 的正数 L，对任意$\boldsymbol{x},\boldsymbol{y}\in D_0$，有

$$\|\Phi(\boldsymbol{x})-\Phi(\boldsymbol{y})\|<L\|\boldsymbol{x}-\boldsymbol{y}\|,$$

则对任意的初始值$x^{(0)}\in D_0$，公式（6.10）产生的迭代向量序列$\{\boldsymbol{x}^{(k)}\},k=1,2,\cdots$收敛到方程

组（6.9）在 D_0 内的唯一解 $\boldsymbol{x}^*$，且有误差估计

$$\left\|\boldsymbol{x}^* - \boldsymbol{x}^{(k)}\right\| \leqslant \frac{L^k}{1-L}\left\|\boldsymbol{x}^{(1)} - \boldsymbol{x}^{(0)}\right\|, \tag{6.11}$$

$$\left\|\boldsymbol{x}^* - \boldsymbol{x}^{(k)}\right\| \leqslant \frac{L}{1-L}\left\|\boldsymbol{x}^{(k)} - \boldsymbol{x}^{(k-1)}\right\|. \tag{6.12}$$

定理 6.9　若迭代函数 $\Phi(\boldsymbol{x}): D \subset R^n \to R^n$ 在方程组（6.9）的解 $\boldsymbol{x}^*$（区域 D 的内点）处可微，且迭代函数的雅可比矩阵 $\Phi'(x)$ 在 $\boldsymbol{x}^*$ 处的谱半径 $\rho\left(\Phi'\left(\boldsymbol{x}^*\right)\right)<1$，则存在 $\boldsymbol{x}^*$ 的邻域 D_0，对任意初始值 $\boldsymbol{x}^{(0)} \in D_0$ 产生的序列 $\{\boldsymbol{x}^{(k)}\} \subset D_0$ 且收敛于 $\boldsymbol{x}^*$.

定理 6.8 和定理 6.9 是对单一非线性方程收敛性定理的推广，这里不再证明.

例 6.7　使用迭代法求解方程组

$$\begin{cases} 4x_1 - \cos\left(x_2 x_3\right) - \dfrac{1}{4} = 0, \\ x_1^2 - 10x_2 + \sin x_3 + 1 = 0, \\ \mathrm{e}^{-x_1 x_2} + 20x_3 + 10 = 0. \end{cases}$$

解　令 $\boldsymbol{x} = \left(x_1, x_2, x_3\right)^{\mathrm{T}}, \Phi(\boldsymbol{x}) = \left(\varphi_1(x), \varphi_2(x), \varphi_3(x)\right)^{\mathrm{T}}$，其中

$$\varphi_1(\boldsymbol{x}) = \frac{\cos\left(x_2 x_3\right)}{4} + \frac{1}{16}, \varphi_2(\boldsymbol{x}) = \frac{x_1^2 + \sin x_3 + 1}{10}, \varphi_3(\boldsymbol{x}) = -\frac{\mathrm{e}^{-x_1 x_2} + 10}{20}.$$

考虑区域 $D = \{\boldsymbol{x} \mid |x_i| \leqslant 1, i = 1,2,3\}$. 容易验证当任意 $\boldsymbol{x} \in D$ 时，$\Phi(\boldsymbol{x}) \in D$，因此，迭代函数有映内性. 进一步，任取 $\boldsymbol{x}, \boldsymbol{y} \in D$，有

$$|\varphi_1(\boldsymbol{x}) - \varphi_1(\boldsymbol{y})| = \left|\frac{\cos\left(x_2 x_3\right) - \cos\left(y_2 y_3\right)}{4}\right| \leqslant \frac{\left|x_2 - y_2\right| + \left|x_3 - y_3\right|}{4},$$

$$|\varphi_2(\boldsymbol{x}) - \varphi_2(\boldsymbol{y})| = \left|\frac{x_1^2 + \sin x_3 - y_1^2 - \sin y_3}{10}\right| \leqslant \frac{\left|x_1 - y_1\right| + \left|x_3 - y_3\right|}{5},$$

$$|\varphi_3(\boldsymbol{x}) - \varphi_3(\boldsymbol{y})| = \left|\frac{\mathrm{e}^{-x_1 x_2} - \mathrm{e}^{-y_1 y_2}}{20}\right| \leqslant \frac{\mathrm{e}\left(\left|x_1 - y_1\right| + \left|x_2 - y_2\right|\right)}{20},$$

因此，$\left\|\Phi(\boldsymbol{x}) - \Phi(\boldsymbol{y})\right\|_1 \leqslant \frac{1}{2}\left\|\boldsymbol{x} - \boldsymbol{y}\right\|_1$，迭代函数有压缩性. 由定理（6.8）可知，迭代函数在给定区域内有唯一的不动点 $\boldsymbol{x}^*$，产生的迭代序列收敛到此点. 选定初始点为 $\boldsymbol{x}^{(0)} = (0,0,0)$，使用迭代公式（6.10），可得前 7 项的迭代序列如表 6.8 所示.

表 6.8

k	$x_1^{(k)}$	$x_2^{(k)}$	$x_3^{(k)}$	$\left\|\boldsymbol{x}^{(k+1)} - \boldsymbol{x}^{(k)}\right\|_\infty$
0	0.000 000 00	0.000 000 00	0.000 000 00	
1	0.312 500 00	0.100 000 00	−0.550 000 00	0.550 000 00
2	0.312 121 97	0.057 496 90	−0.548 461 66	0.042 503 10
3	0.312 375 70	0.057 604 50	−0.549 110 70	$6.490\ 395\ 23 \times 10^{-0.4}$

续表

k	$x_1^{(k)}$	$x_2^{(k)}$	$x_3^{(k)}$	$\left\|x^{(k+1)}-x^{(k)}\right\|_\infty$
4	0.312 374 94	0.057 564 97	−0.549 108 33	$3.952\ 770\ 72\times10^{-0.5}$
5	0.312 375 12	0.057 565 13	−0.549 108 94	$6.085\ 200\ 57\times10^{-0.6}$
6	0.312 375 12	0.057 565 08	−0.549 108 94	$4.112\ 116\ 92\times10^{-0.8}$
7	0.312 375 12	0.057 565 08	−0.549 108 94	$6.334\ 913\ 70\times10^{-10}$

实际上，类似于单一非线性方程的处理，可以构造有固定迭代公式的迭代法——非线性方程组的牛顿迭代法．通过对多元函数 $F(\boldsymbol{x})$ 在 $\boldsymbol{x}^{(0)}$ 处做泰勒展开，保留线性部分，可得

$$\boldsymbol{0}=F\left(\boldsymbol{x}^*\right)\approx F\left[\boldsymbol{x}^{(0)}\right]+F'\left[\boldsymbol{x}^{(0)}\right]\left[\boldsymbol{x}^*-\boldsymbol{x}^{(0)}\right],$$

进一步，$\boldsymbol{x}^*\approx\boldsymbol{x}^{(0)}-\left\{F'\left[\boldsymbol{x}^{(0)}\right]\right\}^{-1}F\left[\boldsymbol{x}^{(0)}\right]$．为此，可构造迭代公式

$$\boldsymbol{x}^{(k+1)}=\boldsymbol{x}^{(k)}-\left\{F'\left[\boldsymbol{x}^{(k)}\right]\right\}^{-1}F\left[\boldsymbol{x}^{(k)}\right],k=0,1,2,\cdots. \tag{6.13}$$

迭代公式（6.13）中需要计算雅可比矩阵的逆矩阵，这会增大计算量，实际计算中，常采用两步来完成一次迭代．首先，设 $\Delta\boldsymbol{x}^{(k)}=\boldsymbol{x}^{(k+1)}-\boldsymbol{x}^{(k)}$，求解方程组

$$F'\left[\boldsymbol{x}^{(k)}\right]\Delta\boldsymbol{x}^{(k)}=-F\left[x^{(k)}\right],k=0,1,2,\cdots,$$

解出 $\Delta\boldsymbol{x}^{(k)}$ 后，再代入 $\boldsymbol{x}^{(k+1)}=\boldsymbol{x}^{(k)}+\Delta\boldsymbol{x}^{(k)}$.

关于牛顿迭代公式，其迭代序列的收敛性有以下定理.

定理 6.10 给定函数 $F(\boldsymbol{x}):D\subset R^n\to R^n$，满足 $F\left(\boldsymbol{x}^*\right)=\boldsymbol{0}$，且存在 $\boldsymbol{x}^*$ 的一个开区域 $D_0\subset D$，$F(\boldsymbol{x})$ 在 D_0 上连续可微，$F'\left(\boldsymbol{x}^*\right)$ 可逆，则

（1）牛顿迭代法产生的序列超线性收敛于 $\boldsymbol{x}^*$；

（2）进一步，若 $F(\boldsymbol{x})$ 在 D_0 上二次连续可微，则产生的迭代向量序列 $\{\boldsymbol{x}^{(k)}\}$ 至少平方收敛.

例 6.8 使用牛顿迭代法求解例 6.7 中的方程组.

解 设 $F(x)=\begin{pmatrix}4x_1-\cos(x_2x_3)-\dfrac{1}{4}\\ x_1^2-10x_2+\sin x_3+1\\ \mathrm{e}^{-x_1x_2}+20x_3+10\end{pmatrix}$，

则 $F'(x)=\begin{pmatrix}4 & x_3\sin(x_2x_3) & x_2\sin(x_2x_3)\\ 2x_1 & -10 & \cos x_3\\ -x_2\mathrm{e}^{-x_1x_2} & -x_1\mathrm{e}^{-x_1x_2} & 20\end{pmatrix}$，

选择初始值 $\boldsymbol{x}^{(0)}=(0,0,0)^{\mathrm{T}}$，代入并解方程组

$$F'\left[\boldsymbol{x}^{(0)}\right]\Delta\boldsymbol{x}^{(0)}=-F\left[\boldsymbol{x}^{(0)}\right],$$

得 $\Delta\boldsymbol{x}^{(0)}=(0.312\,5,0.045,-0.55)^{\mathrm{T}}$，进而 $\boldsymbol{x}^{(1)}=\boldsymbol{x}^{(0)}+\Delta\boldsymbol{x}^{(0)}$. 依次迭代，可算出后续向量序列，具体如表 6.9 所示.

表 6.9

k	$x_1^{(k)}$	$x_2^{(k)}$	$x_3^{(k)}$	$\left\Vert\boldsymbol{x}^{(k+1)}-\boldsymbol{x}^{(k)}\right\Vert_\infty$
0	0.000 000 00	0.000 000 00	0.000 000 00	
1	0.312 500 00	0.045 000 00	−0.550 000 00	0.550 000 00
2	0.312 380 92	0.057 565 47	−0.549 108 47	0.012 565 47
3	0.312 375 12	0.057 565 08	−0.549 108 94	$5.809\,004\,62\times10^{-0.6}$
4	0.312 375 12	0.057 565 08	−0.549 108 94	$3.392\,515\,44\times10^{-12}$

习题 6.8

1. 使用不动点迭代法求解非线性方程组

$$\begin{cases} x_1^2-10x_1+x_2^2+8=0, \\ x_1x_2^2+x_1-10x_2+8=0. \end{cases}$$

2. 使用牛顿迭代法求解非线性方程组

$$\begin{cases} 3x_1-\cos x_1-\sin x_2=0, \\ 4x_2-\sin x_1-\cos x_2=0. \end{cases}$$

3. 使用牛顿迭代法求解非线性方程组

$$\begin{cases} 3x_1-\cos x_1-\sin x_2=0, \\ 4x_2-\sin x_1-\cos x_2=0. \end{cases}$$

本章参考答案

第 7 章　矩阵的特征值及特征向量的计算

7.1　引言

矩阵的特征值计算有广泛的应用背景．例如，在科学技术领域中，动力系统和结构系统中的振动问题、电力系统的静态稳定分析、工程设计中某些临界值的确定等，都归结为矩阵特征值问题．本章介绍 n 阶实矩阵 $\boldsymbol{A}\in\boldsymbol{R}^{n\times n}$ 的特征值与特征向量的求解方法，即求参数 λ 和相应的非零向量 $\boldsymbol{x}$，使 $\boldsymbol{Ax}=\lambda\boldsymbol{x}$，即 $(\boldsymbol{A}-\lambda\boldsymbol{I})\boldsymbol{x}=\boldsymbol{0}$，并称 λ 为 $\boldsymbol{A}$ 的特征值，x 为相应于 λ 的特征向量．而

$$(\boldsymbol{A}-\lambda\boldsymbol{I})x=\boldsymbol{0}$$

有非零解的充分必要条件是

$$\phi(\lambda)=\det(\boldsymbol{A}-\lambda\boldsymbol{I})=\lambda^n+a_1\lambda^{n-1}+\cdots+a_{n-1}\lambda+a_n=0,$$

其中 $a_i\,(i=1,2,\cdots,n)$ 为常数．由于上述方程是关于 λ 的 n 次多项式，因此它有 n 个根（实根或复根）．除特殊情况外，如 n=2,3 或 $\boldsymbol{A}$ 为上（下）三角矩阵，一般不直接求解，原因是这样的算法往往不稳定．

下面不加证明地列出一些矩阵特征值、特征向量的有关结论．

定理 7.1　设 $\lambda_i\,(i=1,2,\cdots,n)$ 是矩阵 $\boldsymbol{A}$ 的特征值，则有

（1）$\sum_{i=1}^{n}\lambda_i=\sum_{i=1}^{n}a_{ii}=\mathrm{tr}(\boldsymbol{A})$;

（2）$\det(\boldsymbol{A})=\prod_{i=1}^{n}\lambda_i=\lambda_1\lambda_2\cdots\lambda_n$.

定理 7.2　相似矩阵具有相同的特征值．

定理 7.3　设 $\lambda_i\,(i=1,2,\cdots,n)$ 是矩阵 $\boldsymbol{A}$ 的特征值，则矩阵 $\boldsymbol{A}^k$ 的特征值是 $\lambda_i^k\,(i=1,2,\cdots,n)$．

定理 7.4　如果 $\boldsymbol{A}$ 有 n 个不同的特征值，则 $\boldsymbol{A}$ 相似于对角阵，即存在一个可逆矩阵 $\boldsymbol{P}$，使

$$\boldsymbol{P}^{-1}\boldsymbol{AP}=\boldsymbol{D}=\mathrm{diag}(\lambda_1,\lambda_2,\cdots,\lambda_n),$$

$\boldsymbol{D}$ 为对角阵，$\lambda_i\,(i=1,2,\cdots,n)$ 为 $\boldsymbol{A}$ 的特征值．

定理 7.5　如果 $\boldsymbol{A}$ 为实对称阵，则一定存在正交矩阵 $\boldsymbol{V}$，使

$$\boldsymbol{V}^{-1}\boldsymbol{AV}=\mathrm{diag}(\lambda_1,\lambda_2,\cdots,\lambda_n),$$

其对角元素 $\lambda_i\,(i=1,2,\cdots,n)$ 均为实数且是 $\boldsymbol{A}$ 的 n 个特征值；$\boldsymbol{V}$ 的第 j 列 v_j 是 λ_j 所对应的实对称向量；不同的特征值所对应的特征向量相互正交．

定理 7.6　矩阵 $\boldsymbol{A}=(a_{ij})_{n\times n}$ 的任意一个特征值至少位于复平面上的几个圆盘

$$D_i=\left\{z\,\middle|\,|z-a_{ii}|\leqslant\sum_{j=1,j\neq i}^{n}|a_{ij}|\right\}\ (i=1,2,\cdots,n)$$

中的一个圆盘上．

7.2 幂法及反幂法

7.2.1 幂法

幂法是计算矩阵按模最大特征值（largest eigenvalue in magnitude）及相应特征向量的迭代法. 该方法稍加修改，也可用来确定其他特征值. 幂法的一个很有用的特性是：它不仅可以求特征值，而且可以求相应的特征向量. 实际上，幂法经常用来求通过其他方法确定的特征值的特征向量. 下面探讨幂法的具体过程.

设矩阵 $\boldsymbol{A}\in\mathbf{R}^{n\times n}$ 的 n 个特征值满足

$$|\lambda_1|>|\lambda_2|\geqslant|\lambda_3|\geqslant\cdots|\lambda_n|\geqslant 0\ ,\tag{7.1}$$

且有相应的 n 个线性无关的特征向量 $\boldsymbol{x}_1,\boldsymbol{x}_2,\cdots,\boldsymbol{x}_n$. 幂法是计算矩阵按模最大特征值及相应特征向量的迭代法，其基本思想是对任给的非零向量 $\boldsymbol{z}_0\in\mathbf{R}^n$，用矩阵 $\boldsymbol{A}$ 连续左乘，构造迭代过程，具体过程如下.

由假设知 $\boldsymbol{z}_0=\sum\limits_{i=1}^{n}\alpha_i\boldsymbol{x}_i\left(\alpha_1\neq 0\right)$，用 $\boldsymbol{A}$ 左乘两边得

$$\boldsymbol{z}_1=\boldsymbol{A}\boldsymbol{z}_0=\sum_{i=1}^{n}\alpha_i\boldsymbol{A}\boldsymbol{x}_i=\sum_{i=1}^{n}\alpha_i\lambda_i\boldsymbol{x}_i\ .$$

再用 $\boldsymbol{A}$ 左乘上式，得

$$\boldsymbol{z}_2=\boldsymbol{A}\boldsymbol{z}_1=\boldsymbol{A}^2\boldsymbol{z}_0=\sum_{i=1}^{n}\alpha_1\lambda_i^2\boldsymbol{x}_i\ .$$

一直这样做下去，一般地，有

$$\boldsymbol{z}_k=\boldsymbol{A}\boldsymbol{z}_{k-1}=\boldsymbol{A}^k\boldsymbol{z}_0=\sum_{i=1}^{n}\alpha_1\lambda_i^k\boldsymbol{x}_i=\lambda_1^k\left[\alpha_1\boldsymbol{x}_1+\sum_{i=2}^{n}\alpha_1\left(\frac{\lambda_i}{\lambda_1}\right)^k\boldsymbol{x}_i\right]\ (k=1,2,\cdots)\ .\tag{7.2}$$

我们只讨论 $|\lambda_1|>|\lambda_2|$ 的情况. 由式（7.2）知

$$\lim_{k\to\infty}\frac{\boldsymbol{z}_k}{\lambda_1^k}=\alpha_1\boldsymbol{x}_1\ ,\tag{7.3}$$

于是对充分大的 k 有

$$\boldsymbol{z}_k\approx\lambda_1^k\alpha_1\boldsymbol{x}_1\ .\tag{7.4}$$

$$\boldsymbol{z}_{k+1}\approx\lambda_1^{k+1}\alpha_1\boldsymbol{x}_1\approx\lambda_1\boldsymbol{z}_k\ .$$

式（7.3）表明序列 $\left\{\dfrac{\boldsymbol{z}_k}{\lambda_1^k}\right\}$ 越来越接近 $\boldsymbol{A}$ 的相应于 λ_1 的特征向量（$\alpha_1\neq 0,\boldsymbol{x}_1$ 是 $\boldsymbol{A}$ 的相应于 λ_1 的特征向量的近似向量），其收敛速度取决于比值 $\left|\dfrac{\lambda_2}{\lambda_1}\right|$.

下面我们来计算 λ_1. 由于

$$\boldsymbol{z}_{k+1}=\boldsymbol{A}\boldsymbol{z}_k=\boldsymbol{A}^{k+1}\boldsymbol{z}_0=\lambda_1^{k+1}\left[\alpha_1\boldsymbol{x}_1+\sum_{i=2}^{n}\alpha_i\left(\frac{\lambda_i}{\lambda_1}\right)^{k+1}\boldsymbol{x}_i\right],\tag{7.5}$$

当 k 充分大时，$z_{k+1} \approx \lambda_1^{k+1}\alpha_1 \boldsymbol{x}_1$，记 z_k 的第 i 个分量为 $(z_k)_i, i=1,2,\cdots,n$，则

$$\frac{(z_{k+1})_i}{(z_k)_i} = \lambda_1 \frac{\left[\alpha_1 \boldsymbol{x}_1 + \sum_{i=2}^{n} \alpha_i \left(\frac{\lambda_i}{\lambda_1}\right)^{k+1} \boldsymbol{x}_i\right]_i}{\left[\alpha_1 \boldsymbol{x}_1 + \sum_{i=2}^{n} \alpha_i \left(\frac{\lambda_i}{\lambda_1}\right)^{k} \boldsymbol{x}_i\right]_i} \approx \lambda_1, i=1,2,\cdots,n. \quad (7.6)$$

在上式计算中，由式（7.6）知，当$|\lambda_1|>1$时，z_k 的非零分量将趋于无穷大，当$|\lambda_1|<1$时，z_k 的非零分量将趋于零，这样计算机会产生“溢出”．因此，我们需要对上述方法进行“规范化”处理．对于 z_k，令

$$\boldsymbol{v}_k = \frac{z_k}{\max(z_k)}, k=0,1,2,\cdots,$$

其中 $\max(z_k)$ 表示 z_k 中绝对值最大的分量，通常取 $\boldsymbol{v}_0 = z_0 \neq 0$ 且各分量绝对值不超过 1，即已经规范化，则

$$z_1 = \boldsymbol{A}\boldsymbol{v}_0, \boldsymbol{v}_1 = \frac{z_1}{\max(z_1)} = \frac{\boldsymbol{A}\boldsymbol{v}_0}{\max(\boldsymbol{A}\boldsymbol{v}_0)},$$

$$z_2 = \boldsymbol{A}\boldsymbol{v}_1, \boldsymbol{v}_2 = \frac{z_2}{\max(z_2)} = \frac{\boldsymbol{A}^2\boldsymbol{v}_0}{\max(\boldsymbol{A}^2\boldsymbol{v}_0)},$$

……

$$z_k = \boldsymbol{A}\boldsymbol{v}_{k-1}, \boldsymbol{v}_k = \frac{z_k}{\max(z_k)} = \frac{\boldsymbol{A}^k\boldsymbol{v}_0}{\max(\boldsymbol{A}^k\boldsymbol{v}_0)}.$$

由于

$$\boldsymbol{A}^k\boldsymbol{v}_0 = z_k = \lambda_1^k \left[\alpha_1 \boldsymbol{x}_1 + \sum_{i=2}^{n} \alpha_i \left(\frac{\lambda_i}{\lambda_1}\right)^k \boldsymbol{x}_i\right],$$

故

$$\boldsymbol{v}_k = \frac{\lambda_1^k \left(\alpha_1 \boldsymbol{x}_1 + \sum_{i=2}^{n} \alpha_i \left(\frac{\lambda_i}{\lambda_1}\right)^k \boldsymbol{x}_i\right)}{\max\left\{\lambda_1^k \left[\alpha_1 \boldsymbol{x}_1 + \sum_{i=2}^{n} \alpha_i \left(\frac{\lambda_i}{\lambda_1}\right)^k \boldsymbol{x}_i\right]\right\}},$$

即

$$\lim_{k\to\infty} \boldsymbol{v}_k = \frac{\boldsymbol{x}_1}{\max(\boldsymbol{x}_1)},$$

这表明 $\boldsymbol{v}_k$ 可作为特征值 λ_1 的近似特征向量．另一方面，

$$z_k = Av_{k-1} = \frac{A^k v_0}{\max(A^{k-1}v_0)} = \frac{A^k z_0}{\max(A^{k-1}z_0)}$$

$$= \lambda_1 \frac{\left[\alpha_1 x_1 + \sum_{i=2}^{n} \alpha_i \left(\frac{\lambda_i}{\lambda_1}\right)^k x_i\right]}{\max\left[\alpha_1 x_1 + \sum_{i=2}^{n} \alpha_i \left(\frac{\lambda_i}{\lambda_1}\right)^{k-1} x_i\right]},$$

于是，令 $m_k = \max(z_k)$，则

$$\mu_k = \lambda_1 \frac{\max\left[\alpha_1 x_1 + \sum_{i=2}^{n} \alpha_i \left(\frac{\lambda_i}{\lambda_1}\right)^k x_i\right]}{\max\left[\alpha_1 x_1 + \sum_{i=2}^{n} \alpha_i \left(\frac{\lambda_i}{\lambda_1}\right)^{k-1} x_i\right]},$$

且有

$$\lim_{k\to\infty} \mu_k = \lambda_1 .$$

可见，当 k 足够大时，可取特征值 $\lambda_1 \approx \max(\mu_k)$，相应的特征向量为

$$x_1 \approx v_k = \frac{z_k}{\max(z_k)} .$$

例 7.1　已知矩阵

$$A = \begin{pmatrix} 2 & -1 & 0 \\ 0 & 2 & -1 \\ 0 & -1 & 2 \end{pmatrix},$$

取 $v_0 = (0,0,1)^{\mathrm{T}}$，误差 $\varepsilon \leqslant 10^{-3}$，用幂法求 A 的按模最大特征值及对应的特征向量.

解　$v_0 = z_0 = (0,0,1)^{\mathrm{T}}$，

$$z_1 = Av_0 = (0,-1,2)^{\mathrm{T}}, v_1 = \frac{z_1}{\max(z_1)} = \frac{(0,-1,2)^{\mathrm{T}}}{2} = (0,-0.5,1)^{\mathrm{T}} ,$$

$$z_2 = Av_1 = (0.5,-2,2.5)^{\mathrm{T}}, v_2 = \frac{z_2}{\max(z_2)} = (0.2,-0.8,1)^{\mathrm{T}} ,$$

……

$$z_8 = (2.765\ 094\ 8, -2.998\ 184\ 8, 2.999\ 092\ 4)^{\mathrm{T}} ,$$

$$\max(z_8) = 2.999\ 092\ 4, v_8 = (0.921\ 977\ 2, -0.999\ 697\ 3, 1)^{\mathrm{T}} ,$$

$$z_9 = (2.843\ 651\ 7, -2.999\ 394\ 6, 2.999\ 697\ 3)^{\mathrm{T}} ,$$

$$\max(z_9) = 2.999\ 697\ 3.$$

由于

$$\max(z_9) - \max(z_8) = 0.000\ 604\ 9 < 10^{-3} ,$$

所以 $\lambda_1 \gg 2.999\ 6973$，相应的特征向量可取

$$z_9 = (2.843\ 651\ 7, -2.999\ 394\ 6, 2.999\ 697\ 3)^{\mathrm{T}} .$$

事实上，$\boldsymbol{A}$ 的特征值为 $\lambda_1=3,\lambda_2=2,\lambda_3=1$，与 λ_1 对应的特征向量为 $(1,-1,1)^{\mathrm{T}}$.

例 7.2 求矩阵 $\begin{pmatrix}1 & -1 & 2\\ -2 & 0 & 5\\ 6 & -3 & 6\end{pmatrix}$ 的按模最大特征值 λ_1 和相应的特征向量.

解 编制求解函数 eig_power(***A***)如下.

```
function [V, D]=eig_power(A)
%eig_power.m
%用幂法求 A 的按模最大特征值和对应的特征向量
%V 为特征向量
%D 为特征值
%最大迭代次数
Maxtime=100;
%迭代精度
Eps=1E-5;
n=length(A);
V=ones(n, 1);
k=0;%初始迭代次数
m0=0;
while k<=Maxtime
    v=A*V;
    [vmax, i]=max(abs(v));
    m=v(i);
    V=v/m;
    if abs(m-m0)<Eps
        break;
    end
    m0=m;
    k=k+1;
end
D=m;
```

运行求解程序，先创建矩阵：

```
>>A=[1 -1 2;-2 0 5 ;6 -3 6]
>>[V, D]=eig_power(A)
```

运行结果如下。

```
V =
   0.2778
   0.8889
   1.0000
D =
5.0000
```

上述结果中“D”为按模最大特征值，“V”为对应的特征向量.

7.2.2 原点移位法

如上所述，幂法收敛的快慢取决于比值 $\left|\frac{\lambda_2}{\lambda_1}\right|$，当比值接近 1 时收敛速度很慢，有多种加

速收敛的方法，这里介绍一种原点移位法.

设矩阵 $\boldsymbol{A}$ 的特征值有 $|\lambda_1|>|\lambda_2|\geqslant|\lambda_3|\geqslant\cdots\geqslant|\lambda_n|$，其对应的 n 个线性无关的特征向量分别为 $\boldsymbol{x}_1,\boldsymbol{x}_2,\cdots,\boldsymbol{x}_n$，矩阵 $\boldsymbol{B}=\boldsymbol{A}-p\boldsymbol{I}$ 的特征值为 $\bar{\lambda}_1,\bar{\lambda}_2,\cdots,\bar{\lambda}_n$，则有 $\bar{\lambda}_i=\lambda_i-p\left(i=1,2,\cdots,n\right)$，而矩阵 $\boldsymbol{B}$ 的特征向量不变，仍为 $x_1,x_2,\cdots,x_n$，所以只要求出 $\bar{\lambda}_1,\bar{\lambda}_2,\cdots,\bar{\lambda}_n$，则 $\lambda_i=\bar{\lambda}_i+p\left(i=1,2,\cdots,n\right)$ 即为 $\boldsymbol{A}$ 的特征值.

原点移位法就是适当地选取 p，使 $|\lambda_1-p|>\left|\tilde{\lambda}_i-p\right|\left(i=1,2,\cdots,n\right)$，且

$$\frac{|\lambda_i-p|}{|\lambda_1-p|}<\left|\frac{\lambda_2}{\lambda_1}\right|\ \left(i=2,3,\cdots,n\right).$$

如何选择 p？由假设，矩阵 $\boldsymbol{A}$ 的按模最大特征值是 λ_1，则矩阵 B 的按模最大特征值应是 $\bar{\lambda}_1$ 或 $\bar{\lambda}_n$，那么

$$\frac{|\lambda_i-p|}{|\lambda_1-p|}\ \left(i=2,3,\cdots,n\right)$$

中只可能是 $\dfrac{|\lambda_2-p|}{|\lambda_1-p|}$ 或 $\dfrac{|\lambda_n-p|}{|\lambda_1-p|}$ 最大（记为 w），我们选取 p 使 w 最小.

可以证明，当 $\lambda_2-p=-\left(\lambda_n-p\right)$ 时，即 $p=\dfrac{\lambda_2+\lambda_n}{2}$ 时，此时矩阵 $\boldsymbol{B}$ 按幂法迭代收敛最快. 然而，在实际应用中，由于矩阵 $\boldsymbol{A}$ 的特征值是未知的，用上述方法选取 p 是困难的，故常采用对于给定的迭代初始非零向量 $\boldsymbol{v}_0$，选取 p 为 $p=\dfrac{\boldsymbol{v}_0^{\mathrm{T}}\boldsymbol{A}\boldsymbol{v}_0}{\boldsymbol{v}_0^{\mathrm{T}}\boldsymbol{v}_0}$，因为 $\boldsymbol{A}\boldsymbol{x}=\lambda\boldsymbol{x},\lambda=\dfrac{\boldsymbol{x}^{\mathrm{T}}\boldsymbol{A}\boldsymbol{x}}{\boldsymbol{x}^{\mathrm{T}}\boldsymbol{x}}$.

7.2.3　反幂法

反幂法称为逆迭代法，是计算非奇异矩阵按模最小特征值及其对应的特征值向量的方法. 设非奇异矩阵 $\boldsymbol{A}$ 有 n 个线性无关的特征向量 $\boldsymbol{x}_1,\boldsymbol{x}_2,\cdots,\boldsymbol{x}_n$，其对应的特征值分别为 $\lambda_1,\lambda_2,\cdots,\lambda_n$，且有 $|\lambda_1|\geqslant|\lambda_2|\geqslant|\lambda_3|\geqslant\cdots\geqslant|\lambda_n|>|\lambda_n|>0$. 现要计算矩阵 $\boldsymbol{A}$ 的按模最小特征值 λ_n 及其对应的特征向量 $\boldsymbol{x}_n$.

因为 $\boldsymbol{A}$ 是非奇异矩阵，故 $\lambda_i\neq0\left(i=1,2,\cdots,n\right)$. 由 $\boldsymbol{A}\boldsymbol{x}_i=\lambda_i\boldsymbol{x}_i$ 得

$$\boldsymbol{A}^{-1}\boldsymbol{x}_i=\frac{1}{\lambda_i}\boldsymbol{x}_i,i=1,2,\cdots,n,$$

所以 $\dfrac{1}{\lambda_n}$ 是 $\boldsymbol{A}^{-1}$ 的按模最大特征值，x_n 是 $\boldsymbol{A}^{-1}$ 的对应于特征值 $\dfrac{1}{\lambda_n}$ 的特征向量. 于是对矩阵 $\boldsymbol{A}^{-1}$ 使用幂法即可求得 $\dfrac{1}{\lambda_n},\boldsymbol{x}_n$.

例 7.3　求例 7.2 中矩阵 $\boldsymbol{A}$ 的按模最小特征值及其相应的特征向量.

解　编制按模求解的程序 pow_inv.m 如下.

```
%pow_inv.m
%利用反幂法计算按模最小特征值及其对应的特征向量
%D 为按模最小特征值
```

```
%V 为按模最小特征值对应的特征向量
clc;
A=[1 -1 2;-2 0 5 ;6 -3 6]
disp('迭代过程值');
disp('V=');
n=length(A);
u=ones(n, 1);
%初始迭代步长值
k=0;
m0=0;
%最大迭代次数
Maxtime=50;
%迭代精度
Eps=1E-5;
invA=inv(A);
while k<=Maxtime
     v=invA*u;
     [vmax, i]=max(abs(v));
     m=v(i);
     u=v/m;
     disp(u');
     if(abs(m-m0))<Eps
          break;
     end
     m0=m;
     k=k+1;
end
%特征值
D=1/m
%特征向量
V=u'
```

运行结果如下。

```
D =
  -1.0000
V =
0.5000   1.0000   -0.0000
```

习题 7.2

1. 用幂法求矩阵 $\boldsymbol{A}=\begin{pmatrix}4 & 0 & 0\\ -1 & 2 & -1\\ 0 & -1 & 2\end{pmatrix}$ 的按模最大特征值及对应的特征向量，列表计算 3 次，取 $\boldsymbol{x}_0=(1,1,1)^{\mathrm{T}}$，保留两位小数.

2. 利用反幂法求矩阵 $\begin{pmatrix}6 & 2 & 1\\ 2 & 3 & 1\\ 1 & 1 & 1\end{pmatrix}$ 的最接近于 6 的特征值及对应的特征向量.

7.3　旋转变换和雅可比方法

雅可比（Jacobi）方法是求实对称矩阵 A 的全部特征值与特征向量的方法，其基本思想是对 A 进行一系列正交变换，将 A 化为一个对角阵，其对角线上的元素就是 A 的特征值. 由正交变换的乘积可求得特征向量.

设 $A = (a_{ij})$ 是 n 阶实对称矩阵，由定理 7.5 知一定存在正交矩阵 V，使

$$V^{-1}AV = V^{\mathrm{T}}AV = D.$$

其中，D 是对角阵，其对角线元素 $\lambda_1, \lambda_2, \cdots, \lambda_n$ 是 A 的全部特征值，正交矩阵 V 的第 j 列 x_j 就是对应于特征值 λ_j 的特征向量. 为此，先介绍旋转变换.

7.3.1　旋转变换

设矩阵 A 的一对非对角元素 $a_{ij} = a_{ji} \neq 0$，则矩阵

$$
V_1 = \begin{pmatrix}
1 & & & & & & & & & & \\
& \ddots & & & & & & & & & \\
& & 1 & & & & & & & & \\
& & & \cos\varphi & & & & -\sin\varphi & & & \\
& & & & 1 & & & & & & \\
& & & & & \ddots & & & & & \\
& & & & & & 1 & & & & \\
& & & \sin\varphi & & & & \cos\varphi & & & \\
& & & & & & & & 1 & & \\
& & & & & & & & & \ddots & \\
& & & & & & & & & & 1
\end{pmatrix}
\begin{matrix} \\ \\ \\ \text{第}i\text{行} \\ \\ \\ \\ \text{第}j\text{行} \\ \\ \\ \\ \end{matrix}
\tag{7.7}
$$

第 i 列　　　　第 j 列

称为 $\mathbf{R}^n$ 中 x_i, x_j 平面内的旋转矩阵. 可以证明 V_1 具有以下性质.

（1）V_1 是正交矩阵，即 $V_1^{\mathrm{T}} V_1 = E$.　　　　　　　　　　　　　（7.8）

（2）令 $A_1 = V_1^{\mathrm{T}} A V_1 = (a_{ij}^{(1)})_{n \times n}$，则 A_1 仍是对称矩阵且与 A 相似，因而与 A 有相同的特征值.

（3）$\|A_1\|_{\mathrm{F}} = \|A\|_{\mathrm{F}}$ $\left(\|A\|_{\mathrm{F}}^2 = \sum_{i=1}^{n} \sum_{j=1}^{n} a_{ij}^2 \right)$.　　　　　　　　（7.9）

通过计算可得，A_1 的第 i, j 两行和第 i, j 两列发生了变化，其他元素与 A 相同：

$$a_{ii}^{(1)} = a_{ii} \cos^2\varphi + a_{jj} \sin^2\varphi + a_{ij} \sin 2\varphi,$$

$$a_{jj}^{(1)} = a_{ii} \sin^2\varphi + a_{jj} \cos^2\varphi - a_{ij} \sin 2\varphi,$$

$$a_{it}^{(1)} = a_{ti}^{(1)} = a_{it} \cos\varphi + a_{jt} \sin\varphi,$$

$$a_{jt}^{(1)} = a_{tj}^{(1)} = -a_{it} \sin\varphi + a_{jt} \cos\varphi,$$

$$a_{ij}^{(1)}=a_{ji}^{(1)}=a_{ij}\cos 2\varphi+\frac{1}{2}\left(a_{jj}-a_{ii}\right)\sin 2\varphi. \tag{7.10}$$

如三阶矩阵，设 $a_{13}=a_{31}\neq 0$，则有 $i=1,j=3$，

$$\boldsymbol{V}_1=\begin{pmatrix}\cos\varphi & 0 & -\sin\varphi\\ 0 & 1 & 0\\ \sin\varphi & 0 & \cos\varphi\end{pmatrix},$$

可得

$$\boldsymbol{A}_1=\boldsymbol{V}_1^{\mathrm{T}}\boldsymbol{A}\boldsymbol{V}_1=\begin{pmatrix}a_{11}^{(1)} & a_{12}^{(1)} & a_{13}^{(1)}\\ a_{21}^{(1)} & a_{22}^{(1)} & a_{23}^{(1)}\\ a_{31}^{(1)} & a_{32}^{(1)} & a_{33}^{(1)}\end{pmatrix},$$

$$a_{11}^{(1)}=a_{11}\cos^2\varphi+a_{33}\sin^2\varphi+a_{13}\sin 2\varphi;\quad a_{12}^{(1)}=a_{12}\cos\varphi+a_{32}\sin\varphi;$$

$$a_{13}^{(1)}=a_{13}\cos2\varphi+\frac{1}{2}\left(a_{33}-a_{11}\right)\sin 2\varphi;\quad a_{21}^{(1)}=a_{12}\cos\varphi+a_{32}\sin\varphi;$$

$$a_{22}^{(1)}=a_{22};\quad a_{23}^{(1)}=-a_{21}\sin\varphi+a_{23}\cos\varphi;$$

$$a_{31}^{(1)}=a_{13}\cos\varphi+\frac{1}{2}\left(a_{33}-a_{11}\right)\sin 2\varphi;\quad a_{32}^{(1)}=-a_{12}\sin\varphi+a_{32}\cos\varphi;$$

$$a_{33}^{(1)}=a_{11}\sin^2\varphi+a_{33}\cos^2\varphi-a_{13}\sin2\varphi.$$

我们的目标是经过正交变换，逐渐将 $\boldsymbol{A}$ 化为对角阵，如果选取 φ 使

$$a_{ij}\cos 2\varphi+\frac{1}{2}\left(a_{jj}-a_{ii}\right)\sin 2\varphi=0, \tag{7.11}$$

即若 $a_{jj}-a_{ii}=0$，则当 $a_{ij}>0$ 时取 $\varphi=\frac{\pi}{4}$，当 $a_{ij}<0$ 时取 $\varphi=-\frac{\pi}{4}$，否则取 φ 满足

$$\tan 2\varphi=\frac{2a_{ij}}{a_{ii}-a_{jj}}. \tag{7.12}$$

于是有 $a_{ij}^{(1)}=a_{ji}^{(1)}=0$，即把 $\boldsymbol{A}$ 的一对非对角元素 a_{ij},a_{ji} 化为 0.

7.3.2 雅可比方法

变换（7.7）可以逐次进行，每次选一对绝对值最大（不为零）的非对角元素，用这种变换将它们化为零，而由式（7.9）知，$\boldsymbol{A}_1$ 的非对角元素的平方和比 $\boldsymbol{A}$ 的小，对角元素的平方和比 $\boldsymbol{A}$ 的大，可以证明经过一系列变换，得到的实对称矩阵序列 $\boldsymbol{A}_1,\boldsymbol{A}_2,\cdots,\boldsymbol{A}_k,\cdots$，$\boldsymbol{A}_k$ 的非对角元素的平方和随着 k 的增大逐渐趋于零，即矩阵序列 $\{\boldsymbol{A}_k\}$ 收敛于一个对角矩阵.

在实际应用中，一般给定精度要求 ε，当矩阵的非对角元素的最大绝对值小于 ε 时，把最终矩阵的对角元素作为 $\boldsymbol{A}$ 的近似特征值. 假设一共经过 m 次正交相似变换，$\boldsymbol{A}_m$ 已满足精度要求，各次所用的平面旋转矩阵设为 $\boldsymbol{V}_1,\boldsymbol{V}_2,\cdots,\boldsymbol{V}_m$，则

$$\boldsymbol{V}_m^{\mathrm{T}}\cdots\boldsymbol{V}_2^{\mathrm{T}}\boldsymbol{V}_1^{\mathrm{T}}\boldsymbol{A}\boldsymbol{V}_1\boldsymbol{V}_2\cdots\boldsymbol{V}_m=\boldsymbol{A}_m.$$

其中，$\boldsymbol{A}_m$ 已近似等于对角矩阵，其对角元素 $a_{jj}^{(m)}\left(j=1,2,\cdots,n\right)$ 就是 $\boldsymbol{A}$ 的近似特征值，令

$V=V_1V_2\cdots V_m$，则有 $V^{\mathrm{T}}AV=A_m$．所以 V 的第 j 列就是 A 的特征值 $a_{jj}^{(m)}\left(j=1,2,\cdots,n\right)$ 的近似特征向量.

综上所述，用雅可比方法求实对称矩阵特征值和特征向量的具体步骤如下.

（1）给定对称矩阵 A 和精度 ε，令 $V=E$.

（2）确定 A 中绝对值最大的非对角元素 a_{ij}，若 $\left|a_{ij}\right|<\varepsilon$，则转到（6）.

（3）计算 $\cos 2\varphi,\sin 2\varphi,\cos\varphi,\sin\varphi$，使其满足式（7.11）和式（7.12）.

（4）按式（7.7）和式（7.8）计算 A_1,V_1 中的元素，$VV_1\Rightarrow V_2$.

（5）$A_1\Rightarrow A$，$V_2\Rightarrow V$，返回（2）.

（6）得出 A 的对角元素 $a_{ii}\left(i=1,2,\cdots,n\right)$ 即为所求特征值的近似值，V 的各列为对应的特征向量.

例 7.4　用雅可比方法求矩阵 A 的特征值和特征向量（保留 4 位有效数字），其中

$$A=\begin{pmatrix}1&-1&0\\-1&1&-1\\0&-1&1\end{pmatrix},$$

解　绝对值最大的非对角元素为 $a_{12}=-1$，即 $i=1,j=2$．因 $a_{11}-a_{22}=0$，故取 $\varphi=-\dfrac{\pi}{4}$，$\cos\varphi=-\sin\varphi=\dfrac{\sqrt{2}}{2}$，按式（7.7）和式（7.8）得

$$V_1=\begin{pmatrix}\dfrac{1}{\sqrt{2}}&\dfrac{1}{\sqrt{2}}&0\\-\dfrac{1}{\sqrt{2}}&\dfrac{1}{\sqrt{2}}&0\\0&0&1\end{pmatrix},$$

$$A_1=V_1^{\mathrm{T}}AV_1=\begin{pmatrix}2&0&0.707\,1\\0&0&-0.707\,1\\0.707\,1&-0.707\,1&1\end{pmatrix}.$$

由 $a_{13}^{(1)}=0.707\,1$ 得 $i=1,j=3$. 因 $a_{11}^{(1)}-a_{33}^{(1)}=1$，故由式（7.12）得 $\tan 2\varphi=\dfrac{2a_{13}^{(1)}}{a_{11}^{(1)}-a_{33}^{(1)}}=1.414$，$\cos 2\varphi=0.577\,4,\sin 2\varphi=0.816\,5,\ \cos\varphi=0.881\,0,\sin\varphi=0.459\,7$.

经计算可得

$$V_2=\begin{pmatrix}0.881\,0&0&0.459\,7\\0&1&0\\0.459\,7&0&0.881\,0\end{pmatrix},$$

$$A_2=V_2^{\mathrm{T}}AV_2=\begin{pmatrix}2.366&-0.325\,1&0\\-0.325\,1&0&-0.628\,0\\0&-0.628\,0&0.634\,0\end{pmatrix}.$$

如此继续计算，经过 7 次旋转相似变换后得

$$A_7=\begin{pmatrix}2.415\,0 & 0.000 & 0.000\\ 0.000 & -0.414\,3 & 0.000\\ 0.000 & 0.000 & 1.000\end{pmatrix},$$

$$V=V_1V_2\cdots V_7=\begin{pmatrix}0.500\,0 & 0.499\,8 & -0.707\,2\\ -0.707\,2 & 0.707\,1 & -0.000\,1\\ 0.500\,1 & -0.500\,0 & 0.707\,2\end{pmatrix}.$$

故求得 $\boldsymbol{A}$ 的近似特征值为 $2.415\,0, -0.414\,3, 1.000$；$\boldsymbol{V}$ 的各列为相应的特征向量. 事实上，$\boldsymbol{A}$ 的精确特征值为 $1+\sqrt{2}, 1-\sqrt{2}, 1$，可见结果是令人满意的.

例 7.5　用雅可比方法求矩阵 $\boldsymbol{A}$ 的全部特征值，只要求列出计算过程中每步的结果.

$$A=\begin{pmatrix}1 & 0.5 & 0.5\\ 0.5 & 2 & 0.5\\ 0.5 & 0.5 & 3\end{pmatrix}$$

解　针对雅可比方法，设计求解程序 jacobi_eigv.m.

```
%用雅可比方法计算矩阵的特征值
clc;
clear all;
%矩阵 A
A=[1 .5 .5;.5 2 .5;.5 .5 3]
%取矩阵 A 的维数
n=max(size(A));
%迭代误差
Eps=1E-5;
r=1;
%最大迭代次数为 100
m=100;
k=1;
%小于迭代次数或迭代误差进入计算
while r>=Eps & k<=m
    p=1;
    q=1;
    amax=0;
    for i=1:n
        for j=1:n
            if i~=j & abs(A(i, j))>amax
                amax=abs(A(i, j));
                p=i;
                q=j;
            end
        end
    end
    r=amax;%计算当前迭代误差
    %以下为构造正交矩阵 U
    l=-A(p, q);
    u=(A(p, p)-A(q, q))/2;
```

```
        if u==0
            w=1;
        else
            w=sign(u)*1/sqrt(1*1+u*u);
        end
        s=-w/sqrt(2*(1+sqrt(1-w*w)));
        c=sqrt(1-s*s);
        U=eye(n);
        U(p, p)=c;
        U(q, q)=c;
        U(p, q)=-s;
        U(q, p)=s;
        %旋转计算
        A=U'*A*U%显示每步的计算结果
        k=k+1;
    end
    if k>m
         disp('A矩阵不收敛');
    else
         for i=1:n
              D(i)=A(i, i);
         end
        disp('A的特征值为:');
         D
    end
    A的特征值为:
    D =
       0.7554    1.8554    3.3892
```

雅可比方法的优点是可以同时求出实对称矩阵的特征值和特征向量，且方法是稳定的，结果的精度一般比较高；缺点是当 $\boldsymbol{A}$ 为稀疏矩阵时，计算过程中不能保持原有的零元素分布特征，因此，这种方法一般用于阶数不是很高的“稠密”对称矩阵. 此外，每次取绝对值最大的非对角元素比较费时，也存在改进的方法，可参考相关文献.

7.4　*QR* 法

QR 方法是求解一般非奇异矩阵全部特征值的有效方法之一. 它可以将任意非奇异实矩阵分解成一个正交矩阵 $\boldsymbol{Q}$ 和一个上三角矩阵 $\boldsymbol{R}$ 的乘积，而且当 $\boldsymbol{R}$ 的对角元素符号取定时，分解是唯一的. *QR* 分解是通过豪斯霍尔德（Householder）变换得到的，下面先介绍豪斯霍尔德变换.

7.4.1　豪斯霍尔德变换

设 n 维实向量 $\boldsymbol{w}=(w_1,w_2,\cdots,w_n)^{\mathrm{T}}$ 满足 $\|\boldsymbol{w}\|_2=\sqrt{w_1^2+w_2^2+\cdots+w_n^2}$ ，则

$$H=E-2ww^{\mathrm{T}}=\begin{pmatrix}1-2w_1^2 & -2w_1w_2 & \cdots & -2w_1w_n \\ -2w_2w_1 & 1-2w_2^2 & \cdots & -2w_2w_n \\ \vdots & \vdots & & \vdots \\ -2w_nw_1 & -2w_nw_2 & \cdots & 1-2w_n^2\end{pmatrix} \tag{7.13}$$

为豪斯霍尔德矩阵或反射矩阵，可以证明其具有以下性质：

（1）$\boldsymbol{H}$ 是实对称的正交矩阵，即 $\boldsymbol{H}^{-1}=\boldsymbol{H}^{\mathrm{T}}=\boldsymbol{H}$；

（2）$\det(\boldsymbol{H})=-1$；

（3）$\boldsymbol{H}$ 仅有两个不等的特征值 ±1，其中，1 为 $n-1$ 重特征值；-1 是单特征值，$\boldsymbol{w}$ 为其对应的特征向量.

定理 7.7 设 $\boldsymbol{x}$ 为 R^n 中任意非零向量，$\boldsymbol{e}$ 为任意 n 维单位向量，则存在豪斯霍尔德矩阵，使

$$\boldsymbol{Hx}=\pm\|\boldsymbol{x}\|_2\,\boldsymbol{e}.$$

证明 取 $\boldsymbol{w}=\dfrac{\boldsymbol{x}-\left(\pm\|\boldsymbol{x}\|_2\,\boldsymbol{e}\right)}{\left\|\boldsymbol{x}\mp\|\boldsymbol{x}\|_2\,\boldsymbol{e}\right\|_2}$，令 $\boldsymbol{H}=\boldsymbol{E}-2\boldsymbol{ww}^{\mathrm{T}}$，于是

$$\boldsymbol{Hx}=\left(1-2\boldsymbol{ww}^{\mathrm{T}}\right)\boldsymbol{x}=\boldsymbol{x}-2\frac{\boldsymbol{x}\mp\|\boldsymbol{x}\|_2\,\boldsymbol{e}}{\left\|\boldsymbol{x}\mp\|\boldsymbol{x}\|_2\boldsymbol{e}\right\|_2^2}\left(\boldsymbol{x}^{\mathrm{T}}\mp\|\boldsymbol{x}\|_2\,\boldsymbol{e}^{\mathrm{T}}\right)\boldsymbol{x}.$$

由 2-范数的定义有

$$\begin{aligned}\left\|\boldsymbol{x}\mp\|\boldsymbol{x}\|_2\boldsymbol{e}\right\|_2^2&=(\boldsymbol{x}\mp\|\boldsymbol{x}\|_2\,\boldsymbol{e})^{\mathrm{T}}\left(\boldsymbol{x}\mp\|\boldsymbol{x}\|_2\,\boldsymbol{e}\right)\\&=\boldsymbol{x}^{\mathrm{T}}\boldsymbol{x}\mp2\|\boldsymbol{x}\|_2\,\boldsymbol{e}^{\mathrm{T}}\boldsymbol{x}+\|\boldsymbol{x}\|_2^2\\&=2\left(\boldsymbol{x}^{\mathrm{T}}\mp\|\boldsymbol{x}\|_2\,\boldsymbol{e}^{\mathrm{T}}\boldsymbol{x}\right),\end{aligned}$$

代入上式，得到 $\boldsymbol{Hx}=\pm\|\boldsymbol{x}\|_2\,\boldsymbol{e}^{\mathrm{T}}$.

此定理说明，对任意非零向量 $\boldsymbol{x}$，都可以构造豪斯霍尔德变换，将 $\boldsymbol{x}$ 变成与已知的单位向量平行. 特别地，对 $\boldsymbol{e}=\boldsymbol{e}_i\left(i=1,2,\cdots,n\right)$，可将 $\boldsymbol{x}$ 变换成只有第 i 个分量不为零的向量. 记 $\sigma=\|\boldsymbol{x}\|_2$，实际计算时，为防止 σ 与 x_i 抵消，可选取 σ 与 x_i 异号，即取

$$\boldsymbol{w}=\frac{\boldsymbol{x}-\mathrm{sign}\left(x_i\right)\sigma\boldsymbol{e}_i}{\left\|\boldsymbol{x}-\mathrm{sign}\left(x_i\right)\sigma\boldsymbol{e}_i\right\|_2}\ （x_i\neq0，否则令\ \boldsymbol{w}=\frac{\boldsymbol{x}+\sigma\boldsymbol{e}_i}{\left\|\boldsymbol{x}+\sigma\boldsymbol{e}_{i2}\right\|}\ ），$$

对 $\boldsymbol{e}_i=(1,0,0,\cdots,0)^{\mathrm{T}}$，对任意 $\boldsymbol{x}=(x_1,x_2,\cdots,x_n)^{\mathrm{T}}$，存在豪斯霍尔德矩阵 $\boldsymbol{H}$，有

$$\boldsymbol{Hx}=\|\boldsymbol{x}\|_2\,\boldsymbol{e}_1=(\sigma,0,0,\cdots,0)^{\mathrm{T}},$$

此时矩阵 $\boldsymbol{H}$ 可记为

$$\boldsymbol{Hx}=\boldsymbol{E}-\frac{1}{\rho}uu^{\mathrm{T}}.$$

其中，$\sigma=-\mathrm{sign}\left(x_1\right)\|\boldsymbol{x}\|_2,\rho=\sigma\left(\sigma-x_1\right),u=\boldsymbol{x}-\sigma\boldsymbol{e}_1=(x_1-\sigma,x_2,\cdots,x_n)^{\mathrm{T}}$.

7.4.2 *QR* 分解

定义 7.1 设 n 阶矩阵 $\boldsymbol{A}$ 有分解式 $\boldsymbol{A}=\boldsymbol{QR}$，其中 $\boldsymbol{Q}$ 为 n 阶正交矩阵，$\boldsymbol{R}$ 为上三角矩阵，

称其为矩阵的正交三角分解或 QR 分解.

下面对实非奇异矩阵 $\boldsymbol{A}$，利用豪斯霍尔德矩阵（7.13），将矩阵 $\boldsymbol{A}$ 化为相似的上三角矩阵.

定理 7.8　设 $\boldsymbol{A}$ 为实非奇异矩阵，则存在正交三角分解 $\boldsymbol{A}=\boldsymbol{QR}$ ，$\boldsymbol{Q}$ 为 n 阶正交矩阵，$\boldsymbol{R}$ 为非奇异的上三角矩阵，且若限定 $\boldsymbol{R}$ 的对角元素为正数，则此种分解唯一.

对该定理我们不做证明，只对算法说明如下.

第一步，记

$$\boldsymbol{A}^{(1)}=\boldsymbol{A}=\begin{pmatrix} a_{11} & a_{12} & \cdots & a_{1n} \\ a_{21} & a_{22} & \cdots & a_{2n} \\ \vdots & \vdots & & \vdots \\ a_{n1} & a_{n2} & \cdots & a_{nn} \end{pmatrix} \overset{\Delta}{=} (a_1,a_2,\cdots,a_n),$$

$\boldsymbol{a}_i$ 是 $\boldsymbol{A}$ 的第 $i(i=1,2,\cdots,n)$ 列，由 $\boldsymbol{A}$ 非奇异知 $\boldsymbol{a}_i\neq 0$，一定存在 $\sigma_1,\rho_1,\boldsymbol{u}_1$ 使

$$\boldsymbol{H}_1\boldsymbol{a}_1=\left(\boldsymbol{E}-\frac{1}{\rho_1}\boldsymbol{u}_1\boldsymbol{u}_1^{\mathrm{T}}\right)\boldsymbol{a}_1=\sigma_1\boldsymbol{e}_1,$$

其中，$\sigma_1=-\operatorname{sign}(a_{11})\|\boldsymbol{a}_1\|_2,\rho_1=\sigma_1(\sigma_1-a_{11}),\boldsymbol{u}_1=\boldsymbol{a}_1-\sigma_1\boldsymbol{e}_1=(a_{11}-\sigma_1,a_{21},\cdots,a_{n1})^{\mathrm{T}}$. 计算得

$$\boldsymbol{A}^{(2)}=\boldsymbol{H}_1\boldsymbol{A}^{(1)}=\begin{pmatrix} \sigma_1 & a_{12}^{(2)} & \cdots & a_{1n}^{(2)} \\ 0 & a_{22}^{(2)} & \cdots & a_{2n}^{(2)} \\ \vdots & \vdots & & \vdots \\ 0 & a_{n2}^{(2)} & \cdots & a_{nn}^{(2)} \end{pmatrix} \overset{\Delta}{=} \left(\sigma\boldsymbol{e}_1,\boldsymbol{a}_2^{(2)},\cdots,\boldsymbol{a}_n^{(2)}\right).$$

第二步，记 $\boldsymbol{a}_2^{(2)}=(a_{12}^{(2)},\tilde{a}_2^{(2)})^{\mathrm{T}}$，其中 $\tilde{\boldsymbol{a}}_2^{(2)}=\left(a_{22}^{(2)},a_{32}^{(2)},\cdots,a_{n2}^{(2)}\right)$ 是 $n-1$ 维非零向量，对 $n-1$ 维单位非零向量 $\tilde{e}_1=(1,0,\cdots,0)^{\mathrm{T}}$，存在 $\sigma_2,\rho_2,\boldsymbol{u}_2$，使

$$\tilde{\boldsymbol{H}}_2\tilde{\boldsymbol{a}}_2=\left(\boldsymbol{E}-\frac{1}{\rho_2}\boldsymbol{u}_2\boldsymbol{u}_2^{\mathrm{T}}\right)\tilde{\boldsymbol{a}}_2^{(2)}=\sigma_2\tilde{e}_1,$$

其中

$$\sigma_2=-\operatorname{sign}\left(a_{22}^{(2)}\right)\left\|\tilde{\boldsymbol{a}}_2^{(2)}\right\|_2,\ \rho_2=\sigma_2\left(\sigma_2-a_{22}^{(2)}\right),$$

$$\begin{aligned}\boldsymbol{u}_2&=\tilde{\boldsymbol{a}}_2^{(2)}-\sigma_2\tilde{\boldsymbol{e}}_1\\&=(a_{22}^{(2)}-\sigma_2,a_{32}^{(2)},\cdots,a_{n2}^{(2)})^{\mathrm{T}}.\end{aligned}$$

再令 $\boldsymbol{H}_2=\begin{pmatrix} 1 & \boldsymbol{0}^{\mathrm{T}} \\ \boldsymbol{0} & \tilde{\boldsymbol{H}}_2 \end{pmatrix}$，其中 $\boldsymbol{0}$ 是 n-1 维列向量，于是

$$\boldsymbol{A}^{(3)}=\boldsymbol{H}_2\boldsymbol{A}^{(2)}=\begin{pmatrix} \sigma_1 & a_{12}^{(2)} & a_{13}^{(3)} & \cdots & a_{1n}^{(3)} \\ 0 & \sigma_2 & a_{23}^{(3)} & \cdots & a_{2n}^{(3)} \\ 0 & 0 & a_{33}^{(3)} & \cdots & a_{3n}^{(3)} \\ \vdots & \vdots & \vdots & & \vdots \\ 0 & 0 & a_{n3}^{(3)} & \cdots & a_{nn}^{(3)} \end{pmatrix} \overset{\Delta}{=} \left(\sigma\boldsymbol{e}_1,\boldsymbol{a}_2^{(2)},\cdots,\boldsymbol{a}_n^{(2)}\right).$$

记 $\tilde{\boldsymbol{a}}_3^{(3)}=(a_{33}^{(3)},a_{43}^{(3)},\cdots,a_{n3}^{(3)})^{\mathrm{T}}$ 为 $n-2$ 维非零列向量，重复上述做法，经过 $n-1$ 步，逐步得到豪

斯霍尔德矩阵 $\boldsymbol{H}_1,\boldsymbol{H}_2,\cdots,\boldsymbol{H}_{n-1}$，使

$$\boldsymbol{A}^{(n)}=\boldsymbol{H}_{n-1}\cdots\boldsymbol{H}_2\boldsymbol{H}_1\boldsymbol{A}=\begin{pmatrix}\sigma_1 & a_{12}^{(2)} & a_{13}^{(3)} & \cdots & a_{1n}^{(n)}\\ 0 & \sigma_2 & a_{23}^{(3)} & \cdots & a_{2n}^{(n)}\\ 0 & 0 & \sigma_3 & \cdots & a_{3n}^{(n)}\\ \vdots & \vdots & \vdots & & \vdots\\ 0 & 0 & 0 & \cdots & \sigma_n\end{pmatrix}$$

为上三角矩阵，记为 $\boldsymbol{R}$.

如果令 $\boldsymbol{Q}=\boldsymbol{H}_{n-1}\boldsymbol{H}_{n-2}\cdots\boldsymbol{H}_2\boldsymbol{H}_1$，则 $\boldsymbol{Q}$ 为正交矩阵. 记 $\boldsymbol{Q}^{-1}=\boldsymbol{Q}^{\mathrm{T}}$ 则 $\boldsymbol{Q}^{-1}$ 亦为正交矩阵，即得 $\boldsymbol{A}=\boldsymbol{QR}$.

例 7.6 设有矩阵

$$\boldsymbol{A}=\begin{pmatrix}1 & 4 & -2\\ 2 & 2 & 2\\ -2 & 4 & 1\end{pmatrix},\boldsymbol{B}=\begin{pmatrix}-\frac{1}{3} & -\frac{2}{3} & \frac{2}{3}\\ -\frac{2}{3} & \frac{2}{3} & \frac{1}{3}\\ \frac{2}{3} & \frac{1}{3} & \frac{2}{3}\end{pmatrix},\boldsymbol{C}=\begin{pmatrix}-3 & 0 & 0\\ 0 & 6 & 0\\ 0 & 0 & 3\end{pmatrix},$$

判断 $\boldsymbol{BC}$ 是否为 $\boldsymbol{A}$ 的正交三角分解式.

解 显然 $\boldsymbol{C}$ 是上三角矩阵，$\boldsymbol{B}$ 是方阵，且

$$\boldsymbol{B}^{\mathrm{T}}\boldsymbol{B}=\begin{pmatrix}1 & 0 & 0\\ 0 & 1 & 0\\ 0 & 0 & 1\end{pmatrix},$$

故 $\boldsymbol{B}$ 为正交矩阵. 经验算得 $\boldsymbol{A}=\boldsymbol{BC}$ ，所以这就是 $\boldsymbol{A}$ 的正交三角分解式.

例 7.7 求矩阵

$$\boldsymbol{A}=\begin{pmatrix}1 & 0 & -1\\ 2 & 1 & 4\\ -2 & 3 & 0\end{pmatrix}$$

的 QR 分解 $\boldsymbol{A}=\boldsymbol{QR}$ ，并使矩阵 $\boldsymbol{R}$ 的主对角元素都是正数.

解 第一步 记 $\boldsymbol{A}_1=\boldsymbol{A},\boldsymbol{x}_1=(1,2,-2)^{\mathrm{T}}$ ，则 $\sigma_1=\operatorname{sgn}(1)\sqrt{1^2+2^2+(-2)^2}=3$ ，

$$\rho_1=\sigma_1\left(\sigma_1+a_{11}\right)=3\left(3+1\right)=12,$$

$$\boldsymbol{u}_1=\boldsymbol{x}_1+\sigma_1\boldsymbol{e}_1=(4,2,-2)^{\mathrm{T}},\boldsymbol{e}_1=(1,0,0)^{\mathrm{T}},$$

$$\boldsymbol{H}_1=\boldsymbol{E}-\rho_1^{-1}\boldsymbol{u}_1\boldsymbol{u}_1^{\mathrm{T}}=\begin{pmatrix}1 & 0 & 0\\ 0 & 1 & 0\\ 0 & 0 & 1\end{pmatrix}-\frac{1}{12}\begin{pmatrix}4\\ 2\\ -2\end{pmatrix}\begin{pmatrix}4 & 2 & -2\end{pmatrix}=\frac{1}{3}\begin{pmatrix}-1 & -2 & 2\\ -2 & 2 & 1\\ 2 & 1 & 2\end{pmatrix},$$

$$\boldsymbol{A}_2=\boldsymbol{H}_1\boldsymbol{A}_1=\begin{pmatrix}-3 & \frac{4}{3} & -\frac{7}{3}\\ 0 & \frac{5}{3} & \frac{10}{3}\\ 0 & \frac{7}{3} & \frac{2}{3}\end{pmatrix}.$$

第二步　记 $\boldsymbol{x}_2=\left(\frac{5}{3},\frac{7}{3}\right)^{\mathrm{T}}$，则

$$\sigma_2=\operatorname{sgn}\left(\frac{5}{3}\right)\sqrt{\left(\frac{5}{3}\right)^2+\left(\frac{7}{3}\right)^2}=2.867\ 44,$$

$$\rho_2=\sigma_2\left(\sigma_2+a_{22}^{(2)}\right)=2.867\ 44\times\left(2.867\ 44+\frac{7}{3}\right)=13.001\ 3,$$

$$\boldsymbol{u}_2=\boldsymbol{x}_2+\sigma_2\boldsymbol{e}_1=\left(\frac{5}{3},\frac{7}{3}\right)^{\mathrm{T}}+(2.867\ 44,0)^{\mathrm{T}}=(4.534\ 11,2.333\ 33)^{\mathrm{T}},$$

$$\boldsymbol{e}_1=(1,0)^{\mathrm{T}},$$

$$\begin{aligned}\tilde{\boldsymbol{H}}_2=\boldsymbol{E}-\rho_2^{-1}\boldsymbol{u}_2\boldsymbol{u}_2^{\mathrm{T}}&=\begin{pmatrix}1&0\\0&1\end{pmatrix}-\frac{1}{13.001\ 3}\begin{pmatrix}4.534\ 11\\2.333\ 33\end{pmatrix}\left(4.534\ 11,2.333\ 33\right)\\&=\begin{pmatrix}-0.581\ 24&-0.813\ 73\\-0.813\ 73&0.581\ 24\end{pmatrix},\end{aligned}$$

$$\boldsymbol{H}_2=\begin{pmatrix}1&\boldsymbol{0}\\\boldsymbol{0}&\tilde{\boldsymbol{H}}_2\end{pmatrix}=\begin{pmatrix}1&0&0\\0&-0.581\ 24&-0.813\ 73\\0&-0.813\ 73&0.581\ 24\end{pmatrix},$$

于是

$$\boldsymbol{A}_3=\boldsymbol{H}_2\boldsymbol{A}_2=\begin{pmatrix}-3&1.333\ 33&-2.333\ 33\\0&-2.867\ 44&-2.479\ 95\\0&0&-2.324\ 94\end{pmatrix}.$$

为了使 $\boldsymbol{R}$ 的主对角线上的元素都是正数，取

$$\boldsymbol{H}_3=\begin{pmatrix}-1&0&-0\\0&-1&0\\0&0&-1\end{pmatrix},$$

显然 $\boldsymbol{H}_3$ 是正交矩阵，且

$$\boldsymbol{A}_4=\boldsymbol{H}_3\boldsymbol{A}_3=\begin{pmatrix}3&-1.333\ 33&2.333\ 33\\0&2.867\ 44&2.479\ 95\\0&0&2.324\ 94\end{pmatrix},$$

$$\boldsymbol{R}=\boldsymbol{A}_4=\begin{pmatrix}-3&1.333\ 33&-2.333\ 33\\0&-2.867\ 44&-2.479\ 95\\0&0&-2.324\ 94\end{pmatrix},$$

$$\boldsymbol{Q}=\boldsymbol{H}_3\boldsymbol{H}_2\boldsymbol{H}_1=\begin{pmatrix}0.333\ 33&0.154\ 99&-0.929\ 98\\0.666\ 67&0.658\ 74&0.348\ 74\\-0.666\ 67&0.736\ 23&-0.116\ 25\end{pmatrix},$$

$$\boldsymbol{A}=\boldsymbol{Q}\boldsymbol{R}.$$

7.4.3 *QR* 方法

计算矩阵特征值的 QR 方法，就是利用矩阵 $\boldsymbol{A}$ 的 QR 分解，构造一个矩阵迭代序列 $\boldsymbol{A}_1=\boldsymbol{A},\boldsymbol{A}_2,\cdots,\boldsymbol{A}_k,\cdots$，使 $\boldsymbol{A}_k$ 与 $\boldsymbol{A}$ 保持相似且基本收敛于上三角形或分块上三角形，从而求得其全部特征值. QR 方法的计算公式是 $\boldsymbol{A}_k=\boldsymbol{Q}_k\boldsymbol{R}_k$，令 $\boldsymbol{R}_k\boldsymbol{Q}_k$ 为 $\boldsymbol{A}_{k+1}$，再对 $\boldsymbol{A}_{k+1}$ 进行正交三角分解，得

$$\boldsymbol{A}_{k+1}=\boldsymbol{Q}_{k+1}\boldsymbol{R}_{k+1},k=1,2,\cdots,$$
$$\boldsymbol{A}_1=\boldsymbol{Q}_1\boldsymbol{R}_1,\boldsymbol{A}_2=\boldsymbol{R}_1\boldsymbol{Q}_1=\boldsymbol{Q}_1^{\mathrm{T}}\boldsymbol{A}_1\boldsymbol{Q}_1;$$
$$\boldsymbol{A}_2=\boldsymbol{Q}_2\boldsymbol{R}_2,\boldsymbol{A}_3=\boldsymbol{R}_2\boldsymbol{Q}_2=\boldsymbol{Q}_2^{\mathrm{T}}\boldsymbol{A}_2\boldsymbol{Q}_2;$$
$$\cdots\cdots$$
$$\boldsymbol{A}_k=\boldsymbol{Q}_k\boldsymbol{R}_k,\boldsymbol{A}_{k+1}=\boldsymbol{R}_k\boldsymbol{Q}_k=\boldsymbol{Q}_k^{\mathrm{T}}\boldsymbol{A}_k\boldsymbol{Q}_k;$$

且 $\boldsymbol{A}_1,\boldsymbol{A}_2,\cdots,\boldsymbol{A}_k$ 均与 $\boldsymbol{A}$ 相似.

可以证明，若 $\boldsymbol{A}$ 的特征值是两两不同的实数，则在一定条件下，当 $k\to\infty$ 时，$\boldsymbol{A}_k$ 的主对角线下方各元素收敛于零，而主对角线元素收敛于 $\boldsymbol{A}$ 的特征值. 在实际计算中，当 $\boldsymbol{A}_k$ 的主对角线下方各元素的绝对值足够小时停止迭代，将 $\boldsymbol{A}_k$ 的对角线元素作为特征值的近似值.

当实矩阵 $\boldsymbol{A}$ 有复特征值时，在一定条件下 $\boldsymbol{A}_k$ 收敛于分块上三角矩阵，对角线上的子块是一阶或二阶的，每个二阶子块可以求出一对共轭的复特征值.

例 7.8 用基本 QR 方法求矩阵 $\boldsymbol{A}=\begin{pmatrix}1&-1&2\\-2&0&5\\6&-3&6\end{pmatrix}$ 的全部特征值.

解 对于本题的求解，可依下列步骤进行.

（1）构造矩阵

```
>>A=[1 -1 2;-2 0 5;6 -3 6]
A =
     1    -1     2
    -2     0     5
     6    -3     6
```

（2）将矩阵 $\boldsymbol{A}$ 变换为相似的拟上三角矩阵[即上海森伯格（Hessenberg）矩阵]

```
>>H=hess(A)
H =
    1.0000    2.2136   -0.3162
    6.3246    4.8000   -1.4000
         0    6.6000    1.2000
```

（3）对 $\boldsymbol{H}$ 矩阵做 $\boldsymbol{QR}$ 分解

```
>>[Q, R]=qr(H)
Q =
   -0.1562     0.2101   -0.9651
   -0.9877    -0.0332    0.1526
         0     0.9771    0.2127
R =
   -6.4031   -5.0868    1.4322
         0    6.7546    1.1526
         0         0    0.3468
```

（4）做 50 次迭代计算（具体迭代次数可依具体实验矩阵进行）

```
>>for i=1:50
        B=R*Q;
        [Q, R]=qr(B);
        end
>>R*Q

ans =
    5.0000    7.4864    0.5929
   -0.0000    3.0000    4.9600
         0    0.0000   -1.0000
```

由以上结果可得到所求特征值为 $\lambda(\boldsymbol{A})=(5.000\,0,3.000\,0,-1.000\,0)^{\mathrm{T}}$，

7.4.4　原点移位的 *QR* 方法

理论分析和实际计算均表明，QR 方法产生的矩阵序列 $\{\boldsymbol{A}_k\}$ 的右下角对角线元素 $a_{nn}^{(k)}$ 最先与 $\boldsymbol{A}$ 的特征值接近，可以证明，若 $\boldsymbol{A}$ 的特征值满足

$$|\lambda_1|\geqslant|\lambda_2|\geqslant\cdots\geqslant|\lambda_{n-1}|>|\lambda_n|,$$

则 $\boldsymbol{A}_k$ 的右下角对角线元素 $a_{nn}^{(k)}\to\lambda_n\,(k\to\infty)$ 且收敛是线性的，收敛速度为 $\left|\dfrac{\lambda_n}{\lambda_{n-1}}\right|$.

为了加速收敛，考虑用原点移位技巧来加速收敛速度，即选取位移量 s_k，使其满足

$$|\lambda_1-s_k|\geqslant|\lambda_2-s_k|\geqslant\cdots\geqslant|\lambda_{n-1}-s_k|>|\lambda_n-s_k|，且 \frac{|\lambda_n-s_k|}{|\lambda_{n-1}-s_k|}\ll 1. \tag{7.14}$$

这样，对 $\boldsymbol{A}_k-s_k\boldsymbol{E}$ 使用 QR 方法可以加快收敛速度. 这就是原点移位的 QR 方法.

其具体步骤如下：

（1）选取位移量 $s_k=a_{nn}^{(k)}$；

（2）对 $\boldsymbol{A}_k-s_k\boldsymbol{E}$ 进行 $\boldsymbol{QR}$ 分解，即 $\boldsymbol{A}_k-s_k\boldsymbol{E}=\boldsymbol{QR}$；

（3）令 $\boldsymbol{A}_{k+1}=\boldsymbol{R}_k\boldsymbol{Q}_k+s_k\boldsymbol{E}\,(k=1,2,\cdots)$.

由（2）知 $\boldsymbol{R}_k=\boldsymbol{Q}_k^{\mathrm{T}}(\boldsymbol{A}_k-s_k\boldsymbol{E})$，代入（3）推得 $\boldsymbol{A}_{k+1}=\boldsymbol{Q}_k^{\mathrm{T}}\boldsymbol{A}_k\boldsymbol{Q}_k$，所以 $\boldsymbol{A}_k$ 与 $\boldsymbol{A}_{k+1}$ 相似，因而具有相同的特征值，由式（7.14）知加快了收敛速度.

习题 7.4

1. 用 QR 法计算

$$\boldsymbol{A}=\begin{pmatrix}3&1&0\\1&2&1\\0&1&1\end{pmatrix}$$

的全部特征值.

2. 方阵 $\boldsymbol{T}$ 的分块形式为 $\boldsymbol{T}=\begin{pmatrix} \boldsymbol{T}_{11} & \boldsymbol{T}_{12} & \cdots & \boldsymbol{T}_{1n} \\ & \boldsymbol{T}_{22} & \cdots & \boldsymbol{T}_{2n} \\ & & \ddots & \\ & & & \boldsymbol{T}_{nn} \end{pmatrix}$，其中 $\boldsymbol{T}_{ii}\left(i=1,2,\cdots,n\right)$ 为方阵，$\boldsymbol{T}$ 称为块上三角阵. 如果对角块的阶数至多不超过 2，则称 $\boldsymbol{T}$ 为准三角形形式. 用 $\sigma\left(\boldsymbol{T}\right)$ 表示矩阵 $\boldsymbol{T}$ 的特征值集合，证明：$\sigma\left(\boldsymbol{T}\right)=\cup_{i=1}^{n}\sigma\left(\boldsymbol{T}_{ii}\right)$.

本章参考答案

附录　MATLAB 软件基础

一、MATLAB 概述

MATLAB 是 Matrix Laboratory（“矩阵实验室”）的缩写，是由美国 MathWorks 公司开发的集数值计算、符号计算和图形可视化三大基本功能于一体的，功能强大、操作简单的软件，是国际公认的优秀数学应用软件之一. 20 世纪 80 年代初期，克里夫 • 莫勒尔（Cleve Moler）与约翰 • 利特尔（John Little）等利用 C 语言开发了新一代的 MATLAB，此时的 MATLAB 已同时具备了数值计算功能和简单的图形处理功能. 1984 年，克里夫 • 莫勒尔与约翰 • 利特尔等正式成立了 MathWorks 公司，把 MATLAB 推向市场，并开始了对 MATLAB 工具箱等的开发设计. MathWorks 公司于 1993 年推出了基于个人计算机的 MATLAB 4.0 版本，1997 年又推出 MATLAB 5.X 版本，并在 2000 年推出了 MATLAB 6 版本. MATLAB 已经发展成为适合多学科的大型软件，在世界各高校，MATLAB 已经成为线性代数、数值分析、数理统计、优化方法、自动控制、数字信号处理、动态系统仿真等高级课程的基本教学工具. 特别是近几年，MATLAB 在我国大学生数学建模竞赛中得到应用，为参赛者在有限时间内准确、有效地解决问题提供了有力保证. MATLAB 系统由两部分组成，即 MATLAB 内核和辅助工具箱，二者共同促使 MATLAB 具备强大功能.

MATLAB 具有以下主要特点.

（1）运算符和库函数极其丰富，语言简洁，编程效率高，MATLAB 除了提供和 C 语言一样的运算符号外，还提供广泛的矩阵和向量运算符. 利用其运算符号和库函数可使其程序相当简短，用两三行语句就可实现几十行甚至几百行 C 语言或 FORTRAN 语言的程序功能.

（2）既具有结构化的控制语句（如 for 循环、while 循环、break 语句、if 语句和 switch 语句），又有面向对象的编程特性.

（3）图形功能强大. 它既具有将二维和三维数据可视化、图像处理、动画制作等高层次的绘图命令，具有可以修改图形及绘制完整图形的、低层次的绘图命令.

（4）具有功能强大的工具箱. 工具箱可分为两类：功能性工具箱和学科性工具箱. 功能性工具箱主要用来扩充其符号计算功能、图示建模仿真功能、文字处理功能以及与硬件实时交互的功能. 而学科性工具箱是专业性比较强的，如优化工具箱、统计工具箱、控制工具箱、小波工具箱、图像处理工具箱、通信工具箱等.

（5）易于扩充. 除内部函数外，所有 MATLAB 的核心文件和工具箱文件都是可读可改的源文件，用户可修改源文件和加入自己的文件，它们可以与库函数一样被调用.

二、MATLAB 的安装与启动

（一）MATLAB 的安装

首先必须在计算机上安装 MATLAB 软件. 随着软件功能的不断完善，MATLAB 对计算机系统配置的要求越来越高. 下面给出安装和运行 MATLAB 所需要的计算机系统配置.

1. MATLAB 对硬件的要求

CPU 要求：Pentium Ⅱ、Pentium Ⅲ、AMD Athlon 或者更高.

光驱：8 倍速以上.

内存：至少 64MB，但推荐 128MB 以上.

硬盘：视安装方式而定，但至少留 1GB 用于安装（安装后未必有 1GB）.

显卡：8 位.

2. MATLAB 对软件的要求

Windows 95、Windows 98、Windows NT 或 Windows 2000.

Word 97 或 Word 2000 等，用于使用 MATLAB Notebook.

Adobe Acrobat Reader，用于阅读 MATLAB 的 PDF 格式的帮助信息.

MATLAB 的安装和其他应用软件类似，可按照安装向导进行安装，这里不再赘述.

（二）MATLAB 的启动和退出

与常规的应用软件相同，MATLAB 的启动也有多种方式，常用的方法就是双击桌面上的 MATLAB 图标，也可以在开始菜单中选择 MATLAB 组件中的快捷方式，当然也可以在 MATLAB 的安装路径的子目录中选择可执行文件"MATLAB.exe".

启动 MATLAB 后，将打开一个 MATLAB 的欢迎界面，随后打开 MATLAB 的桌面系统，如附图 1 所示.

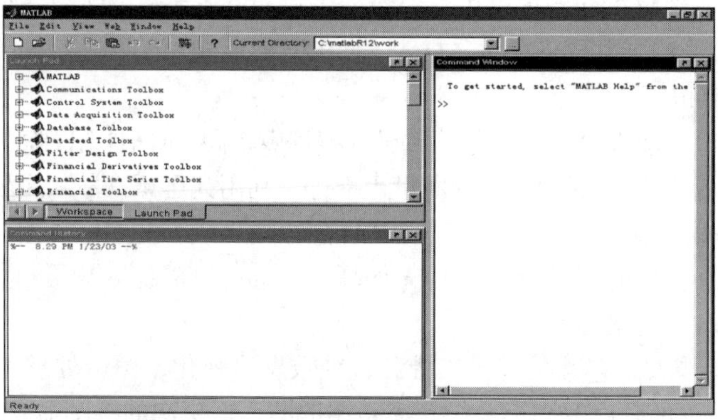

附图 1

三、MATLAB 的开发环境

MATLAB 的开发环境就是用户在使用 MATLAB 的过程中，可激活的并且为用户使用软件提供支持的集成系统. 这里介绍其中两个比较重要的部分，即 MATLAB 桌面平台和 MATLAB 帮助系统.

（一）MATLAB 桌面平台

桌面平台是各桌面组件的展示平台，默认设置下的桌面平台包括 6 个窗口，具体如下.

1. MATLAB 主窗口

MATLAB 6 比早期版本增加了一个主窗口. 该窗口不能进行任何计算任务的操作，只用来进行一些整体的环境参数的设置.

2. 命令窗口

命令窗口（Command Window）是对 MATLAB 进行操作的主要载体，默认情况下，启动 MATLAB 时就会打开命令窗口，如附图 1 右侧所示．一般来说，MATLAB 的所有函数和命令都可以在命令窗口中执行．在 MATLAB 命令窗口中，命令的实现不仅可以通过菜单操作来实现，也可以通过命令行操作来实现，下面就详细介绍 MALTAB 的命令行操作．

实际上，掌握 MATLAB 命令行操作是走入 MATLAB 世界的第一步，命令行操作实现了对程序设计而言简单而又重要的人机交互，且避免了编写程序的麻烦，体现了 MATLAB 所特有的灵活性．示例如下．

```
%在命令窗口中输入 sin(pi/5)，然后按回车键，就会得到该表达式的值
sin(pi/5)
ans=0.5878
```

由上例可以看出，为求得表达式的值，只需按照 MATLAB 语言规则将表达式输入即可，结果会自动返回，而不必像其他的程序设计语言那样，编制冗长的程序来执行．当需要处理相当烦琐的计算任务时，可能在一行之内无法写完表达式，此时可以换行表示，这就需要使用续行符“……”，否则 MATLAB 将只计算一行的值，而不理会该行是否已输入完毕．示例如下．

```
sin(1/9*pi)+sin(2/9*pi)+sin(3/9*pi)+……
sin(4/9*pi)+sin(5/9*pi)+sin(6/9*pi)+……
sin(7/9*pi)+sin(8/9*pi)+sin(9/9*pi)+……
ans=5.6713
```

使用续行符之后 MATLAB 会自动将前一行保留而不加以计算，并与下一行衔接，等待完整输入后再计算整个输入的结果．

在 MATLAB 命令行操作中，有一些键盘按键可以提供特殊而方便的编辑操作．比如：“↑”可调出前一个命令行，“↓”可调出后一个命令行，避免了重新输入的麻烦．当然下面即将讲到的历史命令窗口也具有此功能．

3. 历史命令窗口

历史命令（Command History）窗口是 MATLAB 6 新增添的一个用户界面窗口，默认设置下，历史命令窗口会保留自安装时起所有命令的历史记录，并标明使用时间，以方便使用者的查询．而且双击某一行命令，即在命令窗口中执行该命令．

4. 发行说明书窗口

发行说明书（Launch Pad）窗口是 MATLAB 6 所特有的，用来说明用户所拥有的 MathWorks 公司产品的工具包、演示以及帮助信息．选中该窗口中的某个组件之后，可以打开相应的窗口工具包．

5. 当前目录窗口

在当前目录（Current Directory）窗口中可显示或改变当前目录，还可以显示当前目录下的文件，包括文件名、文件类型、最后修改时间以及该文件的说明信息等并提供搜索功能．

6. 工作空间管理窗口

工作空间（Workspace）管理窗口是 MATLAB 的重要组成部分．在工作空间管理窗口中将显示所有目前保存在内存中的 MATLAB 变量的变量名、数据结构、字节数以及类型，而不同的变量类型分别对应不同的变量名图标．

（二）MATLAB 帮助系统

完善的帮助系统是任何应用软件必要的组成部分. MATLAB 提供了相当丰富的帮助信息，同时提供了获得帮助的方法. 用户可以通过【Help】菜单来获得帮助，也可以通过工具栏的帮助选项来获得帮助. 此外，MATLAB 也提供了在命令窗口中获得帮助的多种方法，在命令窗口中可获得 MATLAB 帮助的命令及其说明列于附表 1 中，其调用格式为：**命令+指定参数.**

附表 1

命令	说明
doc	在帮助浏览器中显示指定函数的参考信息
help	在命令窗口中显示 M 文件帮助信息
helpbrowser	打开帮助浏览器，无参数
helpwin	打开帮助浏览器，并且将初始界面置于 MATLAB 函数的 M 文件帮助信息
lookfor	在命令窗口中显示具有指定参数特征的函数的 M 文件帮助信息
web	显示指定的网络页面，默认为 MATLAB 帮助浏览器

示例如下.

```
>>help sin
  SIN   Sine
   SIN(X) is the sine of the elements of  X
  Overloaded  methods
     Help sym/sin.m
```

此外，用户还可以通过在组件中调用演示模型（demo）来获得特殊帮助.

四、MATLAB 数值计算功能

MATLAB 强大的数值计算功能使其在诸多数学计算软件中傲视群雄，是 MATLAB 软件的基础. 下面将简要介绍 MATLAB 的数据类型、矩阵及其运算.

（一）MATLAB 的数据类型

MATLAB 的数据类型主要包括数字、字符串、矩阵、单元型数据及结构型数据等，限于篇幅，下面重点介绍其中几个常用类型.

1. 变量与常量

变量是任何程序设计语言的基本要素之一，MATLAB 语言当然也不例外. 与常规的程序设计语言不同的是，MATLAB 并不要求事先对所使用的变量进行声明，也不需要指定变量类型，MATLAB 会自动依据所赋予变量的值或对变量所进行的操作来识别变量的类型. 在赋值过程中如果赋值变量已存在，则 MATLAB 将使用新值代替旧值，并以新值类型代替旧值类型.

在 MATLAB 中变量的命名应遵循以下规则.

（1）变量名区分大小写.

（2）变量名长度不超过 31 位，第 31 个字符之后的字符将被 MATLAB 忽略.

（3）变量名以字母开头，可以由字母、数字、下画线组成，但不能使用标点.

与其他的程序设计语言相同，在 MATLAB 中也存在变量作用域的问题. 在未加特殊说明的情况下，MATLAB 将所识别的一切变量视为局部变量，即仅在其使用的 M 文件内有效. 若要将变量定义为全局变量，则应当对变量进行说明，即在该变量前加关键字“global”. 一般来说，全局变量均用大写的英文字符表示.

MATLAB 本身也具有一些预定义的变量，这些特殊的变量称为常量. 附表 2 给出了 MATLAB 中经常使用的一些常量值.

附表 2

常量	表示的数值
pi	圆周率
eps	浮点运算的相对精度
inf	正无穷大
NaN	表示不定值
realmax	最大的浮点数
i 和 j	虚数单位

在 MATLAB 中，定义变量时应避免与常量名重复，以防改变这些常量的值. 如果已改变了某常量的值，可以通过“clear+常量名”命令恢复该常量的初始设定值（当然，也可以通过重新启动 MATLAB 系统来恢复这些常量值）.

2. 数字变量的运算及显示格式

MATLAB 是以矩阵为基本运算单元的，而构成数值矩阵的基本单元是数字. 为了帮助大家更好地学习和掌握矩阵的运算，下面首先对数字的基本知识做简单的介绍.

对于简单的数字运算，可以直接在命令窗口中以平常惯用的形式输入. 例如，计算 2 和 3 的乘积再加 1，输入的命令及计算结果如下.

```
>> 1+2*3
   ans=7
```

这里“ans”是指当前的计算结果，若计算时用户没有对表达式设定变量，系统就自动赋当前结果给“ans”变量. 我们也可以输入以下命令.

```
>> a=1+2*3
     a=7
```

此时系统就把计算结果赋给指定的变量 a 了.

MATLAB 中的数值有多种显示形式，在默认情况下，若数据为整数，则以整数显示；若数据为实数，则以保留小数点后 4 位的精度近似显示. MATLAB 提供了 10 种数据显示格式，常用的有下述几种格式.

short	小数点后 4 位（系统默认值）
long	小数点后 14 位
short　e	5 位指数形式
long　e	15 位指数形式

MATLAB 还提供了复数的表达和运算功能. 在 MATLAB 中，复数的基本单位用 i 或 j 表示. 在表达简单数数值时虚部的数值与 i、j 之间可以不使用乘号，但是如果是表达式，

则必须使用乘号以识别虚部符号.

3. 字符串

字符和字符串运算是各种高级语言必不可少的部分，MATLAB 中的字符串是其符号运算表达式的基本构成单元.

在 MATLAB 中，字符串和字符数组基本上是等价的；所有的字符串都用单引号进行输入或赋值（当然也可以用函数 char 来生成）. 字符串的每个字符（包括空格）都是字符数组的一个元素. 示例如下.

```
>>s='matrix  laboratory';
  s=
    matrix  laboratory
>> size(s)                          %查看数组的维数
    ans=1   17
```

另外，MATLAB 对字符串的操作与 C 语言几乎完全相同，这里不再赘述.

（二）矩阵及其运算

矩阵是 MATLAB 数据存储的基本单元，而矩阵的运算是 MATLAB 的核心，在 MATLAB 系统中，几乎一切运算都是以对矩阵的操作为基础的. 下面重点介绍矩阵的生成、矩阵的基本数学运算和矩阵的数组运算.

1. 矩阵的生成

（1）直接输入法

从键盘上直接输入矩阵是最方便、最常用的创建数值矩阵的方法，尤其适合较小的简单矩阵. 在用此方法创建矩阵时，应当注意以下几点.

① 输入矩阵时要以“[ ]”为其标识符号，矩阵的所有元素必须都在括号内.

② 矩阵同行元素之间由空格或逗号分隔，行与行之间用分号或回车键分隔.

③ 矩阵大小不需要预先定义.

④ 矩阵元素可以是运算表达式.

⑤ 若“[ ]”中无元素，则表示空矩阵.

另外，在 MATLAB 中冒号的作用是最为丰富的. 首先，可以用冒号来定义行向量. 示例如下.

```
>> a=1:0.5:4
a=
   Columns  1 through 7
    1      1.5       2      2.5       3          3.5      4
```

其次，通过使用冒号，可以截取指定矩阵中的某一部分. 示例如下.

```
     >> A=[1  2  3; 4  5  6; 7  8  9]

 A=
       1    2     3
       4    5     6
       7    8     9
>> B=A (1:2, : )
    B=
     1      2       3
     4      5       6
```

通过上例可以看到矩阵 $\boldsymbol{B}$ 是由矩阵 $\boldsymbol{A}$ 的 1～2 行和相应的所有列的元素构成的一个新矩阵. 在这里，冒号代替了矩阵 $\boldsymbol{A}$ 的所有列.

（2）外部文件读入法

MATLAB 允许用户调用在 MATLAB 环境之外定义的矩阵. 用户可以利用任意的文本编辑器编辑所要使用的矩阵，矩阵元素之间以特定分断符分开，并按行列布置. 读入矩阵可以利用 load 函数，其调用方法为：load+文件名[参数].

load 函数将会从文件名所对应的文件中读取数据，并将读取的数据赋给以文件名命名的变量. 如果不指定文件名，则系统自动以 MATLAB.mat 文件为操作对象，如果该文件在 MATLAB 搜索路径中不存在，系统将会报错.

例如，事先在记事本中建立文件，内容如下（并以 data1.txt 保存）.

```
1   1   1
1   2   3
1   3   6
```

在 MATLAB 命令窗口中输入以下命令，按回车键即得运行结果.

```
>> load  data1.txt
>> data1
data1=
        1    1    1
        1    2    3
        1    3    6
```

（3）特殊矩阵的生成

对于一些比较特殊的矩阵（单位阵、矩阵中含 1 或 0 较多），由于其具有特殊的结构，MATLAB 提供了一些函数用于生成这些矩阵. 常用的有下面几个.

zeros(m)	生成 m 阶全 0 矩阵
eye(m)	生成 m 阶单位矩阵
ones(m)	生成 m 阶全 1 矩阵
rand(m)	生成 m 阶均匀分布的随机矩阵
randn(m)	生成 m 阶正态分布的随机矩阵

2. 矩阵的基本数学运算

矩阵的基本数学运算包括矩阵的四则运算、与常数的运算、逆运算、行列式运算、秩运算、特征值运算等，这里进行简单介绍.

（1）四则运算

矩阵的加、减、乘运算符分别为“+，-，*”，用法与数字运算几乎相同，但计算时要满足其数学要求（如同型矩阵才可以加、减）.

在 MATLAB 中矩阵的除法有两种形式：左除“\”和右除“/”. 在传统的 MATLAB 算法中，右除是先计算矩阵的逆再相乘，而左除则不需要计算逆矩阵直接进行除运算. 通常右除要快一点，但左除可避免被除矩阵的奇异性所带来的麻烦. 在 MATLAB 6 中两者的区别不太大.

（2）与常数的运算

常数与矩阵的运算即是同该矩阵的每一个元素进行运算. 但需要注意，进行数除时，常数通常只能做除数.

（3）基本函数运算

矩阵的函数运算是矩阵运算中最实用的部分，常用的主要有以下几个.

det(a)　　求矩阵“a”的行列式

eig(a)　　求矩阵“a”的特征值

inv(a)或 a ^ (−1)　　求矩阵“a”的逆矩阵

rank(a)　　求矩阵“a”的秩

trace(a)　　求矩阵“a”的迹（对角线元素之和）

示例如下.

```
>> a=[2  1  -3  -1; 3  1  0  7; -1  2  4  -2; 1  0  -1  5];
 >> a1=det(a);
 >> a2=det(inv(a));
 >> a1*a2
 ans=
    1
```

注：命令行后加“;”表示该命令执行但不显示执行结果.

3. 矩阵的数组运算

我们在进行工程计算时，常常会遇到矩阵对应元素之间的运算. 这种运算不同于前面讲的数学运算，为了便于区别，我们称之为数组运算.

（1）基本数学运算

数组的加、减运算与矩阵的加、减运算完全相同，而乘、除法运算有相当大的区别，数组的乘、除法是指两个同维数组对应元素之间的乘、除法，运算符为“.*”和“./”或“.\”. 前面讲过常数与矩阵的除法运算中常数只能做除数，在数组运算中有了“对应关系”的规定，数组与常数之间的除法运算没有任何限制.

另外，矩阵的数组运算中还有幂运算（运算符为“.^”）、指数运算（exp）、对数运算（log）、开方运算（sqrt）等. 有了“对应元素”的规定，数组的运算实质上就是针对数组内部的每个元素进行的. 示例如下

```
>> a=[2  1  -3  -1; 3  1  0  7; -1  2  4  -2; 1  0  -1  5];
>> a^3
   ans=
       32  -28  -101  34
       99  -12  -151  239
       -1   49    93   8
       51  -17   -98   139
>> a .^3
  ans=
         8  1  -27   -1
        27  1    0  343
        -1  8   64   -8
         1  0   -1  125
```

由上例可见矩阵的幂运算与数组的幂运算有很大的区别.

（2）逻辑关系运算

逻辑运算是 MATLAB 中数组运算所特有的一种运算形式，也是几乎所有的高级语言普遍适用的一种运算. 其具体符号、功能及用法如附表 3 所示.

附表 3

符号运算符	功能	函数名
==	等于	eq
~=	不等于	ne
<	小于	lt
>	大于	gt
<=	小于等于	le
>=	大于等于	ge
&	逻辑与	and
|	逻辑或	or
~	逻辑非	not

相关说明如下.

① 在关系比较中，若比较的双方为同维数组，则比较的结果也是同维数组，它的元素值由 0 和 1 组成；当比较的双方对应位置上的元素值满足比较关系时，它的对应值为 1，否则为 0.

② 当比较的双方中一方为常数，另一方为数组时，比较的结果与数组同维.

③ 在算术运算、比较运算及逻辑与、或、非运算中，它们的优先级关系为：比较运算 > 算术运算 > 逻辑与、或、非运算.

示例如下.

```
>>a=[1  2  3; 4  5  6; 7  8  9];
 >> x=5;
 >> y= ones(3)*5;
 >> xa= x<=a
     xa=
       0    0    0
       0    1    1
       1    1    1
>> b=[0  1  0; 1  0  1; 0  0  1];
>> ab=a&b
   ab=
      0    1    0
      1    0    1
      0    0    1
```

五、MATLAB 的图形功能

MATLAB 有很强的图形功能，可以方便地实现数据的可视化. 强大的计算功能与图形功能相结合为 MATLAB 在科学技术和教学方面的应用提供了更加广阔的天地. 下面着重介绍二维图形的画法，对于三维图形只做简单叙述.

（一）二维图形的绘制

1. 基本形式

二维图形的绘制是 MATLAB 图形处理的基础，MATLAB 中最常用的画二维图形的命令是“plot”，看两个简单的例子.

```
>> y=[0  0.58  0.70  0.95  0.83  0.25];
>> plot(y)
```

生成的图形如附图 2 所示，是以序号 1,2,⋯,6 为横坐标、数组“y”的数值为纵坐标画出的折线.

```
>> x=linspace(0, 2*pi, 30);      % 生成一组线性等距的数值
>> y=sin(x);
>> plot(x, y)
```

生成的图形如附图 3 所示，是$[0,2\pi]$上 30 个点连成的光滑的正弦曲线.

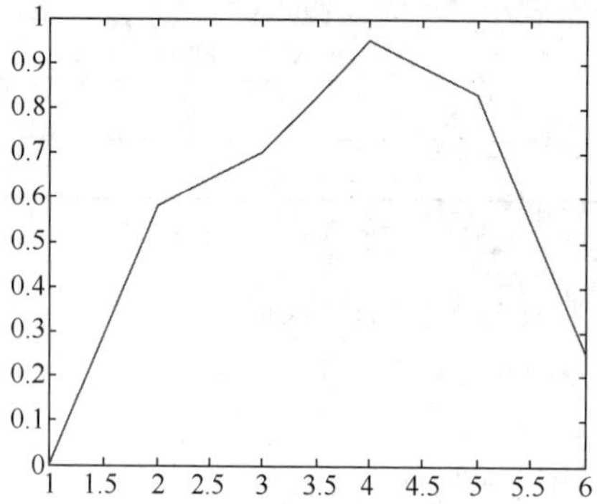

附图 2

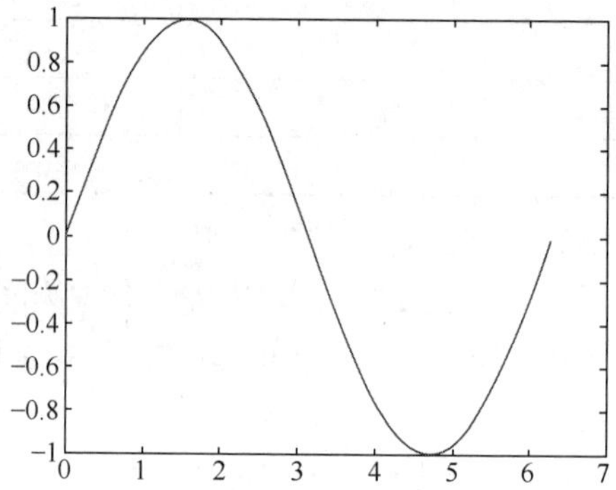

附图 3

2. 多重线

在同一个图上可以画许多条曲线，只需多给出几个数组，示例如下.

```
>> x=0:pi/15:2*pi;
>> y1=sin(x);
>> y2=cos(x);
>> plot(x, y1, x, y2)
```

生成的图形如附图 4 所示.

多重线的另一种画法是利用“hold”命令. 在已经画好的图形上，若设置“hold on”，MATLAB 将把新的“plot”命令产生的图形画在原来的图形上. 而命令“hold off”将结束这个过程. 示例如下.

```
>> x=linspace(0, 2*pi, 30);  y=sin(x);  plot(x, y)
```

生成的图形如附图 3 所示. 然后用下述命令增加 cos(x)的图形，可得到附图 4.

```
>> hold on
>> z=cos(x);  plot(x, z)
>> hold off
```

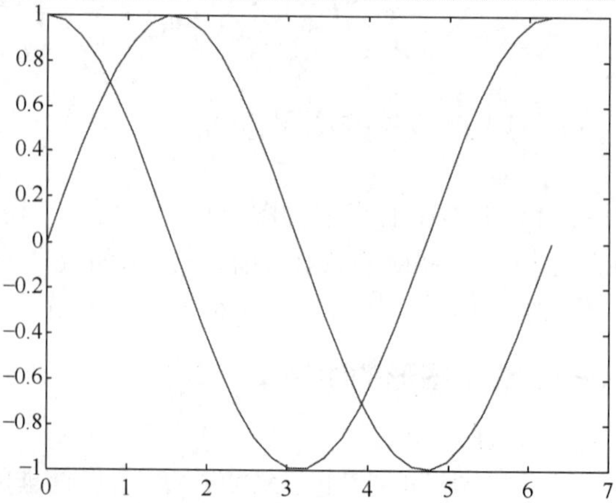

附图 4

3. 线型和颜色

在 MATLAB 中，对于曲线的线型和颜色有许多选择，使用的方法是在每一对数组后加一个字符串参数，说明如下.

线型——线方式：-（实线）　**:**（点线）　**-.**（虚点线）　- -（波折线）

线型——点方式：**.**（圆点）　+（加号）

*（星号）　x（“x”形）　o（小圆）

颜色 y（黄）　r（红）　g（绿）　b（蓝）　w（白）　k（黑）　m（紫）　c（青）

以下面的例子说明用法.

```
>> x=0:pi/15:2*pi;
>> y1=sin(x);  y2=cos(x);
>> plot(x, y1, 'b:+', x, y2, 'g-.*')
```

生成的图形如附图 5 所示.

4. 网格和标记

在一个图形上可以加网格、标题、x 轴标记、y 轴标记，用下列命令实现这些功能.

```
>> x=linspace(0, 2*pi, 30);  y=sin(x);  z=cos(x);
>> plot(x, y, x, z)
>> grid
>> xlabel('Independent Variable X')
>> ylabel('Dependent Variables Y and Z')
>> title('Sine and Cosine Curves')
```

生成的图形如附图 6 所示.

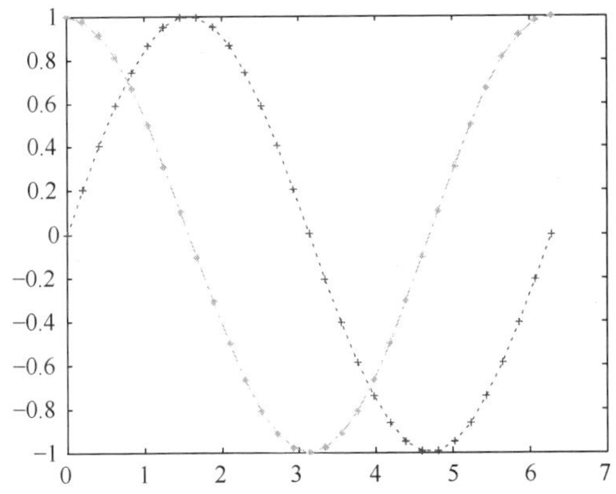

附图 5

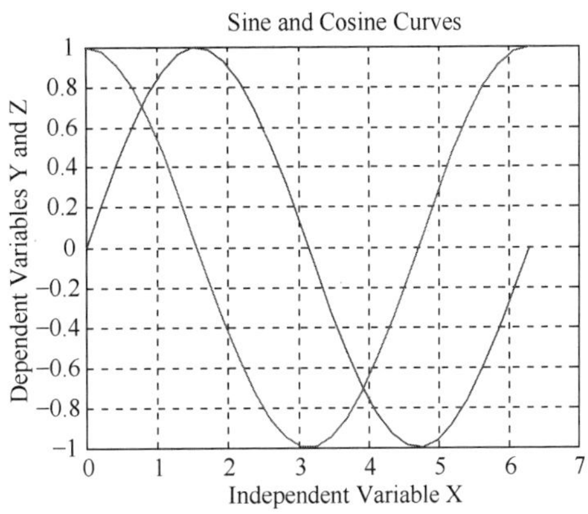

附图 6

也可以在图形的任何位置加上一个字符串，如

```
>> text(2.5, 0.7, 'sinx')
```

表示在坐标 x=2.5,y=0.7 处加上字符串“sinx”. 更方便的是用鼠标来确定字符串的位置，方法是输入以下命令.

```
>> gtext('sinx')
```

在图形窗口中十字线的交点即是字符串的位置，用鼠标点一下就可以将字符串放在那里.

5. 坐标系的控制

在默认情况下，MATLAB 自动选择图形的横、纵坐标比例，如果用户对这个比例不满意，可以用“axis”命令控制，常用的有以下几种.

```
axis([xmin xmax ymin ymax])    [ ]中分别给出 x 轴和 y 轴的最大值、最小值
axis equal 或 axis('equal')     x 轴和 y 轴的单位长度相同
axis square 或 axis('square')    图框呈方形
axis off 或 axis('off')         清除坐标刻度
```

还有 axis auto,axis image,axis xy,axis ij,axis normal,axis on,axis(axis)，具体用法可参考在

线帮助系统.

6. 多幅图

可以在同一个画面上建立几个坐标系，用“subplot(m，n，p)”命令实现. 该命令可以把一个画面分成 $m \times n$ 个图形区域，在每个区域中分别画一个图，p 代表当前的区域号. 示例如下.

```
>> x=linspace(0, 2*pi, 30);   y=sin(x);  z=cos(x);
>> u=2*sin(x).*cos(x);  v=sin(x)./cos(x);
>> subplot(2, 2, 1), plot(x, y), axis([0 2*pi -1 1]), title('sin(x)')
>> subplot(2, 2, 2), plot(x, z), axis([0 2*pi -1 1]), title('cos(x)')
>> subplot(2, 2, 3), plot(x, u), axis([0 2*pi -1 1]), title('2sin(x)cos(x)')
>> subplot(2, 2, 4), plot(x, v), axis([0 2*pi -20 20]), title('sin(x)/cos(x)')
```

共得到 4 幅图，如附图 7 所示.

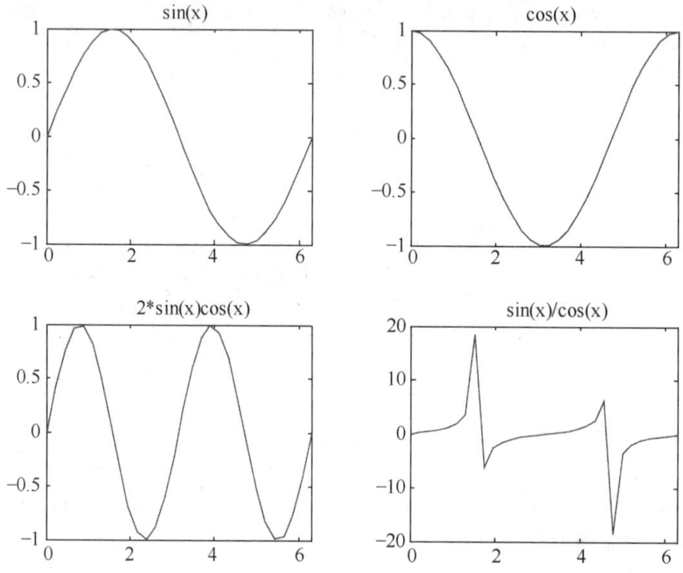

附图 7

（二）三维图形

限于篇幅，这里只对几种常用的命令通过例子做简单介绍.

1. 带网格的曲面

例如，作曲面

$$z=\frac{\sin\sqrt{x^2+y^2}}{\sqrt{x^2+y^2}}, -7.5\leqslant x\leqslant 7.5,\ -7.5\leqslant y\leqslant 7.5$$

的图形，可用以下代码实现.

```
>> x=-7.5:0.5;7.5;
>> y=x;
>> [X, Y]=meshgrid(x, y);        (三维图形的 X, Y 数组)
>> R=sqrt(X.^2+Y.^2)+eps;      (加 eps 是防止出现 0/0)
>> Z=sin(R)./R;
>> mesh(X, Y, Z)                 (三维网格表面)
```

画出的图形如附图 8 所示. “mesh”命令也可以改为“surf”，只是图形效果有所不同，大家可以上机查看结果.

2. 空间曲线

例如，作螺旋线 $x=\sin t, y=\cos t, z=t$ 的图形可以用以下代码实现.

```
>> t=0:pi/50:10*pi;
>> plot3(sin(t), cos(t), t)     %plot3 为空间曲线作图命令，用法类似于 plot
```

画出的图形如附图 9 所示.

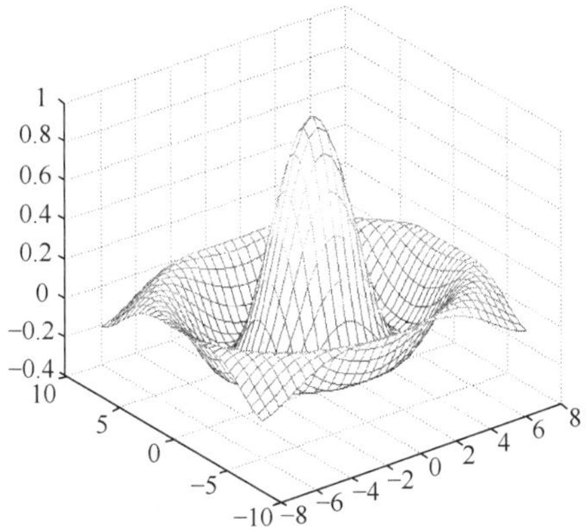

附图 8

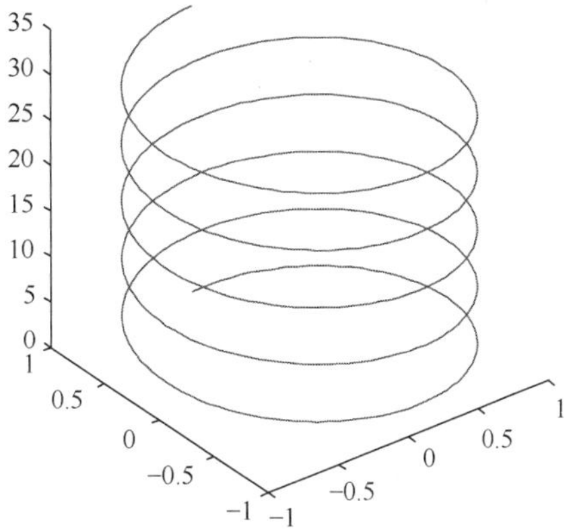

附图 9

3. 等高线

用“contour”或“contour3”命令可画曲面的等高线，如对于附图 8 中的曲面，在上面的代码后接“contour(X，Y，Z，10)”即可得到 10 条等高线.

4. 其他

使用较多的是给三维图形指定观察点的命令“view(azi，ele)”，其中“azi”是方位角，“ele”是仰角，默认情况下“azi=−37.5° ,ele=30° ”.

（三）图形的输出

在数学建模中，往往需要将产生的图形输出到 Word 文档中，通常可采用下述方法实现.

首先，在 MATLAB 图形窗口中选择【File】菜单中的【Export】选项，将打开图形输出对话框，在该对话框中可以把图形以 EMF、BMP、JPG、PGM 等格式保存. 然后打开相应的文档，并在该文档中选择【插入】菜单中的【图片】选项，插入相应的图片即可.

六、程序设计

MATLAB 不仅可以如前几节所介绍的那样，以一种人机交互式的命令行的方式工作，还可以像 BASIC、FORTRAN、C 等其他高级语言一样进行控制流的程序设计，即编制一种以“. m”为扩展名的 MATLAB 程序（简称 M 文件）. 而且，由于 MATLAB 本身的一些特点，M 文件的编制同上述几种高级语言比较起来，有许多无法比拟的优点.

（一）M 文件

所谓 M 文件就是用 MATLAB 语言编写的可在 MATLAB 语言环境下运行的程序源代码文件. 由于商用的 MATLAB 软件是用 C 语言编写而成的，因此 M 文件的语法与 C 语言十分相似. 对广大参加数学建模竞赛且学过 C 语言的同学来说,M 文件的编写是相当容易的. M 文件可以分为脚本文件（Script）和函数文件（Function）两种. M 文件不仅可以在 MATLAB 的程序编辑器中编写，也可以在其他的文本编辑器中编写，编写完成后以“.m”为扩展名加以存储.

1. 脚本文件

脚本类似于 DOS 下的批处理文件，不需要在其中输入参数，也不需要给出输出变量来接受处理结果，脚本仅是若干命令或函数的集合，用于执行特定的功能. 脚本的操作对象为 MATLAB 工作空间内的变量，并且在脚本执行结束后，脚本中对变量的一切操作均会被保留. 在 MATLAB 中也可以在脚本内部定义变量，并且该变量将会自动地被加入当前的 MATLAB 工作空间中，还可以被其他的脚本或函数引用，直到 MATLAB 被关闭或采用一定的命令将其删除. 示例如下.

```
%在命令窗口中定义矩阵 a，b
a=pascal(3)
 a=
      1     1     1
      1     2     3
      1     3     6
 b=magic(3)
 b=
    8     1     6
    3     5     7
    4     9     2
%在编辑器中编写下述命令
   a=a+b
   b=a-b
   a=a-b
```

在编辑器中编辑完上述脚本后，保存至文件 scripts—example 中，然后在工作窗口中调用该脚本文件，

```
 scripts—example
>> a
 a=
        8     1     6
        3     5     7
        4     9     2
 >> b
     b=
       1     1     1
       1     2     3
       1     3     6
```

其中矩阵“a”“b”均是在工作空间中已定义完毕的，脚本运行时直接使用这两个变量，并对其进行操作，然后在命令窗口中调用该脚本，可以看到变量“a”“b”的值已经进行了相互交换.

2. 函数文件

相对脚本文件而言，函数文件是较为复杂的. 函数需要给定输入参数，并能够对输入变量进行若干操作，实现特定的功能，最后给出一定的输出结果或图形等，其操作对象为函数的输入变量和函数内的局部变量等.

MATLAB 语言的函数文件包含以下 5 个部分.

（1）函数题头：指函数的定义行，是函数语句的第一行，在该行中将定义函数名、输入变量列表及输出变量列表等.

（2）HI 行：指函数帮助文本的第一行，为该函数文件的帮助主题，当使用 lookfor 命令时，可以查看到该行信息.

（3）帮助信息：这部分提供了函数的完整的帮助信息，包括 HI 之后至第一个可执行行或空行为止的所有注释语句. 通过 MATLAB 的帮助系统查看函数的帮助信息时，将显示该部分.

（4）函数体：指函数代码段，也是函数的主体部分.

（5）注释部分：指对函数体中各语句的解释和说明文本，注释语句是以“%”开头的.

示例如下.

```
function[output, output2]=function—example(input1, input2)  %函数题头
%This is function to exchange two matrices                  %HI 行
%input1, input2 are input variables                          %帮助信息
%output1, output2 are output variables                       %帮助信息
output1=input2;                                              %函数体
output2=input1;                                              %函数体
%The end of this example function
   [a, b]=function---example(a, b)
    a=
       8     1     6
       3     5     7
       4     9     2
    b=
       1     1     1
       1     2     3
       1     3     6
```

可以看到，通过使用函数，可以和前面的示例一样，将矩阵“a”“b”的值进行相互交换. 在该函数题头中，“function”为 MATLAB 语言中函数的标示符，而“function——example”为函数名，“input1”“input2”为输入变量，而“output1”“output2”为输出变量，实际调用过程中，可以用有意义的变量替代使用. 题头的定义是有一定的格式要求的，输出变量是由中括号标识的，而输入变量是由小括号标识的，各变量间用逗号间隔. 应该注意到，函数的输入变量引用的只是该变量的值而非其他值，所以函数内部对输入变量的操作不会带回到工作空间中.

函数题头下的第一行注释语句为 HI 行，可以通过“lookfor”命令查看；函数的帮助信息可以通过“help”命令查看.

函数体是函数的主体部分，也是实现编程目的的核心所在，它包括所有可执行的一切 MATLAB 语言代码.

在函数体中“%”后的部分为注释语句，注释语句主要是对程序代码进行说明解释，使程序易于理解，也有利于程序的维护．在MATLAB语言中，一行内“%”后的所有文本均视为注释部分，在程序的执行过程中它们将不被解释，并且“%”出现的位置没有明确的规定，可以是一行的首位，这样，整行文本均为注释语句；也可以是在行中的某个位置，这样其后所有文本将被视为注释语句．这也体现了MATLAB语言在编程中的灵活性．

尽管在上文中介绍了函数文件的 5 个组成部分，但是并不是所有的函数文件都需要具备这5个部分．实际上，5个部分中只有函数题头是一个函数文件所必需的，而其他的4个部分均可省略．当然，如果没有函数体则为一空函数，不能产生任何作用．

在 MATLAB 语言中，存储 M 文件时文件名应当与文件内主函数名相一致，这是因为在调用M文件时，系统查询的是相应的文件而不是函数名，如果两者不一致，则或者打不开目标文件，或者打开的是其他文件．鉴于这种查询文件的方式与其他程序设计语言不同（在其他的程序设计语言中，函数调用都是针对函数名本身进行的），建议在存储M文件时，将文件名与主函数名统一起来，以便于理解和使用．

（二）函数变量及变量作用域

在MATLAB语言的函数中，变量主要有输入变量、输出变量及函数内所使用的变量．输入变量相当于函数入口数据，是一个函数操作的主要对象．从某种程度上讲，函数的作用就是对输入变量进行加工以实现一定的功能．如前节所述，函数的输入变量为形式参数，即只传递变量的值而不传递变量的地址，函数对输入变量的一切操作和修改如果不依靠输出变量传出的话，将不会影响工作空间中该变量的值．

MATLAB 语言提供了函数“nargin”和函数“varargin”来控制输入变量的个数，以实现不定个数参数输入的操作．

对于函数变量，还应当指出的是其作用域的问题．在MATLAB语言中，函数内定义的变量均被视为局部变量，即不加载到工作空间中．如果希望使用全局变量，则应当使用命令“global”定义，而且在任何使用该全局变量的函数中都应加以定义．在命令窗口中也不例外．示例如下．

```
%这是一个全局变量的示例
  function  [num1, num2, num3]=text (varargin)
  global  firstlevel  secondlevel              %定义全局变量
  num1=0;
  num2=0;
  num3=0;
  list=zeros(nargin);
  for i=1: nargin
  list (i)=sum (varargin{i}(: ));
  list (i)=list (i) /length (varargin{i});
     if  list (i)>firstlevel
       num1=num1+1
     elseif  list (i)>secondlevel
       num2=num2+1;
     else
```

```
            num3=num3+1;
        end
    end
%在命令窗口中也应定义相应的全局变量
>> global firstlevel secondlevel
>> firstlevel=85;
>> secondlevel=75;
```

程序运行结果略.

从该例子可以看到，定义全局变量时，与定义输入变量和输出变量不同，变量之间必须用空格分隔，而不能用逗号分隔，否则系统将不能识别逗号后的全局变量.

（三）子函数与局部函数

在 MATLAB 语言中，与其他的程序设计语言类似，也可以定义子函数，以扩充函数的功能. 在函数文件的函数题头中所定义的函数为主函数，而在函数体内定义的其他函数均被视为子函数. 子函数只能被主函数或同一主函数下其他的子函数所调用.

在 MATLAB 语言中，将放置在目录“private”下的函数称为局部函数，这些函数只能被“private”目录的父目录中函数调用，而不能被其他目录中的函数调用.

局部函数与子函数所不同的是，局部函数可以被其父目录下的所有函数调用，而子函数只能被其所在的 M 文件的主函数所调用，所以局部函数的可应用范围大于子函数；在函数编辑的结构上，局部函数与一般的函数文件的编辑相同，而子函数只能在主函数文件中编辑.

当在 MATLAB 的 M 文件中调用函数时，首先将检测该函数是否为此文件的子函数；如果不是的话，再检测是否为可用的局部函数；当结果仍然为否定时，再检测该函数是否位于 MATLAB 搜索路径上的其他 M 文件中.

（四）流程控制语句

同其他的程序设计语言一样，MATLAB 语言也给出了丰富的流程控制语句，以实现具体的程序设计. 在命令窗口中的操作虽然可以实现人机交互，但是所能实现的功能相对简单. 虽然也可以在命令窗口中使用流程控制语句，但是由于命令窗口中交互式的执行方式，进行这样的操作极为不方便. 而在 M 文件中，通过对流程控制语句的组合使用，可以实现多种复杂功能. MATLAB 语言的流程控制语句主要有 for、while、if-else-end、switch-case 4 种.

1. for 循环语句

for 循环语句是流程控制语句中的基础语句，使用该循环语句可以以指定的次数重复执行循环体内的语句.

for 循环语句的一般形式如下.

```
for 循环控制变量=〈循环次数设定〉
    循环体
end
```

示例如下.

```
for i=1:2:12
  s=s+i;
end
```

在上例中，循环次数由数组 1:2:12 决定．设定循环次数的数组可以是已定义的数组，也可以在 for 循环语句中定义，此时定义的格式如下．

```
〈初始值〉:〈步长〉:〈终值〉
```

初始值为循环变量的初始设定值，每执行循环体一次，循环控制变量将增加步长大小，直至循环控制变量的值大于终值时循环结束，这里步长可以是负的．在 for 循环语句中，循环体内不能出现对循环控制变量的重新设置，否则将会出错．for 循环允许嵌套使用．

2. while 循环语句

while 循环语句与 for 循环语句不同的是，前者是以条件的满足与否来判断循环是否结束，而后者是以执行次数是否达到指定值来判断循环是否结束的．

while 循环语句的一般形式如下．

```
while〈循环判断语句〉
        循环体
end
```

其中，循环判断语句为某种形式的逻辑判断表达式，当该表达式的值为真时，就执行循环体内的语句；当该表达式的值为假时，就退出当前的循环体．如果循环判断语句为矩阵，当且仅当所有的矩阵元素非零时，逻辑表达式的值为真．

在 while 循环语句中，在语句内必须有可以修改循环控制变量的命令，否则该循环语句将陷入死循环中，除非循环语句中有控制退出循环的命令，如“break”命令．当程序流程运行至该命令时，则不论循环控制变量是否满足循环判断语句，均将退出当前循环，执行循环后的其他语句．

与“break”命令对应，MATLAB 还提供了“continue”命令用于控制循环．当程序流程运行至该命令时会忽略其后的循环体操作转而执行下一层次的循环．当循环控制语句为一空矩阵时，将不执行循环体的操作而直接执行其后的其他语句，即空矩阵被认为是假．

3. if-else-end 语句

条件判断语句也是程序设计语言中的流程控制语句之一．使用该语句，可以选择执行指定的命令．MATLAB 语言中的条件判断语句是 if-else-end 语句．

if-else-end 语句的一般形式如下．

```
if〈逻辑判断语句〉
    逻辑值为“真”时执行的语句
 else
    逻辑值为“假”时执行的语句
 end
```

当逻辑判断表达式为“真”时，将执行 if 与 else 语句间的命令，否则将执行 else 与 end 语句间的命令．示例如下．

```
if   a=1
     a=a+1
else
     a=a+2
end
```

在 MATLAB 语言中，if-else-end 语句中的 eles 子句是可选项，即语句中可以不包括 else 子句的条件判断．在程序设计中，经常会碰到需要进行多重逻辑选择的问题，这时可以采用 if-else-end 语句的嵌套形式．

```
if〈逻辑判断语句 1〉
    逻辑判断语句 1 为“真”时的执行语句
elseif〈逻辑判断语句 2〉
    逻辑判断语句 2 为“真”时的执行语句
elseif〈逻辑判断语句 3〉
    ……
else
    当以上所有的逻辑判断语句均为假时的执行语句
end
```

在以上的各层次的逻辑判断中，若其中任意一层逻辑判断为真，则将执行对应的执行语句，并跳出该条件判断语句，其后的逻辑判断语句均不进行检查.

4. switch-case 语句

if-else-end 语句所对应的是多重判断选择，有时我们也会遇到多分支判断选择的问题. MATLAB 语言为解决多分支判断选择提供了 switch-case 语句.

switch-case 语句的一般表达形式如下.

```
switch〈选择判断量〉
      case    选择判断值 1
              选择判断语句 1
      case    选择判断值 2
              选择判断语句 2
    ……
otherwise
    判断执行语句
end
```

与其他的程序设计语言的 switch-case 语句不同的是，在 MATLAB 语言中，当其中一个 case 语句后的条件为真时，switch-case 语句不对其后的 case 语句进行判断，也就是说在 MATLAB 语言中，即使有多条 case 判断语句为真，也只执行所遇到的第一条为真的语句. 这样就不必像 C 语言那样，在每条 case 语句后加上 break 命令以防止继续执行后面为真的 case 条件语句.

七、MATLAB 的应用

（一）MATLAB 在数值分析中的应用

插值与拟合是来源于实际又广泛应用于实际的两种重要方法. 随着计算机的不断发展及计算水平的不断提高，它们已在国民生产和科学研究等方面扮演越来越重要的角色. 下面对插值中的分段线性插值、拟合中最为重要的最小二乘法拟合加以介绍.

1. 分段线性插值

所谓分段线性插值，就是通过插值点用折线段连接起来逼近原曲线，这也是计算机绘制图形的基本原理. 实现分段线性插值不需要编制函数程序，MATLAB 自身提供了内部函数“interp1”，其主要用法如下.

```
interp1(x, y, xi)    一维插值
```

① yi=interp1(x，y，xi)

对一组点“(x，y)”进行插值，计算插值点“xi”的函数值．“x”为节点向量值，“y”为对应的节点函数值．如果“y”为矩阵，则插值对“y”的每一列进行，若“y”的维数超出“x”或“xi”的维数，则返回“NaN”．

② yi=interp1(y，xi)

此格式默认“x=1:n”，“n”为向量“y”的元素个数值，或等于矩阵“y”的“size(y，1)”．

③ yi=interp1(x，y，xi，’method’)

“method”用来指定插值的算法．默认为线性算法．其值常用的可以是如下的字符串．

- nearest　线性最近项插值
- linear　线性插值
- spline　三次样条插值
- cubic　三次插值

所有的插值方法要求“x”是单调的．“x”也可能并非连续等距的．

正弦曲线的插值示例如下．

```
>> x=0:0.1:10;
>> y=sin(x);
>> xi=0:0.25:10;
>> yi=interp1(x, y, xi);
>> plot(x, y,’ 0’, xi, yi)
```

运行上述代码，可以得到相应的插值曲线（大家可自行上机实验）．

MATLAB 也能够完成二维插值的运算，相应的函数为“interp2”，使用方法与“interpl”基本相同，只是输入和输出的参数为矩阵，对应于二维平面上的数据点，详细用法见 MATLAB 联机帮助．

2. 最小二乘法拟合

在科学实验的统计方法研究中，往往要从一组实验数据(x_i, y_i)中寻找出自变量 x 和因变量 y 之间的函数关系 $y=f(x)$．由于观测数据往往不够准确，因此并不要求 $y=f(x)$经过所有的点(x_i, y_i)，而只要求在给定点 x_i 上误差 $\delta_i = f(x_i) - y_i$ 按照某种标准达到最小，通常采用欧氏范数$\|\delta\|^2$作为误差量度的标准．这就是所谓的最小二乘法．在 MATLAB 中实现最小二乘法拟合通常采用“polyfit”函数进行．

函数“polyfit”是指用一个多项式函数来对已知数据进行拟合，我们以下列数据为例来介绍这个函数的用法．

```
>> x=0:0.1:1;
>> y=[ -0.447  1.978  3.28  6.16  7.08  7.34  7.66  9.56  9.48  9.30  11.2 ]
```

为了使用“polyfit”，我们首先必须指定以多少阶多项式来对以上数据进行拟合，如果我们指定一阶多项式，结果为线性近似，通常称为线性回归．这里，我们选择二阶多项式进行拟合．

```
>> P= polyfit (x, y, 2)
P=-9.8108        20.1293          -0.0317
```

函数返回的是一个多项式系数的行向量，写成多项式形式为

$$-9.8108x^2 + 20.1293x - 0.0317.$$

为了比较拟合结果，我们绘制两者的图形，代码如下.

```
>> xi=linspace (0, 1, 100);        %绘图的 x 轴数据
>> z=polyval (p, xi);              %得到多项式在数据点处的值
```

当然，我们也可以选择更高幂次的多项式进行拟合，如 10 阶.

```
>> p=polyfit (x, y, 10);
>> xi=linspace (0, 1, 100);
>> z=ployval (p, xi);
```

大家可以上机绘图进行比较，会发现曲线在数据点附近更加接近数据点的测量值了. 但从整体上来说，曲线波动比较大，并不一定适合实际使用的需要，所以在进行高阶曲线拟合时，“越高越好”的观点不一定对.

（二）符号工具箱及其应用

在数学应用中，常常需要做极限、微分、求导数等运算，MATLAB 称这些运算为符号运算. MATLAB 的符号运算功能是通过调用符号运算工具箱内的工具来实现的，其内核是借用 Maple 数学软件的. MATLAB 的符号运算工具箱包含微积分运算、化简和代换、解方程等几个方面的工具，其详细内容可通过 MATLAB 系统的联机帮助查阅，这里仅对它的常用功能做简单介绍.

1. 符号变量与符号表达式

MATLAB 的符号运算工具箱处理的对象主要是符号变量与符号表达式. 要实现其符号运算，首先需要将处理对象定义为符号变量或符号表达式，定义格式如下.

格式 1：“sym ('变量名')” 或 “sym ('表达式')”.

功能：定义一个符号变量或符号表达式.

示例如下.

```
>> sym ('x')              %定义变量 x 为符号变量
>> sym('x+1')             %定义表达式 x+1 为符号表达式
```

格式 2：“syms　变量名 1　　变量名 2　……　　变量名 n”.

功能：定义变量名 1、变量 2……、变量名 n 为符号变量.

示例如下.

```
>> syms  a  b  x  t     %定义 a, b,  x, t 均为符号变量
```

2. 微积分运算

（1）求极限

格式：“limit (f,　t,　a,　'left' or 'right')”.

功能：求符号变量 t 趋近 a 时，函数 f 的（左或右）极限. “left” 表示求左极限，“right” 表示求右极限，省略时表示求一般极限；a 省略时变量 t 趋近 0；t 省略时默认变量为 x，若无 x 则寻找（字母表上）最接近字母 x 的变量.

例如，求极限 $\lim\limits_{x\to\infty}\left(1+\dfrac{2t}{x}\right)^{3x}$ 的代码及运行结果如下.

```
>> syms  x  t
>> limit ((1+2*t/x)^(3*x) , x, inf )
  ans= exp(6*t)
```

再如，求函数$\frac{x}{|x|}$当$x \to 0$时的左极限和右极限，相关代码及运行结果如下.

```
>> syms x
>> limit(x/abs(x), x, 0,' left' )
ans = -1
>> limit(x/abs(x), x, 0,' right' )
ans = 1
```

（2）求导

格式：“diff (f，t，n)”.

功能：求函数 f 对变量 t 的 n 阶导数. 当 n 省略时，默认 n=1；当 t 省略时，默认变量为 x，若无 x 则查找字母表上最接近字母“x”的字母.

例如，求函数 f=ax^2+bx+c 对变量 x 的一阶导数，相关代码及运行结果如下.

```
>> syms a  b  c  x
>> f=a*x^2+b*x+c;
>> diff(f)
  ans=2*a*x+b
```

求函数 f 对变量 b 的一阶导数(可看作求偏导)，相关代码及运行结果如下.

```
>> diff(f, b)       ans=x
```

求函数 f 对变量 x 的二阶导数，相关代码及运行结果如下.

```
>> diff(f, 2)    ans=2*a
```

（3）求积分

格式：“int(f，t，a，b)”.

功能：求函数 f 对变量 t 从 a 到 b 的定积分. 当 a 和 b 省略时求不定积分；当 t 省略时，默认变量为字母表上最接近字母“x”的变量.

例如，求函数 f=ax^2+bx+c 对变量 x 的不定积分，相关代码及运行结果如下.

```
>> syms a  b  c  x
>> f=a*x^2+b*x+c;
>> int(f)
ans=1/3*a*x^3+1/2*b*x^2+c*x
```

求函数 f 对变量 b 的不定积分，相关代码及运行结果如下.

```
>> int(f, b)
 ans=a*x^2*b+1/2*b^2*x+c*b
```

求函数 f 对变量 x 从 1 到 5 的定积分，相关代码及运行结果如下.

```
>> int(f, 1, 5)
 ans=124/3*a+12*b+4*c
```

（4）级数求和

格式：“symsum (s，t，a，b)”.

功能：求表达式 s 中的符号变量 t 从第 a 项到第 b 项的级数和.

例如，求级数$\frac{1}{1}+\frac{1}{2}+\frac{1}{3}+\cdots+\frac{1}{x}$的前 3 项的和，相关代码及运行结果如下.

```
>> symsum(1/x, 1, 3)
ans=11/6
```

3. 化简和代换

MATLAB 的符号运算工具箱中，包含较多的代数式化简和代换工具，下面仅列出部分常见运算.

```
simplify          利用各种恒等式化简代数式
expand            将乘积展开为和式
factor            把多项式转换为乘积形式
collect           合并同类项
horner            把多项式转换为嵌套表示形式
```

例如，进行合并同类项并执行，代码及运行结果如下.

```
>> syms x
>> collect(3*x^3-0.5*x^3+3*x^2)
ans=5/2*x^3+3*x^2)
```

又如，进行因式分解并执行，代码及运行结果如下.

```
>> factor(3*x^3-0.5*x^3+3*x^2)
ans=1/2*x^2*(5*x+6)
```

4. 解方程

（1）代数方程

格式："solve (f，t)".

功能：对变量 t 解方程 f=0，t 省略时默认为 x 或最接近字母"x"的符号变量.

例如，求解一元二次方程 f=ax^2+bx+c 的实根，代码及运行结果如下.

```
>> syms a  b  c  x
>> f=a*x^2+b*x+c;
>> solve  (f, x)
ans=  [1/2/a*(-b+(b^2-4*a*c)^ (1/2))]
      [1/2/a*(-b-(b^2-4*a*c)^ (1/2))]
```

（2）微分方程

格式："dsolve('s'，'s1'，'s2'，…，'x')"

其中"s"为方程；"s1""s2"……为初值条件，省略时将给出含任意常数"c1""c2"……的通解；"x"为自变量，省略时默认为"t".

例如，求微分方程 $y'=1+y^2$ 的通解，代码及运行结果如下.

```
>> dsolve('Dy=1+y^2')
ans=tan(t+c1)
```

（三）优化工具箱及其应用

在工程设计、经济管理和科学研究等诸多领域中，人们常常会遇到这样的问题：如何从一切可能的方案中选择最好、最优的方案？在数学上把这类问题称为最优化问题. 这类问题有很多，例如，在设计一个机械零件时，如何在保证强度的前提下使重量最轻或用料最少（当然偷工减料除外）？如何确定参数，使其承载能力最高？又如，在安排生产时，如何在现有的人力、设备的条件下，合理安排生产，使产品的总产值最高？在确定库存时如何在保证销售量的前提下，使库存成本最小？在物资调配时，如何组织运输使运输费用最少？这些都属于最优化问题所研究的对象.

MATLAB 的优化工具箱被放在"toolbox"目录下的"optim"子目录中，其中包含若干个常用的求解函数最优化问题的程序. MATLAB 的优化工具箱也在不断地完善. 不同版本的 MATLAB，其优化工具箱不完全相同. MATLAB 5.3 版本对优化工具箱做了全面改进，每个原有的常用程序都被重新编制，除“fzero”和“fsolve”外都重新起了名字. 这些新程序使用一套新的控制算法的选项. 与原有的程序相比，新程序的功能增强了. 在 MATLAB 5.3 和 6.0 版本中，原有的优化程序（除“fzero”和“fsolve”外）仍然保留并且可以使用，但是它们迟早会被撤销的. 鉴于上述情况，本书将只介绍那些新的常用的优化程序.

1. 线性规划问题

线性规划是最优化理论发展最成熟、应用最广泛的一个分支. 在 MATLAB 的优化工具箱中，用于求解线性规划问题

$$\begin{aligned}
&\min z = cx ,\\
&\text{s.t.}\quad Ax \leqslant b , && \text{（线性不等式约束）}\\
&A_1 x = b_1 , && \text{（线性等式约束）}\\
&LB \leqslant x \leqslant UB && \text{（有界约束）}
\end{aligned}$$

的函数是“linprog”，其主要格式如下.

```
[x, fval, exitflag, output, lambda]= linprog(c, A, b, A1, b1, LB, UB, x0, options)
```

其中，“linprog”为函数名，中括号及小括号中所含的参数都是输入或输出变量，这些参数的主要用法及说明如下.

（1）“c”“A”“b”是不可缺少的输入变量；“x”是不可缺少的输出变量，它是问题的解.

（2）当“x”无下界时，在“LB”处放置“[ ]”. 当“x”无上界时，在“UB”处放置“[ ]”. 如果“x”的某个分量“xi”无下界，则置“LB(i)=-inf”. 如果“xi”无上界，则置“UB(i)=inf”. 如果无线性不等式约束，则在“A”和“b”处都放置“[ ]”.

（3）“x0”是解的初始近似值.

（4）“options”是用来控制算法的选项参数向量.

（5）输出变量“fval”是目标函数在解“x”处的值.

（6）输出变量“exitflag”的值描述了程序的运行情况. 如果“exitflag”的值大于 0，则程序收敛于解“x”；如果“exitflag”的值等于 0，则函数的计算达到了最大次数；如果“exitflag”的值小于 0，则问题无可行解，或程序运行失败.

（7）输出变量“output”输出程序运行的某些信息.

（8）输出变量“lambda”为在解“x”处的值拉格朗日乘子.

例如，求解线性规划问题

$$\begin{aligned}
&\min\quad z = -2x_1 - x_2 + x_3 ,\\
&\text{s.t.}\quad x_1 + x_2 + 2x_3 = 6 ,\\
&x_1 + 4x_2 - x_3 \leqslant 4 ,\\
&2x_1 - 2x_2 + x_3 \leqslant 12 ,\\
&x_1 \geqslant 0 ,\ x_2 \geqslant 0 ,\ x_3 \leqslant 5 ,
\end{aligned}$$

在命令窗口中输入以下代码.

```
>> c=[-2, -1, 1]; a=[1, 4, -1; 2, -2, 1]; b=[4; 12]; a1=[1, 1, 2]; b1=6;
>> lb=[0; 0; -inf]; ub=[inf; inf; 5];
>> [x, z]=linprog(c, a, b, a1, b1, lb, ub)
```

运行后得到以下结果.

```
x= 4.6667
   0.0000
   0.6667
z= -8.6667
```

2. 非线性规划问题

在 MATLAB 的优化工具箱中，有一个用于求解非线性规划问题

$$\begin{aligned} &\min\ f(x),\\ &\text{s.t.}\quad Ax\leqslant b,\ （线性不等式约束）\\ &A_1x=b_1,\quad （线性等式约束）\\ &C(x)\leqslant 0,\quad （非线性不等式约束）\\ &C_1(x)=0,\quad （非线性等式约束）\\ &LB\leqslant x\leqslant UB\quad （有界约束）\end{aligned}$$

的函数“fmincon”，其主要格式如下.

```
[x, fval, exitflag, output, lambda, grad, hessian]=fmincon('fun', x0, A, b, A1, b1, LB,
UB, 'nonlcon', options, p1, p2, ……)
```

其中，“fmincon”为函数名，参数的主要用法有的与线性规划中的相同，下面介绍几个非线性规划特有的：

（1）“fun”和“x0”是不可缺少的输入变量.“fun”是给出目标函数的 M 文件的名字，“x0”是极小值点的初始近似值.“x”是不可缺少的输出变量，它是问题的解.

（2）“nonlcon”是给出非线性约束函数 $C(x)$ 和 $C_1(x)$ 的 M 文件的文件名.

（3）变量“p1”“p2”……是向目标函数传送的参数的值.

（4）输出变量“grad”为目标函数在解“x”处的梯度.

（5）输出变量“hessian”为目标函数在解“x”处的黑塞（Hessian）矩阵.

例如，求解非线性规划问题

$$\begin{aligned} &\min\quad f(x)=\mathrm{e}^{x_1}(4x_1^2+2x_2^2+4x_1x_2+2x_2+1),\\ &\text{s.t.}\quad x_1-x_2\leqslant 1,\\ &x_1+x_2=0,\\ &1.5+x_1x_2-x_1-x_2\leqslant 0,\\ &-x_1x_2-10\leqslant 0,\end{aligned}$$

建立目标函数的 M 文件，代码如下.

```
function y=nline (x)
y=exp (x(1))*(4*x(1)^2+2*x(2)^2+4*x(1)*x(2)+2*x(2)+1);
```

建立非线性约束条件的 M 文件，代码如下.

```
function  [c1, c2]=nyueshu (x)
c1=[1.5+x(1)*x(2)-x(1)-x(2); -x(1)*x(2)-10];
c2=0;
```

在命令窗口中输入以下代码.

```
>> x0=[-1, 1];  a=[1, -1]; b=1; a1=[1, 1]; b1=0;
>> [x, f]=fmincon (‘nline’, x0, a, b, a1, b1, [ ], [ ], ‘nyueshu’ )
```

运行后得到以下结果.

```
x=-1.2247    1.2247
f=1.8951
```

3. 二次规划问题

二次规划数学模型的一般形式为：

$$\min \ \frac{1}{2}x^{\mathrm{T}}\boldsymbol{H}x+cx,$$
$$\text{s.t.} \quad Ax \leqslant b,$$
$$A_1x=b_1,$$
$$LB \leqslant x \leqslant UB.$$

其中，$\boldsymbol{H}$ 为对称矩阵，约束条件与线型规划相同. 在 MATLAB 的优化工具箱中有一个求解上述规划问题的程序“quadprog”，其主要格式如下.

```
[x, fval, exitflag, output, lambda]= quadprog(H, c, A, b, A1, b1, LB, UB, x0, options)
```

其中，“quadprog”为函数名，参数的主要用法及说明同线性规划，这里不再赘述.

例如，求解二次优化问题

$$\min f(x)=x_1^2+x_2^2-8x_1-10x_2,$$
$$\text{s.t.} \quad 3x_1+2x_2 \leqslant 6,$$
$$x_1,x_2 \geqslant 0,$$

将目标函数化为标准形式，得

$$f(x)=\frac{1}{2}(x_1 \quad x_2)\begin{pmatrix}2 & 0\\0 & 2\end{pmatrix}\begin{pmatrix}x_1\\x_2\end{pmatrix}+(-8 \quad -10)\begin{pmatrix}x_1\\x_2\end{pmatrix},$$

在命令窗口中输入以下代码.

```
>> H=[2, 0; 0, 2];  c=[-8, -10];  a=[3, 2];  b=6;  lb=[0, 0];  x0=[1, 1];
>> x=quadprog (H, c, a, b, [ ], [ ], lb, [ ], x0)
```

运行后得到以下结果.

```
x=0.3077
2.5385
```

4. foptions 函数

对于优化的控制，MATLAB 提供了参数选择函数 foptions，其共有 18 个参数可供选择（见附表 4），这些参数对优化的进行起者很关键的作用.

附表 4

参数	具体意义
options(1)	参数显示控制（默认值为 0，等于 1 时显示一些结果）
options(2)	优化点“x”的精度控制（默认值为 1×10^{-4}）
options(3)	优化函数“F”的精度控制（默认值为 $1e\times10^{-4}$）
options(4)	违反约束的结束标准（默认值为 1×10^{-4}）
options(5)	策略选择．不常用
options(6)	优化程序方法的选择．值为 0 时为 BFGS 算法，值为 1 时采用 DFP 算法
options(7)	线性插值算法选择．值为 0 时为混合插值算法，值为 1 时采用立方插值算法
options(8)	函数值显示（目标——达到问题中的 Lambda）

续表

参数	具体意义
options(9)	若需要检测用户提供的导数则设为 1
options(10)	函数和约束求值的数目
options(11)	函数导数求值的个数
options(12)	约束求值的数目
options(13)	等式约束的数目
options(14)	函数求值的最大次数（默认值为 100× 变量个数）
options(15)	用于目标——达到问题中的特殊目标
options(16)	优化过程中变量的最小梯度值
options(17)	优化过程中变量的最大梯度值
options(18)	步长设置（默认值为 1 或更小）

参考文献

[1] 孙志忠，袁慰平，闻震初．数值分析[M]．南京：南京东南大学出版社，2010.

[2] 李庆扬，王能超，易大义．数值分析[M]．4 版．武汉：华中科技大学出版社，2006.

[3] 朱晓临．数值分析[M]．2 版．合肥：中国科学技术大学出版社，2014.

[4] 朱功勤．数值计算方法[M]．合肥：合肥工业大学出版社，2004.

[5] 王仁宏 朱功勤．有理函数逼近及其应用[M]．北京：科学出版社，2004.

[6] 苏金明，阮沈勇．MATLAB 实用教程[M]．北京：电子工业出版社，2005.

[7] 关治，陆金甫．数值分析基础[M]．北京：高等教育出版社，1998.

[8] 邓建中，刘之行．计算方法[M]．2 版．西安：西安交通大学出版社，2001.

[9] 周开利，邓春晖，李临生，等．MATLAB 基础及其应用教程[M]．北京：北京大学出版社，2007.

[10] 于润伟．MATLAB 基础及应用[M]．北京：机械工业出版社，2003.

[11] 魏巍．MATLAB 应用数学工具箱技术手册[M]．北京：国防工业出版社，2004.

[12] 董亚丽，康传刚．数值分析[M]．北京：科学出版社，2020.